通榆河北延送水工程 2019 年生态输水水文情势分析

主　编　刘沂轩　张海石　王桂林
　　　　唐春生　王　震

中国矿业大学出版社
·徐州·

内 容 提 要

本书在简要介绍连云港市自然地理、水文气象、社会经济、河流水系特点、水利工程布局,以及通榆河工程概况、通榆河历年水质概况的基础上,对2019年旱情发展,受灾状况及应对措施,区域水源概况,3次调水决策及调水方案,以及水量、水质、水生态监测情况进行了详细介绍,并从水资源量、河道水位、水质影响、地下水影响、社会影响、环境生态等角度分析了调水的影响与效益,最后总结了调水实施成果及调水运行中存在的问题,并提出了进一步改进的建议。

本书可供从事环境监测、水资源管理、水资源调度等工作的相关人员,以及环保、气象、应急等相关专业的技术人员参考。

图书在版编目(CIP)数据

通榆河北延送水工程2019年生态输水水文情势分析 /
刘沂轩等主编. —徐州 :中国矿业大学出版社,2020.12
 ISBN 978 - 7 - 5646 - 4924 - 1

 Ⅰ.①通… Ⅱ.①刘… Ⅲ.①调水工程—调查研究—
连云港—2019   Ⅳ.①TV68—53

 中国版本图书馆 CIP 数据核字(2021)第012940号

书　　名	通榆河北延送水工程2019年生态输水水文情势分析
主　　编	刘沂轩　张海石　王桂林　唐春生　王　震
责任编辑	何　戈
出版发行	中国矿业大学出版社有限责任公司
	(江苏省徐州市解放南路　邮编221008)
营销热线	(0516)83884103　83885105
出版服务	(0516)83995789　83884920
网　　址	http://www.cumtp.com　E-mail:cumtpvip@cumtp.com
印　　刷	江苏凤凰数码印务有限公司
开　　本	787 mm×1092 mm　1/16　印张 17.5　字数 286 千字
版次印次	2020 年 12 月第 1 版　2020 年 12 月第 1 次印刷
定　　价	68.00 元

(图书出现印装质量问题,本社负责调换)

《通榆河北延送水工程 2019 年生态输水水文情势分析》

编委会

序

　　20 世纪 80 年代为加快发展苏北,建设海上苏东,省委、省政府提出建设通榆河工程。该工程 1993 年底开工,2000 年建设完成,是南接泰东河、北通灌河的骨干供水和航运通道,发挥了显著的供水和航运效应。2007 年省政府决定实施通榆河北延工程,即利用疏港航道和已建成的通榆河工程,增做部分工程,向连云港市送水,缓解连云港水资源供需矛盾,为连云港城市发展和临港产业发展提供水资源保障。通榆河北延送水工程自盐城市滨海县境内的滨海抽水站引水至连云港市赣榆区,全长 190 km,在连云港市境内长达 150 km,是省委、省政府支持苏北发展、保障沿海开发实施的一项战略性水资源工程,为连云港市居民生活、工农业生产、航运、生态环境用水提供了重要保障。

　　连云港地处南北气候过渡带,特定的气候和地理条件决定了全市降雨量年内变幅较大、区域分配不均,洪涝、干旱灾害频发,水多、水少矛盾突出。2019年,江苏省淮河流域遭遇 60 a 一遇气象干旱,骆马湖、洪泽湖蓄水多次低于旱限水位,微山湖甚至低于死水位。作为地处淮河流域最下游的连云港,受旱情影响尤为突出。为保障连云港经济社会可持续发展,江苏省水旱灾害防御调度指挥中心及时组织实施通榆河北延工程调水,共计 3 次向连云港市应急供水,有效缓解了区域旱情。通榆河北延送水工程自 2013 年 12 月竣工验收以来,一直未实现常态供水,缺乏调水实测资料,为此,江苏省水文水资源勘测局连云港分局结合工程调度需要,抢抓机遇,及时全面地实施了水文测验工作,积累了调水全过程的水质水量实测资料,并联合连云港市水利规划设计院有限公司开展通榆河北延送水工程 2019 年生态输水水文情势分析工作。

　　通榆河北延送水工程 2019 年生态输水水文情势分析研究主要包括 2019 年旱情分析、水量、水位、水生态监测、调水影响分析等方面,前后持续近 2 a 时间,集中了江苏、山东等多位专家的建议,系统总结形成《通榆河北延送水工程 2019

年生态输水水文情势分析》一书。该书全面总结了通榆河调水工程水量调度、水质、水生态状况,分析了调水影响及效益,技术路线正确、资料翔实、内容全面、结论可信,具有较强的科学性、实用性和指导性,全面准确地反映了通榆河北延送水工程 2019 年生态输水水文情势,是一部具有实际指导意义的书籍,十分难得。

本书的编写集结了江苏省水文水资源勘测局连云港分局、连云港市水利规划设计院众多技术人员的智慧和力量,编者在全面总结 2019 年通榆河调水抗旱生态监测工作的基础上,潜心研究,对水质、水量同步监测资料进行了深入全面的分析评价,总结出版《通榆河北延送水工程 2019 年生态输水水文情势分析》一书,可为以后连云港的抗旱工作提供指导和参考,并促进通榆河北延送水工程沿线节水和治污工作,优化区域水资源配置,改善区域水环境质量,为下一步实现通榆河北延送水工程的常态供水提供科学的技术支撑。我相信,该书不仅是从事环境监测、水资源管理、水资源调度人员的重要参考书,对环保、气象、应急以及自然科学等相关专业的技术人员也不失为值得参考的读本。我为这本书的出版感到由衷的高兴,并感谢江苏省水文水资源勘测局连云港分局、连云港市水利规划设计院有限公司的辛勤付出,向历年奋战在抗旱一线的广大水文、水利工作者致以诚挚的谢意。

特撰此页,是为序。

连云港市水利局党组书记、局长:宋波

2020 年 10 月 18 日

前　　言

连云港市位于江苏省东北部,黄海之滨,淮河流域沂沭泗水系最下游,处于南北气候过渡带,降雨时空分布不均,洪涝、干旱灾害频发,水多、水少矛盾突出。连云港地区本地水资源紧缺,主要靠调引江淮水,中华人民共和国成立以来,各类水资源配置工程不断优化,调水引流工程建设如火如荼,促进了社会经济快速发展。

连云港市地处我国沿海中部的黄海之滨,是中国首批沿海开放城市、新亚欧大陆桥经济走廊首个节点城市、"一带一路"倡议江苏支点城市、江苏沿海开发战略中心城市、长三角区域经济一体化城市,也是中国(江苏)自由贸易试验区的组成部分。长三角一体化过程的加快以及自贸区的建成,为连云港地区社会经济的发展提供了长足的动力,同时也对水利、水资源安全保障提出了更高的要求。

近年来,中纬度地区气候暖干化是全球气候变化最显著的特征,它带来的主要问题之一是全球范围的干旱问题日趋严重。受海陆分布、大气环流、季风降水的共同影响,连云港是典型的旱涝灾害频发区。大范围干旱不仅给社会经济发展带来较大损失,而且造成水资源短缺、生态与环境恶化。20 世纪 90 年代后,连云港地区干旱年份达 6 a,2009、2019 年的干旱更是达到 60 a 一遇。

为应对连云港市旱情,保障连云港地区生活、工农业生产用水,2019 年 7 月至 12 月,江苏省水利厅三次启用通榆河北延送水工程向连云港应急供水。

江苏省水文水资源勘测局连云港分局联合连云港市水利规划设计院有限公司全程跟踪监测,获取了丰厚的第一手资料,开展了通榆河北延送水工程2019 年生态输水水文情势分析研究工作,主要包括通榆河工程建设概况,历年水质概况,2019 年旱情概况,水资源调度概况以及水量、水质、水生态监测成果,重点分析了调水影响及效益。现将相关成果汇编成书,全书共十一章。第一章区域概况,介绍了连云港市自然地理、水文气象、社会经济、河流水系特点与水利工程布局;第二章通榆河工程概况,介绍了通榆河工程基本情况,调水线路规模,沿线水利工程、水文站网及调度方案;第三章通榆河历年水质概况,分析了通榆河功能区划分、水质状况;第四章 2019 年旱情分析,介绍了 2019 年旱情发展、受灾状况及应对措施。第五章水源调度,介绍区域水源概况及 3 次调水决策和调水方案;第六~第八章详细介绍了水量、水质、水生态监测情况,并进行了相关分析;第九章调水影响分析,从水资源量、河道水位、水质、地下水 4 个方面分析了此次调水的影响;第十章调水效益分析,从社会影响、环境生态等角度分析了调水效益;第十一章结论及建议,在前述各章的基础上,总结调水实施成果,分析调水运行中存在的问题,提出进一步改进的建议。

　　本书在大量水量、水质、水生态实测和调查资料的基础上,全面分析了通榆河调水工程水量调度、水质、水生态等情况,全面、准确地反映了通榆河调水期间水文情势的变化,对调水影响及效益进行了分析,并对现状存在的问题,提出了针对性建议。该书结构合理、资料翔实、方法正确、内容全面、成果可靠、结论可信,对连云港地区水资源优化配置、水资源管理、水资源调度、工程建设与管理等工作都具有重要价值,可供同行借鉴。因本书编制组成员技术水平有限,加之监测工作也有些准备不足,书中缺点和错误在所难免,殷切希望得到同行专家及读者的批评指正。

本书编写组
2020 年 10 月于连云港

目　　录

第一章　区域概况

第一节　自然地理

一、地理位置

连云港市地处我国沿海中部的黄海之滨,位于江苏省东北部,处于横贯我国大陆东西的陇海铁路东端,介于东经 118°24′03″～119°54′51″、北纬 33°58′55″～35°08′30″之间,东濒黄海,北接山东,南连江苏宿迁市、淮安市和盐城市,与朝鲜、韩国、日本隔海相望,具有海运、陆运相结合的优势,为全国 8 大港口和 45 个重要交通枢纽之一,是海滨旅游城市,也是江苏省"徐连经济带"和"海上苏东"发展战略中具有特殊地位和作用的中心城市,是中国首批沿海开放城市、新亚欧大陆桥经济走廊首个节点城市、"一带一路"倡议江苏支点城市、江苏沿海开发战略中心城市、长三角区域经济一体化城市、国家创新型试点城市、国家东中西区域合作示范区、中国重点海港城市、上合组织出海基地、中国水晶之都,也是中国(江苏)自由贸易试验区的组成部分。

连云港市总面积 7 615 km²,其中平原(不包括水域)面积 5 407 km²,占71.0%;山岭岗地(不包括水域)面积 1 727 km²,占 22.7%;水域面积 481 km²,占 6.3%。

二、地形地貌

连云港市地处鲁中南丘陵和淮北平原的结合部,境内地形地貌复杂多变,山海齐观、河渠纵横、岗岭遍布,平原、大海、高山齐全,河库、丘陵、滩涂、湿地、海岛俱全,境内地势由西北向东南倾斜。

连云港市地貌以平原为主,兼有山地、丘陵、岗地等,可基本分为西部岗岭区、中部平原区、东部沿海区和云台山区四部分:西部岗岭区海拔 50～200 m;中部平原区海拔 3～5 m,主要是山前倾斜平原、洪水冲积平原及滨海平原,总面积 5 407 km²,约占全市土地面积的 71.0%;东部沿海区主要为盐田和滩涂;云台山区属于沂蒙山的余脉,有大小山峰 214 座,其中云台山主峰玉女峰海拔 624.4 m,为江苏省最高峰。全市山区面积近 200 km²;东部滨海区海岸类型齐全,大陆标准海岸线 211.59 km,曲折悠长,其中 40.2 km 深水基岩海岸为江苏省独有。江苏省境内大多数海岛屿分布在连云港境内,包括东西连岛、平山岛、达山岛、车牛山岛、竹岛、鸽岛、羊山岛、开山岛、秦山岛、牛尾岛、牛背岛、牛角岛等 20 个,总面积 6.94 km²。其中东西连岛为江苏第一大岛,面积6.07 km²。

三、土壤植被

连云港市属平原海岸区,地势开阔,地形平坦,土壤类型不多。土壤分类单元与地理景观单元基本一致,生态类型的演替、地理景观的变化和土壤类型的发育三者基本一致,除了云台山区的棕壤和赣榆沿海部分地区(主要分布在境内南部海堤向内 10～20 km 范围)的砂姜黑土外,其他广阔的平原海岸内,海堤以外潮间带内分布着滨海盐土类,堤内老垦区主要分布着潮土类(包括灰潮土、盐化潮土、棕潮土、盐化棕潮土)。

连云港市地处北暖温带向亚热带过渡地带,植被有南北兼具的特征。其水平分布南北差异不大,主要森林植被为赤松,南北均有分布,栽培农作物种类基本相同;东西变化明显,东部沿海天然植被多芦苇、盐蒿,栽培作物以水稻、棉花为主,西部低山丘陵地带主要生长松树、灌木等。境内地形高差 500 m 左右,海拔 600～50 m 的山地多分布针叶林,50 m 以下则有针阔混交林。境内农垦历史久远,宜农、宜林的土地大多已被垦殖。覆盖平原地表的植被为人工栽培作物,栽种的农作物主要有麦、稻、棉花、油料、蔬菜等。低山丘陵广植林、果、桑、茶,大多为人工造林及封山育林后发育的次生植被。

第二节 水 文 气 象

一、气候概况

连云港市处于暖温带向北亚热带的过渡地带,属暖温带南缘湿润性季风气候,兼有暖温带和北亚热带气候特征。一年四季分明,气候温和,光照充足,雨量适中,雨热同季。全市年平均气温为 13.2～14.0 ℃,无霜期 206～223 d。极端最低气温−21 ℃,最高气温为 40 ℃(1959 年 8 月 20 日),年均日照时数 2 450.2 h。年平均风速 3.1 m/s,最大风速 29.3 m/s。因处于海洋与陆地、低纬与高纬、温带与亚热带交界处,全市盛行偏东风,主要风向为东南风,具有春旱多风、秋旱少雨、冬寒干燥的特点,同时,气象灾害相对较多,主要有旱涝、冰雹、台风、暴雨和低温等。

二、降水、径流和蒸发

连云港市多年平均年降水量 891.9 mm,年最大降水量 1 280.3 mm(2005 年),年最小降水量 580.7 mm(1988 年),最大与最小年降水量之比为 2.2。降水量年内分配不均,主要集中在汛期,多年平均汛期降水量约占全年总降水量的 70%。降水量空间分布不均,由南向北递减。连云港市年平均年径流量 19.40 亿 m³,多年平均径流深 254.7 mm,全市多年平均水面蒸发量 885.1 mm。

三、水资源

按照全国水资源综合规划的统一分区,连云港市属于淮河(一级区)的沂沭泗河(二级区)的沂沭河区和日赣区(三级区),其中灌南县属于沂沭河区的沂南区(四级区),灌云县、东海县和市区属于沂沭河区的沂北区(四级区),赣榆区属于日赣区的赣榆区(四级区)。

连云港市水资源四级区套县级行政区见表 1-1。

表 1-1 连云港市水资源四级区套县级行政区表

一级区	二级区	三级区	四级区	计算单元
淮河区	沂沭泗河区	沂沭河区	沂南区	灌南县
			沂北区	东海县、灌云县、市区
		日赣区	赣榆区	赣榆区

连云港市多年平均地表水资源总量为 19.40 亿 m³,其中沂南区多年平均年地表水资源量为 2.39 亿 m³,占 12.32%,折合径流深为 232.5 mm;沂北区多年平均

年地表水资源量为 12.69 亿 m³,占 65.41％,折合径流深为 250.1 mm;赣榆区多年平均年地表水资源量为 4.31 亿 m³,占 22.22％,折合径流深为 284.7 mm。

第三节　社会经济

一、行政区划

连云港市现辖海州区、连云区、赣榆区、灌云县、灌南县、东海县 3 区 3 县,共有个 7 个乡、53 个镇、30 个街道办事处。

具体区划情况如表 1-2 所示,乡、镇、街道办事处概况如表 1-3 所示。

表 1-2　连云港市行政区划一览表

地区	乡人民政府	镇人民政府	街道办事处	村民委员会	居民委员会
全市	7	53	30	1 423	270
一、市区	1	19	27	560	201
连云区	1		8	19	29
海州区		4	11	79	100
赣榆区		15		421	37
开发区			3	16	17
云台山风景区			1	9	2
徐圩新区			1	2	2
高新区			3	8	14
二、三县	6	34	3	869	69
东海县	6	11	2	346	25
灌云县		12	1	302	27
灌南县		11		221	17

表 1-3　连云港市全市乡、镇、街道办事处概况

地区		个数	名称
连云区	街道办事处	8	墟沟、连云、云台、板桥、连岛、海州湾、宿城、高公岛
	乡	1	前三岛

表 1-3(续)

地区		个数	名称
海州区	街道办事处	11	朐阳、新海、新浦、海州、幸福路、洪门、宁海、浦西、新东、新南、路南
	镇	4	锦屏、新坝、板浦、浦南
赣榆区	镇	15	青口、柘汪、石桥、金山、黑林、厉庄、海头、塔山、赣马、班庄、城头、城西、宋庄、沙河、墩尚
市开发区	街道办事处	3	中云、猴嘴、朝阳
市高新区	街道办事处	3	花果山、南城、郁州
云台山风景区	街道办事处	1	云台
徐圩新区	街道办事处	1	徐圩
东海县	街道办事处	2	牛山、石榴
	乡	6	驼峰、李埝、山左口、石湖、曲阳、张湾
	镇	11	白塔埠、黄川、石梁河、青湖、温泉、双店、桃林、洪庄、安峰、房山、平明
灌云县	街道办事处	1	侍庄
	镇	10	伊山、杨集、燕尾港、同兴、四队、圩丰、龙苴、下车、图河、东王集、小伊、南岗
灌南县	镇	11	新安、堆沟港、田楼、北陈集、张店、三口、孟兴庄、汤沟、百禄、新集、李集

二、人口和居民生活

2019 年末,连云港市户籍人口 534.4 万人,比 2018 年末增加 0.07 万人,增长 0.01%。年末常住人口 451.1 万人,其中,城镇常住人口 286.89 万人,比 2018 年末增加 3.95 万人,增长 1.4%。常住人口城镇化率 63.6%,比 2018 年提高 1 个百分点。

2019 年,全体居民人均可支配收入 28 094 元,比 2018 年增长 8.6%。其中农村居民人均可支配收入 18 061 元,比 2018 年增长 8.8%;城镇居民人均可支配收入 35 390 元,比 2018 年增长 8.1%。农村、城镇居民可支配收入增速均高于 GDP 增速。全年城镇居民人均生活消费支出 21 762 元,比 2018 年增长 6.4%;农村居民人均生活消费支出 12 357 元,比 2018 年增长 7.0%。

2019 年,全年城市居民消费价格比 2018 年上涨 3.0%。分类别看,食品烟酒类上涨9.9%,衣着类上涨1.3%,居住类上涨1.6%,生活用品及服务类上涨1.3%,教育文化和娱乐类上涨2.9%,医疗保健类持平,其他用品和服务类上涨2.7%,交通和通信类下跌0.2%。食品中,粮食上涨0.8%,食用油上涨3.2%,鲜菜上涨7.9%,畜肉类上涨28.4%,水产品上涨1.3%,蛋类上涨6.9%,鲜瓜果上涨12.0%。全年工业生产者出厂价格下降3.4%,工业生产者购进价格上升0.1%。

三、工农业

2019年,全市实现农林牧渔业总产值656.90亿元,按可比价格计算较2018年增长3.6%。其中,农业产值291.91亿元,增长1.3%;林业产值12.09亿元,增长4.9%;牧业产值105.90亿元,增长8.8%;渔业产值195.88亿元,增长4.3%;农林牧渔服务业产值51.07亿元,增长4.7%。粮食生产稳中有增。全市粮食作物播种面积为758.84万亩,比2018年微增0.18万亩,增长0.02%。粮食总产量366.56万t,较2018年增长0.7%。其中,夏粮总产为143.20万t,比2018年增加2.08万t,增长1.5%;秋粮总产为223.36万t,比2018年增加0.45万t,增长0.2%。粮食作物亩产为483.06公斤,比2018年增加3.22 kg,增长0.7%。其中,夏粮亩产为391.235 kg,比2018年增加3.57 kg,增长0.9%;秋粮亩产为568.6 kg,比2018年增加3.76 kg,增长0.7%。棉花、油料产量增幅均在20%以上。高效设施农业占比提高到20.9%。新增国家级农业龙头企业2家、省级农业龙头企业9家,创历年新高。省级农产品质量安全县实现全覆盖。稻渔综合种养,优质葡萄、淮山药、食用菌等特色产业发展向好,种养效益和农产品质量显著提升。

2019年,全市规模以上工业完成增加值755.90亿元,较2018年增长9.5%,增幅居全省设区市第一位。全市在统的33个行业大类中,20个行业产值实现正增长,增长面为60.6%。六大主导行业完成产值2 028.31亿元,增长9.7%,增速高于全市平均水平0.5个百分点。全市规模以上工业战略性新兴产业产值增长9.3%,高于全市平均水平,战略性新兴产业占全部规模以上工业产值比重为37.6%。启动建设"中华药港",一大批医药产业项目加速集聚,成功举办第三届国际医药技术大会,恒瑞、豪森、天晴、康缘四大药企跻身中国医药创新力前五强,恒瑞医药成为国内医药第一股,当时市值接近 4 000 亿元。新材料产业提质上量,太平洋石英高纯石英砂产能进入全球前 3 强,中复神鹰 T1000 超高强度碳纤维初步具备量产条件。精品钢基地扎实建设,亚新、镔鑫等冶炼企业规范运行,基本完成超低排放改造工程。

全市规模以上工业企业实现利润总额 245.31 亿元,增长 18.0%,增速位列全省第二。全市规上工业利润总额占全省比重达到 3.6%,高于营业收入占全省比重 1.4 个百分点。资产规模稳步扩大。全市规模以上工业企业资产总计达 3 499.40 亿元,增长 6.3%,高于全省平均增速 0.9 个百分点。通过深化供给侧结构性改革和加快国家一系列减税降费政策的落地实施,全市工业企业的内部质态进一步提高。企业盈利能力增强,全市规模以上工业企业营业收入利润率达到 9.2%;规模以上工业企业资产负债率为 57.2%,较同期下降 1.3 个百分点;每百元营业收入中的成本为 74.5 元,较同期下降 1.9 元。

四、经济发展

2019 年,连云港市实现地区生产总值 3 139.29 亿元,按可比价格计算,较 2018 年增长 6.0%。其中,第一产业增加值 362.70 亿元,增长 3.6%;第二产业增加值 1 363.15 亿元,增长 8.0%;第三产业增加值 1413.44 亿元,增长 4.7%。人均地区生产总值 69 523 元,增长 6.0%。2019 年,全市高质量发展步伐加快,一是产业结构优化,三次产业结构调整为 11.6∶43.4∶45.0;二是消费是拉动经济增长"三驾马车"中的首要因素,消费贡献率为 51.0%;三是创新成效显现,高新技术产业产值占规模以上工业比重达 40.5%;四是绿色发展不断深化,全年规模以上工业综合能耗下降 1.2%。

2019 年,全市固定资产投资 1 986.39 亿元,增长 6.8%,增幅居全省第四。其中工业投资完成 1216.21 亿元,增长 15.0%,增幅居全省第一。投资结构持续优化,全市第一、二、三产业分别完成投资 39.88 亿元、1 214.63 亿元、731.88 亿元,三次产业占比结构为 2.0∶61.2∶36.8。高新技术产业完成投资 323.02 亿元,增长 15.3%,增速高于全部投资 8.5 个百分点;高新技术产业投资占全部投资额的比重 16.3%,较上年提高 1.2 个百分点。民间投资完成 1 240.70 亿元,增长 15.4%;民间投资占全市投资的比重为 62.5%,较上年提高 4.7 个百分点。

2019 年,全市一般公共预算收入完成 242.4 亿元,增长 3.5%,居全省第 5 位。剔除减税降费因素,同口径增长 9.4%。其中:市区收入累计完成 172.2 亿元,增幅 3.5%;三县收入完成 70.2 亿元,增幅 3.5%。完成一般公共预算支出 465.9 亿元,增长 11.1%,增幅比上年提高 2 个百分点。

五、交通运输

连云港位于南北过渡和陆海过渡的交汇点,是国际通道新亚欧大陆桥东端桥头堡,是陇海铁路、沿海铁路两大国家干线铁路的交汇点,也是中国南北、东西最长的两条高速公路——同三高速和连霍高速的唯一交点,具有海运、陆运相结合的优势,是国家规划的 42 个综合交通枢纽之一。如今,连云港已经形成海、河、陆、空四通八达的立体化、现代化的交通网络,具备较强的物流承载和运输能力。

1. 铁路

连云港是陇海铁路、沿海铁路两大国家干线铁路的交汇点,更是"八纵八横"高铁网中陆桥通道、沿海通道的交汇点。境内铁路全长 99 248 m,可直达全国各大中城市,并开通至郑州、西安、成都、兰州、阿拉山口和绵阳等地的集装箱运输"五定"班列,以及至阿拉木图、塔什干的中亚班列和至伊斯坦布尔的中欧班列,承担新亚欧大陆桥 90% 以上过境集装箱的运输工作。依托陇海铁路,连云港铁路客运和货运列车可直通北京、上海、南京、杭州、成都、武汉、西安、宝鸡、兰州、乌鲁木齐等大中城市,并通过京沪线、京九线、陇海线等连接中国各地。连云港通过青盐铁路连接济青高铁、京沪高铁,开通直达济南、石家庄、沈阳方向的动车。2019 年,伴随着灌云和灌南铁路开通运营,全市铁路客运迈入"高速时代",总体实现爆发性增长。全市境内铁路客运总量达到 654.6 万人次,较 2018 年增长 61.8%。铁路货运总量达到 5 885.8 万 t,较 2018 年增长 7.5%。铁路货运总量占同期全省铁路货运总量比重达 36.4%,占整个上海路局铁路货运比重为 14.3%。

2. 公路

连云港市公路对外交通已全部实现高速化,密度在全国、全省名列前茅。

204 国道穿境而过,是全国 45 个公路主枢纽之一。高速公路通车总里程达 336 km,沈海、连霍、长深三条高速公路在境内交会,同时也是中国南北、东西最长的两条高速公路——同三高速和连霍高速的唯一交汇点。

3. 机场

连云港市现有机场是白塔埠机场,为军民合用机场,是江苏省地级市中第一个、全国沿海地区第八个通航的机场。2019 年,连云港民航主要指标全部达到历史新高,机场航线达到 40 条,较年初新增 8 条,成功开通两条至日本国际航线。全年飞机起降 18 118 架次,增长 21.0%。全年旅客吞吐量 192.3 万人次,增长 26.8%。在建连云港花果山国际机场,是江苏"两枢纽一大六中"规划的"一大"——省内大型机场(干线机场),为江苏省第三大国际机场,仅次于南京禄口国际机场和苏南硕放国际机场。机场定位为江苏沿海中心机场,坚持发挥独特区位优势,以建设服务苏北鲁南地区,面向亚太的国际航空港为目标,着力打造东方物流中心。

4. 港口

连云港港地处中国沿海中部的海州湾西南岸、江苏省的东北端,主要港区位于北纬 34°44′,东经 119°27′。连云港港是中国沿海十大海港、全球百强集装箱运输港口之一,开通了 50 条远近洋航线,可到达世界各大主要港口。港口北倚长 6 km 的东西连岛天然屏障,南靠巍峨的云台山东麓,人工筑起的长达 6.7 km 的西大堤,从连岛的西首将相距约 2.5 km 的岛陆相连,使之形成约 30 km² 的优良港湾,为横贯中国东西的铁路大动脉——陇海、兰新铁路的东部终点港,被誉为新亚欧大陆桥东桥头堡和新丝绸之路东端起点,与韩国、日本等国家主要港口相距在 500 海里的近洋扇面内,是江苏最大海港、苏北和中西部最经济便捷的出海口,形成以腹地内集装箱运输为主并承担亚欧大陆间国际集装箱水陆联运的重要中转港口,是集商贸、仓储、保税、信息等服务于一体的综合性大型沿海商港。2019 年,连云港港货物吞吐量达到 24 432 万 t,增长 3.7%,为近三年最高增长。完成外贸吞吐量达 12 923 万 t,增长 8.7%。集装箱吞吐量完成 478.1 万标箱,增长 0.8%。客运总量首次跨上 20 万台阶达 20.74 万人次,增长 7.5%。

第四节 河流水系

连云港市地处淮河流域、沂沭泗水系最下游，境内河网发达，两条流域性行洪河道新沂河、新沭河从境内穿过，沂、沭、泗诸水主要通过新沂河、新沭河入海，它们分属于沂河、沭河、滨海诸小河三大水系，汛期要承泄上游近 8.0 万 km² 洪水入海，是著名的"洪水走廊"。全市共有 82 条河道列入江苏省骨干河道名录，其中流域性河道 4 条，区域性骨干河道 18 条，重要跨县河道 16 条，重要县域河道 42 条，有近 20 条河道直接入海；605 条县乡河道，其中县级河道 86 条，乡级河道 519 条，总长度 2 425 km，正常水位下河道蓄水面积约 264.76 km²。全市大型水库 3 座、中型水库 8 座、小型水库 156 座，总库容达 12.5 亿 m³。连云港市主要河流特征值如表 1-4 所示。

表 1-4 连云港市主要河流特征值

序号	河道名称	所在水利分区	起讫地点	长度/km	功能	等级
一			流域性骨干河道（4 条）			
1	沭河	—	苏鲁界—新沂河（口头）	44.7	防洪、治涝、供水	1
2	新沭河	—	苏鲁界—黄海（三洋港）	53.1	防洪、治涝、供水	1
3	新沂河	—	嶂山闸—黄海（燕尾港）	146.7	防洪、治涝、供水	1
4	通榆河北延段	—	响水引水闸—柘汪临港产业区	163.0	供水（含调水）、治涝、航运	2
二			区域性骨干河道（18 条）			
1	龙梁河	沂北区	大石埠水库—石梁河水库	65.5	防洪、治涝、供水（含调水）	4
2	石安河	沂北区	安峰山水库—石梁河水库	55.8	防洪、治涝、供水（含调水）	4
3	绣针河	沂北区	苏鲁界—黄海	7.6	防洪、供水	4
4	龙王河	沂北区	苏鲁界—黄海	24.3	防洪、治涝	4
5	青口河	沂北区	苏鲁界—黄海（青口河闸）	34.8	防洪、供水、航运	4
6	沭新河	沂北区	新沂河—蔷薇河	75.7	供水（含调水、饮用水源地）、防洪、治涝、航运	3
7	蔷薇河	沂北区	蔷薇河地涵—新沭河	53.7	防洪、供水（含调水、饮用水源地）、治涝、航运	3

表 1-4(续)

序号	河道名称	所在水利分区	起讫地点	长度/km	功能	等级
8	古泊善后河	沂北区	沭新河—黄海善后河闸	89.9	防洪、治涝、供水(含饮用水源地)、航运	3
9	五灌河	沂北区	五图河—灌河(燕尾闸)	16.2	治涝、供水、航运	4
10	柴米河	沂南区	柴米河地涵—北六塘河	61.9	防洪、治涝、航运	3
11	柴南河	沂南区	十字—柴米河(孟兴庄)	44.8	治涝	4
12	北六塘河	沂南区	淮沭河(钱集闸)—义泽河	62.5	防洪、治涝、供水(含饮用水源地)、航运	3
13	南六塘河	沂南区	古寨—武障河闸	44.2	治涝、供水、航运	4
14	义泽河	沂南区	盐河(义泽河闸)-灌河(东三岔)	10.9	防洪、治涝	3
15	武障河	沂南区	盐河—灌河(东三岔)	12.4	防洪、治涝、航运	3
16	灌河	沂南区	东三岔—黄海(燕尾港)	62.5	防洪、治涝、航运	3
17	盐河	沂南区	盐河闸—大浦河	151.1	供水(含调水)、航运、治涝	4
18	一帆河	沂南区	徐集—灌河(一帆河闸)	61.4	治涝、供水	4

新沂河、新沭河、蔷薇河将全市水系划分为沂南、沂北、沭南、沭北四大片区。

(1)沂南片区:新沂河以南区域,主要为灌南县域。沂南诸河属于灌河水系。灌河西起东三岔,东至燕尾港入海,全长 62.7 km,河口无控制,为天然港口。上游主要支流有盐河以东的武障河、龙沟河、义泽河,盐河以西六塘河水系的南六塘河、北六塘河,柴米河水系的柴米河、沂南河。灌南中游支流主要有一帆河水系的一帆河、唐响河和匐响河。两岸各支河口均建有挡潮闸,排涝蓄淡。

(2)沂北片区:新沂河、蔷薇河之间的区域,包括灌云县全部和连云港市区大部分。片区西部为岗岭水系,东部为善南的平原洼地河网水系和市区的烧香河、大浦河及排淡河水系。西部岗岭地区为古泊善后河的支流水系,主要河道有潈沟河、西护岭河、叮当河等。善南水系实行平原梯级河网化建设,以南北向的叮当河、官沟河为西部,中部、东部梯级水位控制,主要包括车轴河、牛墩界圩河、东门五图河、五灌河等骨干河道构成的平原河网水系。市区主要有烧香河、龙尾河、大浦河和排淡河等骨干河道,小(1)型水库 6 座,小(2)型水库 11 座。

(3)沭南片区:新沭河、蔷薇河之间的区域,主要包括东海县和市区部分。龙梁河和石安河两条等高截水沟、磨山河、乌龙河、鲁兰河、淮沭新河、马河、民主河等属蔷薇河水系。除石安河、龙梁河为南北流向外,其余河流大都由西向东,汇流入临洪河入海。片区内共有水库 55 座,总库容为 8.9 亿 m^3,其中大(2)型水库 2 座,分别为江苏省第一和第四大水库,中型水库 7 座,小型水库 46 座。多座大中型水库串联成群,形成了集防洪、供水、灌溉等多种功能的水库群。

(4)沭北片区:新沭河以北的区域,主要为赣榆区域。片区内共有主要河流17 条,绣针河为省界河流,其他河流自成一体,属滨海诸小河水系,包括龙王河、青口河、朱稽付河、兴庄河等,呈东西方向,独流入海。境内共有水库 72 座,其中大(2)型水库 1 座,中型水库 1 座,小型水库 70 座。

(一)沭河

沭河古称沭水,发源于沂山南麓,南流至山东省临沭县大官庄分东、南 2支。东支名新沭河;南支称总沭河,亦称老沭河,即沭河。沭河经山东省郯城县于红花埠流入江苏省新沂市,至口头村汇入新沂河。沭河在江苏省境内长 44.7km,河道全部流经新沂市。沭河流域面积,大官庄以上 4 519 km^2,以下至口头区间 1 881 km^2,其中江苏境内区间集水面积约 400 km^2。沭河是沂沭泗地区的主要行洪河道,承泄上中游沂河东调入沭后经人民胜利堰闸南下的洪水和区间汇水。

沭河 50 a 一遇防洪设计流量为 2 500～3 000 m^3/s。沭河苏鲁省界至塔山闸长 14.37 km,河底高程 25.6～20.6 m,比降 1∶2 900,河道汛期行洪、汛后蓄水,塔山闸上蓄水位 27.5 m 时,河床蓄水 800 万 m^3;塔山闸至王庄闸长 14.0km,河底高程 20.6～18.5 m,比降 1∶6 500,王庄闸下河底高程 17.5 m;塔山闸以南 1 km 处河床中有一小岛,称中和岛,面积 12.5 km^2;王庄闸至口头堤防长17.1 km,河底高程 17.5～5.0 m,比降 1∶1 400,堤距 322～380 m。

沭河苏鲁省界至口头堤防长 92.8 km,堤顶高程 34.75～21.73 m,堤顶宽6 m,超高 2 m,边坡比 1∶3。中和岛堤防周长 9.84 km,堤顶宽 4 m,堤顶超设计洪水位 2 m,内外坡比 1∶3。岛北端有中和岛桥与沭河左岸连接,岛西侧有张庄桥与沭河右岸连接。堤防有三段沙堤,西堤焦圩段 4.19 km,东堤沙冲段1.6 km,中和岛杜湖段 0.2 km。

沭河处于郯城断裂带东侧,属强震区。上游属山区,中下游为冲积平原,两岸地形北高南低,坡降 1∶1 000～1∶300,新沂市境内渐趋平坦,平均坡降 1 : 500。

2008 年,水利部批复按 50 a 一遇防洪标准实施沭河治理工程,主要建设内容:新建壅水坝工程、塔山闸加固工程、杜湖桥拆建工程、险工处理工程、穿堤建筑物工程和防汛道路工程等。共完成土方 232.77 万 m³,石方 8.95 万 m³,混凝土及钢筋混凝土 11.25 万 m³。工程总投资 16 135 万元。

(二)新沂河

新沂河,西起骆马湖嶂山闸,东至灌南县堆沟,汇灌河于燕尾港南灌河口入黄海,流经徐州市的新沂市,宿迁市的宿豫区和沭阳县,连云港市的灌云县、灌南县,长 146.7 km。河道处于沂沭泗水系下游,承接骆马湖经嶂山闸下泄洪水、沭河与淮沭河以及区间来水。河道设计流量,按 50 a 一遇防洪标准,嶂山闸至口头 7 500 m³/s,口头至海口 7 800 m³/s。在设计洪水位下,河床可容蓄水量超 10 亿 m³,保护新沂河南北平原地区 53.5 万公顷(1 公顷=10 000 m²)耕地。1974 年沭阳站最大行洪量 6 900 m³/s,相应最高水位 10.76 m(废黄河高程,下同)。

河道自嶂山闸至沭阳城关为上段,长 43 km,河床陡,河道比降较大,水流湍急,流势不稳,流态紊乱。沭阳城关至小潮河为中段,进入古沂沭河近海平原,南与灌河一堤隔之,长 67 km,河道比降减缓,滩地淤沙向东推进,河面逐渐展宽,风浪增高。小潮河至入海口为下段,长 34 km,河道比降平缓,至东友涵洞 1 km 处,河床高程降至最低点,东友涵洞以东至河口,河床淤积逐渐升高,河口则成倒比降,被称为"噘嘴唇",为天然阻水段,河面开阔,两岸堤防常受风浪冲蚀和潮汐影响。两岸堤防除沭阳以西南岸部分地势高河段未筑堤外,其余河段两岸筑堤,漫滩行洪,南堤长 130 km,北堤长 146 km,堤距自西向东展宽,嶂山闸下 500 m,口头 920 m,沭阳 1 260 m,盐河 2 000 m,至小潮河闸以下展宽到 3 150 m。两岸汇入支流除沭河与淮沭河外,流域面积超过 100 km² 的,北岸有新开河,南岸有柴沂河,沿线涵闸 24 座,总规模 851.6 m³/s。新沂河两岸地势自西向东渐低,嶂山附近地面高程 18~22 m,盐河东为 2 m,东友涵洞附近为 1.7~1.9 m,至入海口处又升高至 2~3 m。

新沂河出嶂山闸,经嶂山切岭循新沂、宿迁边界东行 5.5 km,北有湖东自排河汇入。嶂山闸坐落于马陵山麓的嶂山切岭处,是控制骆马湖水位的重要防洪工程。嶂山切岭是为嶂山闸排洪与蓄水,相应扩大闸上游引河,将南北走向的马陵山麓嶂山拦腰斩断的切岭工程。

新沂河自大马庄涵洞向东流经 12 km 至口头,入宿迁市境。沭河自北汇入,北堤有 1965 年兴建的口头涵洞。在宿迁市境内,新沂河北岸有岔流新开河汇入,南岸有山东河、路北河、柴沂河汇入。在沭阳县城西北,新沂河与南岸淮沭河北岸沭新河平交。沭阳县城濒临新沂河南岸,历史上因位于沭水之阳而得名。沭阳文化遗产有新石器时代的臧墩和六朝葬,西周时的孟墩、殷墩西汉时的厚丘、阴平方城遗址,宋朝大科学家沈括留下的治水功业,与虞姬诞生地有关的虞姬沟、虞姬庙、九龙口、霸王桥等,明代抗倭将领刘綎筑的营垒,清代诗人袁枚留下的袁公藤和古典雅秀的逍遥厅。

新沂河至大陆胡村西为宿迁和连云港两市交界处,东流南岸入灌南县,北岸入灌云县。新沂河在连云港市境内,南堤有盐河南套闸、新沂河沂南船闸、小潮河闸、小潮河闸新老涵洞、新沂河南堤涵洞、东友涵洞等穿堤建筑物,北堤有叮当河涵洞、新沂河北堤涵洞、盐河北闸、盐河北船闸和团结新老涵洞等穿堤建筑物。入海口处建有海口控制枢纽。新沂河建成后小湖河通大湖河(灌河)水道被切断,改经东门五图河向下游排水,形成了现在新沂河北岸的潮河湾。

(三)新沭河

新沭河西起山东省临沭县沭河左岸大官庄枢纽新沭河泄洪闸,东穿马陵山麓,经山东省临沭县大兴镇流过石梁河水库,继续向东南汇蔷薇河,至临洪口入海,长 80 km,其中连云港市境内长 53.1 km,石梁河水库以上流域面积 15 365 km²,石梁河水库以下流域面积 2 356 km²。江苏省境内河道位于连云港市东海县、赣榆区以及市区境内。新沭河是沂沭泗地区沂沭河洪水"东调入海"的主要河道,不仅承泄沭河及区间全部来水,而且还分泄"分沂入沭"水道调尾后部分沂河洪水。

新沭河是中华人民共和国成立后,为解除沂沭泗河洪水灾害而新开的"导沭经沙入海"工程。河道分段设计行洪流量:上段按新沭河泄洪闸分泄 6 000 m³/s 洪水加区间入流量确定,中段为 6 000 m³/s,下段为 6 000～6 400 m³/s。1974 年 8 月 15 日,石梁河水库站最高水位 26.82 m,河道最大行洪流量 3 510 m³/s。其沿线涵闸 16 座,总规模 392 m³/s;沿线泵站 6 座,总规模 15 m³/s。

2008 年,实施新沭河 50 a 一遇治理工程,主要措施为河道中段消险、下段疏浚,改建山岭房退水涵洞、磨山河桥闸,加固范河闸,新建富安调度闸、大浦第二抽水站和临洪东抽水站、自排闸,在入海口新建三洋港枢纽。新沭河治理工程的实施不仅将新沭河防洪标准提高到 50 a 一遇,而且提高了连云港市区的排涝能力,改善了连云港新区的生态环境,提供了 200 万 m³ 淡水和 1 267 公顷耕地灌溉用水。

新沭河自石梁河水库泄洪闸东南流 8.1 km 处建有蒋庄漫水闸。在石梁河水库与蒋庄漫水闸之间,新沭河左岸有连接石梁河灌区的沭北干渠,右岸有磨山河汇入。新沭河自蒋庄漫水闸下呈"S"形东流 11.7 km 至墩尚公路桥,东流 4.77 km 有新沭河大桥,再东流 0.7 km 建有朱圈漫水桥,继续东流 0.9 km 有 204 国道新沭河特大桥,长 1 618 m。新沭河自新沭河特大桥向东 3.78 km 处建有 12 孔太平庄挡潮闸。新沭河过太平庄挡潮闸东流 2.78 km,右岸有蔷薇河、大浦河汇入。大浦河长 7.57 km,流域面积 122 km²,是连云港市主城区防洪排涝骨干河道和排污专道。

新沭河右堤临洪东站与大浦站之间,建有临洪东站自排闸。新沭河自太平庄挡潮闸经临洪河东北流 1.3 km 穿临连高速临洪河特大桥。该桥长 4.3 km,主线桥 3 跨总长 155 m,与范河大桥、大浦互通相接形成长 12.5 km 的高架桥。范河入临洪河处建有范河闸,保护其下游河床免受潮渍淤塞。

新沭河东北流 10 km 有 242 省道临洪河特大桥,长 2.34 km。新沭河自临洪河特大桥东北流 1.5 km 建有三洋港挡潮闸,三洋港挡潮闸具有挡潮、减淤、排水、泄洪等功能。新沭河在三洋港闸外 1.32 km 处汇入黄海。

(四)通榆河

通榆河南起南通市海安县新通扬运河河口,北至连云港赣榆区柘汪临港产业区,流经南通市的海安县,盐城市的东台市、大丰区、市区、建湖县、阜宁县、滨海县、响水县和连云港市的灌南县、灌云县、市区和赣榆区,长 376 km,是苏北东部沿海地区人工开挖的调水、航运流域性河道。通榆河设计引水流量:东台至废黄河南 100 m³/s,废黄河南至响水 50 m³/s,结合渠北和里下河排涝设计流量 100 m³/s,新沂河以南 50 m³/s,沿线通水后,进入蔷薇河 30 m³/s,向赣榆区相机送水 30～60 m³/s。沿线涵闸 135 座,总规模 268 m³/s;沿线泵站 76 座,总规模 199 m³/s。通榆河沿岸为南通、盐城、连云港三市以及淮安市涟水县一帆河以东地区,沿岸除北部苏鲁边界有小面积低山、丘陵外,其余为平原,地势平坦,大部分地面高程 2～5 m,废黄河滩地最高 7～8 m,射阳河附近最低 1.0 m 左右。土壤和浅层地下水普遍含有盐分,土质大部分为粉质沙壤土。

通榆河是苏北东部沿海地区的一项以水利为主,立足农业,综合开发的基础设施工程,也是"江水东引北调"既定工程项目的一部分。目标是建成一条南北水利水运骨干河道,引调长江水,改造中低产田,开发沿海滩涂,结合通航冲淤保港、调度排涝、改善水质和生态环境,为建设港口和港口电站提供淡水资源。

2007 年 5 月 10 日,江苏省省政府常务会议决定将通榆河北延送水工程列为支持苏北沿海开发的重点项目,同年 12 月 9 日开始实施通榆河北延送水工程,概算投资 14.5 亿元,工程全长 190.1 km,自盐城市滨海县境内的大套三站引水至赣榆区。工程建设后,将向连云港市供水 30～50 m³/s,为连云港市区应急水源及沿海开发提供水源保障。完成八一河扩浚 7.1 km,盐河扩浚 4.9 km 和沭北航道改道 1.0 km,新建、改建、加固新沂河北堤涵洞、东门河闸、界圩河闸、善后河南泵站、善南套闸、云善套闸、八一河闸、青口河引水闸、大温庄泵站等 9 座建筑物。

(五)龙梁河

龙梁河自东海县西南部大石埠水库南流至陇海铁路附近后折向东北,经陈栈水库、昌梨水库、羽山水库等地入石梁河水库,长 65.5 km,属沂沭泗水系的沂北地区区域性骨干河道,具有防洪和灌溉功能。河底宽 20 m,河底高程 41.00～46.00 m,河口宽 60 m,迎背水坡比均为 1:2,集水面积 180 km²。设计与实际防洪标准 5 a 一遇、行洪流量 200 m³/s、洪水位 50.40 m,实际行洪流量 100 m³/s,保护面积 60 km²;设计排涝标准 10 a 一遇,排涝流量 100 m³/s,排涝水位 50 m,排涝面积 39 km²;设计灌溉面积 1.3 万公顷,灌溉流量 43 m³/s。沿线涵闸 23 座,总规模 430 m³/s;沿线泵站 27 座,总规模 13.9 m³/s。

龙梁河为人工开挖的等高截水的平底河道,地处东海县西部丘陵山区,地势西高东低,中西部为平原丘陵,东部为地势平坦的湖荡洼地。该河拦截西北部马陵山、白石头、双店岭、羽山、磨山等山岭沟壑高程 50.0 m 以上 123.4 km² 来水,以大石埠水库为准龙头,辅以竹墩闸、龙梁河进水闸、昌西闸、磨山闸、磨山翻水站、羽山翻水站等,结合沿线徐塘、陈栈、阳春、讲习、羽山、磨山等中小水库,统一调度拦蓄的洪水,既可将洪水泄至石梁河水库,又可翻引石梁河水库水源经磨山、羽山翻水站入龙梁河。

（六）石安河

石安河位于东海县境内,自石梁河水库向南,经石梁河、青湖、石榴、牛山、曲阳等镇至薛埠闸入安峰山水库,长 55.8 km,集水面积 213 km²。石安河具有行洪、排涝、引水和饮用水源地等功能,设计与实际防洪标准 20 a 一遇,设计行洪流量 660 m³/s,洪水位 19.9 m,保护面积 330 km²,实际行洪流量 670 m³/s;设计排涝标准 10 a 一遇,排涝与灌溉流量 70 m³/s,排涝水位 18 m,灌溉面积 2.53 万公顷,排涝面积 34 km²。沿线涵闸 33 座,总规模 1 334 m³/s;沿线泵站 115 座,总规模 72 m³/s。

石安河为人工开挖等高截水的平底河道,河底宽 20～30 m,河底高程 14～15 m,河口宽 65 m。该河地处沂北山丘区,截降雨径流,由青湖、埝河、范埠三闸分别排入磨山河、埝河、范埠河,并且通过房山、芝麻翻水站调引长江与淮河来水补充水库。石安河担负着石梁河水库向沭南灌区灌溉面积达 3.3 万公顷农田输水的任务。

石安河沿线分布着优质稻麦种植、蔬菜和林果生产、万头品种猪繁育以及特色水产养殖等基地,拥有水晶石、石英、云母等主要矿产资源。河道与陇海铁路、连霍高速公路、310 国道和 245 省道交叉。

石安河从石梁河水库南灌溉涵洞蜿蜒向西南 11 km,穿石梁河镇到青湖镇,镇区交通网络四通八达,310 国道和 245 省道在此交会;出青湖,南流 16 km 到石榴镇（原东海县驻地）,经石榴镇继续东行 3 km 流至东海县城牛山街道,中国最大的水晶交易市场坐落于此。

（七）沭新河

沭新河自沭阳县城西北新沂河东北流经沭阳县,东海县房山、平明、白塔等乡镇,至连云港市海州区洪门大桥入蔷薇河。长 76 km,河底宽 10～34 m,河底高程 5.00～2.40 m,河口宽 30～150 m。沭新河为淮沭新河下游段,地跨宿迁和连云港两市,具有行洪、排涝、引水和饮用水源地等功能,集水与排涝面积

394 km²;设计防洪标准 20 a 一遇,行洪流量 83～509 m³/s,洪水位 8.8～7.2 m,实际防洪标准 5 a 一遇,行洪流量 60～220 m³/s;设计排涝标准 5 a 一遇,排涝流量 60 m³/s,排涝水位 1～3 m,设计灌溉流量 100 m³/s。沿线涵闸 59 座,总规模 120 m³/s;沿线泵站 48 座,总规模 80 m³/s。

沭新河承担新沂河以北沭阳、东海、连云港市区等工农业和生活用水,年均调引江、淮水约 5 亿 m³。在沭阳县境内,沭新河自南向北,沿线有沂北渠首闸、沭新闸、沭新河南船闸等建筑物,在沭阳和东海两县交界处吴场村与友谊河、黄泥河、蔷薇河相汇,此处有蔷薇河地下涵洞、沭新退水闸、蔷北进水闸、沭新北船闸、桑墟水电站等建筑物。沭新河以西、沭新公路以南 115 km² 高地涝水经路南河由黄庄闸排入沭新河。沭阳水坡位于沭新河和古泊善后河交汇处,是我国第一座过船水坡,为世界第三座过船水坡,沟通沭新河和古泊善后河的航运,建成于 1989 年。过吴场村,沭新河进入连云港市。在东海县境内,按照"东渠西河"布局形式,在沭新河右侧沿 5 m 等高线有沭新渠。沭新渠底宽 36～10 m,渠底高程 3.05～2.87 m,渠顶高程 8.00 m,顶宽 6 m,边坡比 1:2。自吴场(蔷北)地下涵洞调引沭新河高水,与沭新河并行至白塔埠镇东白塔地下涵洞,穿沭新河向北入沭新干渠,又穿鲁兰河折向东至浦南镇海(州)青(口)公路,长 49.8 km。沭新渠是沭新灌区的总干渠,可自流灌溉房山、平明等 7 个乡镇 2.4 万公顷农田。

（八）蔷薇河

蔷薇河地跨宿迁与连云港两市,具有饮用水源地、引水供水、防洪和灌溉等功能。其上段为黄泥河,源于新沂市高流镇淋头河畔的耀南村一带,流经沭阳县,右纳赶埠大沟,左纳黑泥河,东流至东海县吴场村通过倒虹吸过沭新河,经临洪闸入临洪河。长 53.4 km,河底宽 25～100 m,河底高程 -3.70～0.90 m,河口宽 80 m,集水面积 1 839 km²。设计防洪与排涝标准 5 a 一遇至 10 a 一遇,设计行洪流量 1 365 m³/s、洪水位 8.14～6.57 m,保护面积 952.1 km²;实际防洪标准,连云港市区段 50 a 一遇、市区以上 20 a 一遇;设计排涝流量 300 m³/s,排涝水位 5.5 m,排涝面积 693.0 km²;设计灌溉面积 4 万公顷,灌溉流量 60 m³/s。沿线涵闸 29 座,总规模 279 m³/s;沿线泵站 51 座,总规模 109.45 m³/s。蔷薇河是连云港市区主要饮用水源地,年调引长江、淮河水约 5 亿 m³。

蔷薇河两岸地势西高东低、北高南低,地面高程 2.80～27.00 m,属平原湖荡区。蔷北干渠、蔷薇河、沭新河、友谊河在吴场村相汇;建有蔷薇河地下涵洞、沭新退水闸、蔷北进水闸、沭新北船闸、桑墟水电站等工程;主要支流,左岸有墨泥河、民主河、马河、沭新河、鲁兰河、乌龙河等,右岸有前蔷薇河、玉带河;在汇入临洪河处建有临洪挡潮闸。

（九）绣针河

绣针河源于山东省,经苏鲁省界进入赣榆区柘汪镇大王坊村东南入黄海海州湾。绣针河为省际排洪河道,下游在赣榆区境内,具有防洪、供水、灌溉和除涝等功能。自柘汪镇东、西棘荡村至入海口长 7.6 km,河底宽 250 m,河底高程 0.50～7.60 m,河口宽 400～1 000 m,集水、保护与排涝面积均为 16.9 km²。实际防洪标准相当于 5 a 一遇,行洪流量 800 m³/s;设计排涝标准 5 a 一遇,流量 53.5 m³/s;设计和有效灌溉面积 1 000 公顷,灌溉流量 2.0 m³/s。沿线涵闸 4 座,总规模 10 m³/s;沿线泵站 4 座,总规模 2 m³/s。

绣针河属季节性河流,受海洋性气候影响较大,降水量年际变化大,年内分配不均,雨季一般集中在 6—9 月,多年平均年降雨量 856.3 mm。汛期洪水暴涨暴落,枯水期河水断流,径流量年内随季节变化明显,6—9 月径流量占全年的 87.2%,有连续干旱、连续丰水特点,多年平均年径流量 7 668 万 m³,枯水年为 2 450万 m³。绣针河地处山丘区,两岸地势西北高东南低,主要支流有牛庙河、温家村河、坪上河、团林河等。

（十）龙王河

龙王河源于山东省莒南县,南流经苏鲁省界进入赣榆区金山镇小河埃村,经赣榆区海头镇海州湾入黄海,赣榆区境内长 24.3 km,河底高程 19.10～0.00 m,河底与河口宽 300～400 m。龙王河具有防洪、除涝、灌溉、供水、水产养殖等综合功能,在赣榆区境内集水面积 123.5 km²。设计防洪标准 20 a 一遇,实际防洪标准相当于 10 a 一遇,保护与排涝面积 151 km²;设计排涝标准 10 a 一遇;设计灌溉面积 4 667 公顷。沿线涵闸 10 座,总规模 30 m³/s;沿线泵站 2 座,总规模 2 m³/s。

龙王河底均有岩石埋藏,由东向西倾斜,深度由东岸向西在河中伸展,岩石高程由 13.00 m 变化至 0.80 m,中泓部分岸石以上有少量淤泥及泥质沙。两岸地势北高南低,上游大部分为山区,以花岗岩为主,中游缓丘,沿河流向中间低两侧高,下游为冲积平原,属季节性河流。龙王河支流陡、干流缓,汛期上冲下淤,水土流失较严重。石堰漫水桥以下比降约 1:1 000,河床宽 300~400 m、深 3~4 m,多积沙,弯多弯大,易受海水顶托。

龙王河入海处的海头港是天然渔港,可停泊 50~400 t 级船舶。海头港原名朱蓬港,名因帆篷皆用朱红色槲树皮汁蒸染,现为连云港市"一体两翼"港口群北翼的中点港。朱蓬口东南隔海 15 km 有秦山岛,旧传秦始皇曾登岛求仙,岛上遗有秦始皇授珠台,西端有海积石英卵石"神路",呈"S"形蜿蜒向陆,长 8.8 km,涨潮时海水激荡如游龙戏水,落潮时时隐时现渐渐露出,是我国著名的海岛陆连沙坝。

(十一)青口河

青口河源自山东省,自苏鲁省界进入赣榆区黑林镇埠地村至入海口,长 34.8 km,河底宽 50~140 m,河底高程 0.00~20.50 m,河口宽 100~300 m,集水面积 267 km²。沿线涵闸 92 座,总规模 476 m³/s;沿线泵站 17 座,总规模 250 m³/s。

青口河为赣榆区境内主要防洪河道,是小塔山水库唯一的防洪泄洪通道,设计与实际防洪标准 50 a 一遇。青口河在小塔山水库以上称黑林河,即自源头东南流至洙边乡西北。右岸有临沭县境内马家峪河汇入,再经山东省临沭县三界首村入江苏省赣榆区,至黑林镇汇入小塔山水库。此段地处低山丘陵,左岸有旦头河,自小塔山水库主坝溢洪闸以东称青口河,向东地势逐渐平缓。

青口镇东邻海州湾,有渔盐航运之利。清乾隆五年(1740 年),沿青口河开港,青口港逐渐成为苏北、鲁南的商品集散地。清光绪年间(1875—1908 年),青口作为开放口岸即设常关管理。1985 年在 204 国道东 1 000 m 处新建青口内河码头。随着城市建设"南伸东延"战略的实施,2003 年青口港东迁至入海口,被列为"国家一级渔港"。港区集航运、捕捞、海产品交易于一体,为连云港市"一体两翼"的北翼港口群之一。

(十二)古泊善后河

古泊善后河位于新沂河以北,地跨宿迁与连云港两市,是排涝、灌溉的骨干河道和七级航道。全长约 90 km,集水面积 1 471 km²。设计防洪标准 20 a 一遇至 50 a 一遇,保护面积 342.2 km²;设计排涝标准 5 a 一遇至 10 a 一遇;设计灌溉面积 3 333 公顷。沿线涵闸 15 座,总规模 2 374 m³/s;沿线泵站 3 座,总规模 3 m³/s。

河道西起沭阳县沭新河上元兴闸南侧过船水坡,经沭阳、东海、灌云三县和海州区,东至灌云县东陬山善后新闸。河底宽 14～124 m,河底高程-3.00～0.80 m,河口宽 80～150 m。

古泊善后河是古泊河与善后河上下相连后的统称。自沭阳县高墟镇东流 49.42 km 与盐河交汇,此段称古泊河。在沭阳县境内,古泊善后河自沭新河起,与古泊灌区送水主渠道古泊干渠平行向东,两岸有西万公河、万西大沟、万东大沟、生疏沟、左洪沟、官沟河、韩西沟、韩东河等支河汇入。在灌云县境内,古泊善后河南岸有新老涝沟河、西护岭河、叮当河、新老千斤沟、徐大沟汇入,北岸有卓王河汇入。在板浦镇,古泊善后河与盐河十字相交,向东 27.73 km 至东陬山善后新闸称善后河,南岸有相机排水的大新河汇入,北岸有相机排水的云善河、埃字河和东辛农场诸干河汇入。古泊善后河为高水位排涝河道,汛期两岸支河关闸封闭,沿线低洼地强排除涝;非汛期储蓄上游回归水,供两岸农田灌溉。丰水年可供水 2 亿～3 亿 m³。沿岸自来水厂均取该河淡水供人畜饮用。古泊善后河自淮沭新河东北流,先后穿流汾灌和宁连高速公路桥。

善后河前身为鲁河,西起盐河,东至坼子口,是盐场运盐至板浦集散的主航道之一,后因大新口上段失修而淤塞。1936 年疏浚盐河至大新河段,使盐河与鲁河复通,命名善后河。古泊河原为古涟河,起于沭阳县高墟镇已废的港河陆口东,尾闾入卓王河后分 2 股,一股沿卓王河向北入前蔷薇河,再北入后蔷薇河,由临洪口入海;一股沿卓王河向东入泊阳河,再东入善后河,由坼子口入海。

2008 年 6 月,实施江苏省通榆河北延送水工程,灌云县境内新建善后河南泵站,为三等中型工程,设计调水流量 30 m³/s。按原标准加固水利部门管理的善后河南套闸及云善河套闸,在善后河南北分别新建 2 座套闸,由连云港善后河枢纽船闸管理所管理,闸宽 23 m,河道标准定为三级航道。

(十三)五灌河

五灌河位于灌云县境内,西起五图河农场小南沟,东流经灌云县燕尾港镇至灌河口入黄海,长 16.2 km,集水与排涝面积 746 km²。设计防洪标准 20 a 一遇,实际防洪标准 20 a 一遇,排涝标准 5 a 一遇,保护面积 1 012 km²。五灌河因上承五图河、下接灌河得名,是一条以排涝为主,结合引水灌溉、航运的河道,河底宽 145 m,河底高程－2.94～－3.47 m,河口宽 154 m。沿线涵闸 25 座,总规模 125 m³/s。

五灌河南北与五图河相连,东西与界圩河相接,入海口处建有挡潮闸,与燕尾挡潮闸共同承担流量 720 m³/s 的排涝任务。

2011 年 8 月,为改善排水条件,提高区域排涝标准,根据水利部、财政部《全国重点中小河流治理实施方案(2013—2015)》,江苏省水利厅批复对五灌河实施治理。工程于 2011 年 9 月开工,2012 年 4 月完工,按 5 a 一遇排涝流量达到 532.6 m³/s、防洪标准达到 20 a 一遇标准设计,投入经费 27 286 万元。

五灌河燕尾港是苏北海河联运港口。支柱产业为海洋捕捞,海产品养殖、加工、贸易及海洋运输等。燕尾港作为苏北地区条件最佳的港口,有 100 多年历史,素以"享黄金海岸,受渔盐之利"著称,被确定为一级渔港。境内开山岛距镇区 10 km,岛上怪石嶙峋,曲径通幽,并有惊险刺激的军事坑道设施,形成了"游海岛、看日出、观海景、钓海鱼、吃海鲜"的特色旅游,已建成龙王庙、团港渔村等景点。

(十四) 灌河

灌河地处连云港与盐城两市,为新开河以西、废黄河以北沂沭泗水系下游入海骨干河道,具有防洪、排涝、通航等功能。西起灌南县武障河、龙沟河、义泽河交汇处的东三岔,流经灌南、响水至灌云县燕尾港入海。长 62.5 km,集水与保护面积 2 210 km²。灌河因黄河夺淮所形成的沂沭泗水系诸多河道东注冲刷成河而得名,又因随潮汐涨落而被称为潮河、大潮河,还因与南潮河相对,被称为北潮河。河底宽 200～800 m,河底高程－1.30～11.00 m,河口宽 300～1 300 m。实际防洪标准 20 a 一遇,排涝面积 1 041 km²。沿线涵闸 65 座,总规模 5 259 m³/s;沿线泵站 1 座,总规模 3 m³/s。

灌河是江苏省境内唯一未在河口建闸控制的最大天然潮汐河道,河面宽阔,上游 300～700 m,下游尾部 100～2 500 m,水深随潮汐变化,低潮平均水深 4～9 m,高潮平均水深 7～12 m。其主要支流,上游有南六塘河、北六塘河、柴米河、沂南小河等,穿过盐河分别有武障河、龙沟河、义泽河汇入;中游有一帆河、唐响河、甸响河、黄响河、通榆河、响坎河等;下游有南潮河、民生河、五灌河。灌河与新沂河共口入海,两岸另有49条大沟级河道直接汇入。灌河口为喇叭形河口,为潮汐河道,潮型为不规则半日潮。灌河口潮流受海州湾潮波系统控制,输水能力4 610 m³/s。灌河燕尾港站最高潮位3.91 m,最低潮位−2.67 m,最大潮差4.68 m;响水口站最高潮位4.27 m,最低潮位−2.27 m,最大潮差6.16 m。口外风浪较大,距河口7.5 km开山岛附近最大潮波高5 m以上,河口内燕尾港潮波高1.5 m,堆沟港0.5 m。

灌河两岸大部分属黄淮冲积平原,地面多黄泛沉积物,由西南向东北逐渐倾斜,常以黄河故道决口为端点,星扇状或套状分布,许多村庄以"套"为地名。地势起伏不大,最大高差8 m左右。下游地区海积平原特点明显,地势低平,地表土层以亚黏土为主。

2011年,灌河治理工程列入《全国重点中小河流治理实施方案(2013—2015)》。治理标准:灌河干河排涝标准为5 a一遇,穿堤建筑物排涝标准为10 a一遇。

灌河是苏北最大的天然入海河道,被海岸河口专家称为"苏北的黄浦江",三级航道,常年可通航3 000～5 000 t船舶。盛产的四腮鲈鱼曾引发涟水籍国民党元老顾祝同的思乡情怀。灌河左岸沿线为灌南县汤沟、北陈集、长茂、堆沟港等重镇。汤沟酒有"南国汤沟酒,开坛十里香"之誉,多次获国内外金奖。

(十五)义泽河

义泽河位于新沂河以南,在灌南县境内西起盐河,东至东三岔入灌河。长10.9 km,集水面积49 km²,保护面积38 km²,具有防洪、排涝、航运等功能。河底宽50～80 m,河底高程−2.50～−6.00 m,河口宽100～150 m。设计排涝标准5 a一遇。沿线涵闸11座,总规模68.5 m³/s。

义泽河地处平原缓坡地,地面高程3.10～3.60 m。左侧与新沂河为邻,有6条大沟汇入;右侧与龙沟河、武障河为邻,有2条沟汇入。河堤林地面积30.9公顷。

2011年8月,为改善排水条件,提高区域排涝标准,根据水利部、财政部《全国重点中小河流治理实施方案(2013—2015)》的要求,灌南县境内10.2 km河道按5 a一遇排涝、20 a一遇防洪、50 a一遇挡潮要求进行治理。

（十六）武障河

武障河位于新沂河以南，具有防洪、排涝、通航等功能。在灌南县境内，自盐河至东三岔，长 12.4 km，集水面积 67 km²，武障河为灌河支流，河底宽 64～100 m，河底高程－2.50～－6.00 m，河口宽 110～130 m。设计排涝标准 5 a 一遇，保护面积 73 km²。沿线涵闸 11 座，总规模 68.5 m³/s。左岸与北六塘河、义泽河为邻，有 2 条大沟接入；右岸有 7 条大沟汇入。武障河处于黄河泛滥时涟水冲积扇地的黄泛平原和低平原区，属平原缓坡地带，地势平坦，坡降小。

2006 年，江苏省水利厅批复武障河闸加固工程初步设计。2007 年，武障河闸加固工程开工。2008 年，武障河闸加固工程竣工并于 2009 年通过验收。

（十七）一帆河（古盐河）

一帆河位于新沂河与废黄河之间，地跨淮安、连云港和盐城三市，南起涟水县东北胡集章化寺西官河与古盐河汇合口，向北流经薛集、郑湾、方渡、郑潭口至嵇桥入灌南县境，再北流经杨桥至小窑西陡湾转向东北流，经三口南至响水西入灌河，长 61.4 km，集水面积 479.8 km²。一帆河是排涝、灌溉骨干河道和三级航道河，底宽 20～70 m，河底高程－3.00～1.00 m，河口宽 30～120 m，保护面积 212.56 km²。设计排涝标准 10 a 一遇，排涝面积 479.8 km²。沿线涵闸 5 座，总规模 505 m³/s；沿线泵站 25 座，总规模 15.95 m³/s。

一帆河上接西官河、港河、古盐河，左侧与义泽河、武障河、盐河为邻，沿途有潘老庄大沟、三口大沟、林南大沟、花园河、新集引河、港河等汇入，右侧与唐响河、佃响河为邻，有通联河、屈荡大沟、新塘河、沿宋大沟、官尚大沟、杨百河、周彭大沟、王圩大沟、新民沟、民便河等汇入。两岸农产品主要有粮食、棉花、油料等，农林土特产有淮山药、浅水藕等。沿线与省道 307、326 交叉。

2002 年，在一帆河挡潮闸上游（内河侧）300 m 处重建新闸，闸室中心线与一帆河中心线重合，按 3 级水工建筑物设计，6 度地震设防，100 a 一遇高潮位设计，200 a 一遇高潮位校核。按排涝 10 a 一遇标准设计，排涝流量 491 m³/s，10 孔，中间 8 孔为 6 m 宽节制孔，两边为 8 m 通航孔。

（十八）盐河

盐河位于废黄河以北、临洪口以南的淮北平原，地跨淮安和连云港两市，长 151.1 km，为三至五级航道，具有灌溉、排涝、调水和发电等功能。设计防洪标准 10 a 一遇至 20 a 一遇,集水面积 565 km²,实际防洪标准 5 a 一遇;设计排涝标准 5 a 一遇,排涝面积 458.70 万亩;设计灌溉面积 187.76 km²。沿线涵闸 15 座,总规模 753 m³/s;沿线泵站 105 座,总规模 85.1 m³/s。

盐河分上下两段。上段,杨庄盐河闸至朱码闸。盐河原源于淮阴区西 17 km 豆瓣集附近中运河钳口坝,坝下 400 m 建有双金闸,两者均为控制运河分水的建筑物。1958 年秋开挖淮沭河,将盐河上段 6 km 切断,在淮沭河东杨庄运河左堤另建盐河闸,故盐河源移至杨庄(旧称杨二庄)。京杭运河、二河、淮沭河、废黄河、盐河、张福河、淮涟总干渠、淮阴翻水站引水河交汇于此;淮阴闸、淮沭河船闸、淮涟渠首、盐河闸、盐河船闸、杨庄水力发电站、杨庄抽水站、张福河船闸等在此组成水利枢纽。下段,朱码闸至新沂河,左岸有东西流向的花王河、南六塘河、老六塘河、北六塘河、柴米河、沂南河汇入,右岸与孙花河、新安调度河、武障河、龙沟河、义泽河、义北引水河相通,新沂河穿盐河而过。

盐河源于淮安市淮阴区杨庄盐河闸,与京杭运河连接,流经淮阴区、涟水县和连云港市灌南县、灌云县、海州区,于新浦闸接大浦河入海,集水面积 565.4 km²,河底宽 20～80 m,河底高程-1.00～5.00 m,河口宽 28～120 m。

(十九) 柴米河

柴米河源于今宿迁市宿豫区和泗阳县交界处丁二元倒虹吸,流经泗阳、沭阳和灌南三县,过盐河,经龙沟河入灌河。其上游名砂礓河,东流至沭阳与泗阳交界处,称大涧河,再东流至沭阳城南闸口庄以下,称柴米河。1958 年,兴办"分淮入沂"工程,柴米河被淮沭河分成东西两段,淮沭河以西称大涧河,以东仍称柴米河。自柴米河地下涵洞经龙沟河至北六塘河长 61.9 km,跨宿迁和连云港两市,集水面积 38.1 km²,是沭阳和灌南两县防洪、排涝河道和七级航道。河底宽 10～88 m,河底高程 5.80～3.00 m,河口宽 100～130 m。设计与实际防洪以及排涝标准均为 5 a 一遇,保护面积 17.38 km²。沿线涵闸 37 座,总规模 178 m³/s;沿线泵站 21 座,总规模 27.9 m³/s。

柴米河在淮沭河以西有南崇河、北崇河、颜倪河、邢马河、清水沟、军柴河、刘柴河等汇入大涧河;淮沭河以东,柴米河左侧与新沂河为邻,有 11 条沟汇入,右侧与柴南河、北六塘河毗邻,有 10 条沟汇入。柴米河地处黄泛时涟水冲积扇地的黄泛平原和黄泛低平原区,地势西高东低,上游岗洼相间,地面坡降在 1:

1 000 以上,上游与下游地面高差 10.0 m 左右。淮沭河以东,柴米河两岸地势平坦,坡降小,属平原缓坡地带,一般地面高程 3.60～4.00 m。柴米河穿流宁连高速和 326 省道。

(二十)柴南河

柴南河位于柴米河南,地跨宿迁和连云港两市,自沭阳县十字一支大沟至灌南县白皂沟入柴米河。长 44.8 km,集水面积 9.5 km²,其范围为淮沭河以东、柴米河以南、柴塘干渠以北、北六塘河以西。柴南河是柴米河以南地区排涝、防洪的骨干河道和七级航道,河底宽 20～50 m,河底高程 2.20～2.50 m,河口宽 50～120 m,保护面积 310.1 km²。设计排涝标准 5 a 一遇,排涝面积 309.5 km²。沿线涵闸 7 座,总规模 23 m³/s;沿线泵站 7 座,总规模 8.6 m³/s。

两岸西高东低,地面高程最高 9.00 m,最低 3.80 m。沿线有古屯河、店西大沟、淮沭路大沟、胡北大沟等 19 条大沟汇入。

柴南河排涝原经柴米河、港河、万公河,新沂河工程将港河、万公河截断,柴南地区排涝仍由柴米河承担,到周口入北六塘河。由于柴米河排涝标准低,加之受北六塘高水顶托,排水严重受阻,因此柴南荡经常积水成灾。1951 年,利用和疏通旧有姚河、小刘河、徐桥小沟、东西小洋河等,自小蒲荡至葛口与柴米河相汇,开引至北丁集以西 50 km,成为柴米河以南地区 610 km² 排水主干河道。因此河位于柴米河之南,故名柴南河。

柴南河治理工程作为全省中小河流治理内容之一,由沭阳县组织实施,治理河段为淤积较严重的章集村至司庄大沟段,共计 16.1 km,按 5 a 一遇标准进行疏浚治理,按 20 a 一遇标准修建堤防 18.9 km。

(二十一)北六塘河

北六塘河属灌河水系,地跨淮安、宿迁和连云港三市,西起淮沭河,流经淮安市淮阴区、沭阳、链水和灌南三县,过盐河,经龙沟河入灌河,自六塘河地下涵洞至盐河,长 62.5 km。新沂河建成后,北六塘河不再承泄沂沭泗洪水,成为区域性防洪排涝河道、饮用水源地和六至七级航道。河底宽 20～60 m,河底高程 0.00～2.90 m,河口宽 55～100 m。设计与实际防洪标准 5 a 一遇,保护面积 794 km²,排涝面积 1 878.5 km²。沿线涵闸 16 座,总规模 87 m³/s;沿线泵站 13 座,总规模 7.48 m³/s。

北六塘河通过六塘河地下涵洞承接淮沭河以西渠西河、跃进河、淮泗河等来水。在淮沭河以东，北六塘河左与柴南河为邻，接纳庄东河、塘沟河等来水，并有11条大沟汇入，右与南六塘河为邻，并有8条大沟汇入，在盐河东西两侧分别与新张公路和宁连高速交叉而流。北六塘河地处平原区，西高东低，地面高差相差8.0 m左右。

2009年4月3日省政府办公厅正式批复，同意北六塘河为灌南饮用水源地。4月16日，省水利厅发给取水许可证。同时，与上游市县水利部门达成上下游流域协作管理的意向，全面开展治污确保水源安全。2010年，完成北六塘河地表饮用水源地建设，5月正式投入运行。同时，制定北六塘河水源地保护应急预案，严格执行水资源管理"三条红线"，确保水源和水质安全。2011年，完成《北六塘河水源地保护方案研究》，完善应急预案。2012年，开展北六塘河上下游治污及河道上游水系勘查工作，开展灌南饮用水备用水源方案专题研究，编制并获批硕项湖备用水源工程建设建议书及可行性研究报告。实施硕项湖东中湖区的开挖，完成土方270万 m³。硕项湖备用水源可解决城区40万人20 d应急供水需求，实现"一用一备、蓄用结合"的供水目标。

(二十二) 南六塘河

南六塘河自涟水县古寨往东北流经二庄、高沟，至沈三圩闸入灌南境，于老堆头穿盐河入武障河下灌河归海。全长44.2 km，流域面积918.4 km²，为灌河支流。其中涟水县境内河道长21 km，流域面积580 km²。河道沿线右岸有杰勋河(孙大泓)、西张河、东张河、公兴河等支流汇入。南六塘河是沂南地区淮沭河以东、盐河以西、北六塘河以南的主要排涝河道，涉及淮、连两市的淮阴区、涟水县、灌南县。沿线涵闸13座，总规模83.5 m³/s；沿线泵站25座，总规模20.4 m³/s。

南六塘河现状设计标准5 a一遇，设计排涝流量583 m³/s，设计排涝水位6.45~3.30 m，设计河底高程2.50~2.00 m，河底宽35~70 m、边坡比1∶2.5~1∶3。

在涟水县境内，右岸有杰勋河、张河、公兴河汇入，至盐河与武障河、老南六塘河相汇。在灌南县境内，左岸有废公兴河、张庄大沟、保成大沟、老六塘河和老圩大沟汇入，右岸有新安镇中心大沟周口河、硕项河、李集二圩大沟、久安大沟、租地大沟、七斗大沟汇入。南六塘河过盐河称武障河，东流至东三岔汇入灌河。南六塘河流域地势平坦，总趋势呈西高东低，流域内地面表层以沙性土为主，地面高程 7.20～3.70 m。

第五节　水利工程

连云港市位于沂沭泗水系最下游，沂沭泗流域 8 万 km² 的洪水通过新沂河贯穿市域入海，成为典型的"洪水走廊"。全市地势由高程 60.00～120.00 m 的西部山丘岗岭地区向高程仅 2.00～3.00 m 的东部平原洼地倾斜。连云港特殊的地理位置和气候特征，决定了其易旱易涝、易受台风和风暴潮袭击。该地区的洪涝灾害特征主要表现为台风、暴雨、天文大潮和上游大流量洪峰过境这四个要素单独或者组合影响。

中华人民共和国成立以来，连云港市人民在各级党委和政府的领导下，充分发扬艰苦奋斗、自力更生的精神，依靠人民群众的力量，在国家的支持下，开展了大规模的水利建设，兴建了大量的水利工程，先后掀起三次治水高潮，已建成了数量众多、类型较齐全的工程设施，建成了防洪挡潮、除涝、降渍、灌溉与供水以及跨流域调水等五套水利工程体系。在全市范围内形成了能泄能蓄、能引能挡，并能在流域间互相调剂的发挥综合功能的新水系，并构建了不同层次的由流域、区域、城市防洪工程组成的防洪格局，全市防洪标准基本达到 10～20 a 一遇。

城市周边地区直接影响城市防洪安全的主要水库、河流，西有石梁河、安峰山等大型水库，北有新沭河等流域性行洪河道，南有新沂河流域性行洪河道和善后河区域性排洪河道，中有蔷薇河等区域性排洪河道，东有黄海的潮汐顶托影响和海洋风暴潮的威胁，形成上有大型水库居高临下，下有风暴潮袭击，左右则有大型流域性行洪河道，内有云台山、锦屏山山洪下泄相威胁的局面。城市处在洪潮的四面包围之中，由此而造成的城市防洪排涝任务十分艰巨，所面临的防台御潮形势相当严峻。

城市外围防洪依托新沭河、蔷薇河、善后河堤防和海堤构筑防洪屏障，城市内部山洪治理依靠小水库滞蓄和截洪沟导泄,城区内部排涝采用分片治理、排蓄兼筹、自排抽排结合的城市总体防洪排涝格局。

一、河道堤防

连云港市地处淮沂沭泗流域最下游,处在江水北调和江淮水供给的最末端,境内河网稠密,主要河道堤防 504 km,同时连云港有 211.6 km 的海岸线,建有一线海堤 144 km。新沂河、新沭河是流域性行洪河道,一级堤防与二级堤防主要为新沭河与新沂河堤防,一级堤防长度为 172 017 m、二级堤防长度为 56 838 m。三级河道堤防为灌河左右堤与青口河左右堤,长度为 161 700 m。蔷薇河目前防洪设计标准市区段为 20 a 一遇,上游为 10 a 一遇,现状堤防等级为 3 级。

连云港市堤防工程基本情况见表 1-5。

表 1-5 连云港市堤防工程基本情况表

堤防名称	起讫地点	堤长/m	等级
新沂河堤	南岗—燕尾港	68 580	一级
新沂河堤防右堤—灌南县段	孟兴庄—堆沟港	68 237	一级
新沭河堤防右堤开发区段	猴嘴街道	14 000	一级
新沭河右堤新浦区段	浦南镇	21 200	一级
新沭河堤防	沙河—罗阳	43 000	二级
新沭河右堤—东海段	石梁河镇—黄川镇	13 838	二级
灌河右堤	张店镇—三口镇	20 500	三级
灌河左堤	张店镇—堆沟港镇	66 700	三级
青口河右堤	塔山镇—青口镇	27 000	三级
青口河左堤	塔山镇—青口镇	47 500	三级

二、流域性行洪河道

连云港市流域性分洪水道为新沂河、新沭河。新沂河既是骆马湖的排洪出路,又是沂沭泗河洪水主要入海通道之一,也是相机分泄淮河洪水的通道。新沭河是将沭河部分洪水分泄直接入海的重要通道,沭河洪水经大官庄闸下泄后进入新沭河,再经石梁河水库调蓄后排放入海,同时承担"分沂入沭"近 4 000

m³/s 的分洪任务。

三、水库

连云港市现有大、中、小型水库 167 座,其中大型水库 3 座(石梁河水库、小塔山水库、安峰山水库)、中型水库 8 座(八条路水库、西双湖水库、房山水库、横沟水库、昌黎水库、贺庄水库、大石埠水库、羽山水库)、在册小型水库 156 座,总库容 12.5 亿 m³。

(一)石梁河水库

石梁河水库位于新沭河中游,库区上游与山东省临沭县接壤,库区横跨东海、赣榆两县区。水库于 1958 年 12 月开工兴建,1960 年 5 月主坝、副坝合龙蓄水,续建配套枢纽工程于 1962 年 12 月完工,又经多期维修加固,使得工程发挥了综合效益。1992 年,水库被水利部确定为第二批全国重点病险水库之一。水库除险加固工程于 1999 年 1 月开工建设,2002 年 12 月完工;水库扩大泄量工程于 1999 年 8 月开工建设,2001 年 5 月完工。水库集水面积 5 265 km²(未含沂河集水面积),总库容 52 640 万 m³,是一座泄蓄沂河、沭河、新沭河的来水,以防洪功能为主,结合农田灌溉、水产养殖、发电、旅游等综合利用的大(2)型水库。

水库枢纽工程由主坝、副坝、溢洪闸、灌溉涵洞、北干渠进水闸、南干渠退水闸等主要建筑物组成。主坝长 5 200 m,坝顶高程 31.50 m,最大坝高 22 m,坝顶宽 10~12 m。副坝长 3 600 m,坝顶高程 31.50 m,最大坝高 7.5 m,坝顶宽 12 m。溢洪闸位于主坝中部附近,15 孔,每孔净宽 10 m,设计流量 4 000 m³/s,校核流量 5 000 m³/s。灌溉涵洞 4 座:南灌溉涵洞,3 孔,洞径 2.5 m×2.5 m,设计流量 50 m³/s;北灌溉涵洞,3 孔,洞径 2.5 m×2 m,设计流量 45 m³/s;孟曹埠涵洞,单孔,洞径 2.5 m×2.5 m,设计流量 26 m³/s;副坝涵洞为钢筋混凝土圆涵,4 孔,其中 3 孔用于灌溉,管径 2.4 m,另 1 孔用于发电,管径 2 m,设计流量 30 m³/s。北干渠进水闸,3 孔,每孔净宽 2 m,设计流量 30 m³/s;南干渠退水闸位于溢洪闸下游南干渠旁,2 孔,每孔净宽 2.5 m,设计流量 28 m³/s。

工程设计标准:工程等别为 Ⅱ 等,主坝、溢洪闸、灌溉涵洞等主要建筑物级别为 2 级,次要建筑物级别为 3 级。工程防洪标准按 100 a 一遇设计,洪水位

26.81 m,相应泄洪流量 7 000 m³/s,2 000 a 一遇校核洪水位 27.95 m,相应泄洪流量 10 131 m³/s。经调洪演算,其汛限水位 23.50 m,兴利水位 24.50 m,死水位 18.50 m,相应水库总库容 52 640 万 m³,调洪库容 31 820 万 m³,兴利库容 23 380万 m³,死库容 3 200 万 m³。地震按基本烈度 8 度设防。

石梁河水库以下建成沭南(东海县)、沭北(赣榆区)2 个大型自流灌区,在保证新沭河防洪安全的前提下,调洪蓄水服务自流灌区,还可向小塔山、安峰山两水库供水。其中,沭南灌区位于东海县中部及东北部,分新沭河沭南灌区和石安河灌区两部分。沭北灌区位于赣榆区南部。

水库南侧的石梁河镇盛产葡萄,地下有水晶石、石英砂等矿藏。水库周边有历史悠久的磨山和羽山,有丰富的生物种群,动植物有 280 多种。

(二)小塔山水库

小塔山水库位于连云港市赣榆区西北部低山丘陵区、青口河中游的小塔山与子贡山之间、塔山镇境内,距赣榆城区 17 km。水库于 1958 年 10 月开工兴建,1959 年 10 月主坝合龙蓄水,后又续建配套、维修加固,以充分发挥工程功能和综合利用效益。1992 年,水库被水利部确定为第二批全国重点病险水库之一。水库除险加固工程于 2002 年 10 月开工建设,2007 年 11 月完工。水库集水面积 386 km²,总库容 28 100 万 m³,是一座以防洪功能为主,结合农田灌溉、城镇供水、水产养殖、发电等综合利用的大(2)型水库。

水库枢纽工程由主坝、副坝、主坝溢洪闸、东副坝分洪闸、灌溉涵洞等主要建筑物组成。主坝东起小塔山,西至子贡山,长 2 303 m,坝顶高程 38.50 m,最大坝高 22.5 m,坝顶宽 9.6 m。副坝 2 座,其中东副坝长 1 060 m,坝顶高程 38.00 m,最大坝高 6.3 m,坝顶宽 12 m;西副坝长 1 000 m,坝顶高程 37.00 m,最大坝高 10.2 m,坝顶宽 7.6 m。主坝溢洪闸:10 孔,每孔净宽 4 m,设计流量 400 m³/s。东副坝分洪闸,56 孔,每孔净宽 5.4 m,最大分洪流量 4 600 m³/s。灌溉涵洞 2 座:主坝东涵洞,单孔,洞径 2.35 m×2.35 m,设计流量25 m³/s;西副坝涵洞,单孔,洞径 1.9 m×1.9 m,设计流量 10.3 m³/s。

工程设计标准:工程等别为 Ⅱ 等,主坝、副坝、溢洪闸、灌溉涵洞和青口河挡潮闸等主要建筑物级别为 2 级,次要建筑物级别为 3 级。工程防洪标准按 100 a 一遇洪水设计,2 000 a 一遇洪水校核。经调洪演算,其特征水位及库容分别为:

水库设计水位 35.37 m,校核水位 37.31 m,汛限水位 32.00 m,兴利水位 32.80 m,死水位 26.00 m;相应总库容 28 100 万 m³,调洪库容 16 500 万 m³,兴利库容 11 600 万 m³,死库容 2 000 万 m³。地震按基本烈度 8 度设防。

小塔山水库下游建设大型灌区,实际灌溉面积 1.73 万公顷。由于库区上游先后兴建多座水库,而致使干支流下泄水量减少,水库水源紧缺。为此赣榆安排开挖夹山至塔山截洪沟,将原引水渠扩大成沭北一级截洪沟,扩大集水面积;兴建古城翻水站,调石梁河水库之水补库;兴建朱堵一级站、城头二级站、城头三级站翻水,经朱稽河调长江水补库,缺水状况有所改善。

小塔山水库渔业资源丰富,盛产鲤、鲫、鲢、虾等,因历年调引长江水补库,亦产太湖银鱼,且产量颇丰。水库水面开阔,烟波浩渺,旅游资源得天独厚,2007 年被评为省级水利风景区。

(三)安峰山水库

安峰山水库位于东海县南部低山丘陵区安峰镇境内、蔷薇河支流厚镇河上游的古城河上。库区呈南北略长的古钱刀币状,西侧是著名的郯城—庐江大断裂带。水库于 1957 年 10 月开工兴建,1958 年 6 月主坝合龙蓄水,后又续建配套、维修加固,以充分发挥工程综合利用效益。2001 年 6 月,水库经水利部大坝安全管理中心鉴定为三类坝。水库除险加固工程于 2004 年 12 月开工建设,2008 年 4 月完工。水库集水面积 153.3 km²,总库容 11 300 万 m³,是一座以防洪、农田灌溉功能为主,结合城镇供水、水产养殖等综合利用的大(2)型水库。

水库枢纽工程由主坝、副坝、溢洪道、灌溉涵洞等主要建筑物组成。主坝长 2 330 m,坝顶高程 20.00 m,最大坝高 9.5 m,坝顶宽 4 m。副坝长 4 406 m,坝顶高程 20.00 m,最大坝高 5 m,坝顶宽 3 m。溢洪道 2 条:一条由东向西经安房河泄水汇入房山水库;另一条向南再向东经黑泥沟、黄泥河入蔷薇河。溢洪闸在主坝东端,3 孔,每孔净宽 5 m,校核泄洪流量 335 m³/s。灌溉涵洞 3 座:主坝东灌溉涵洞,单孔,洞径 0.8 m×1 m,设计流量 5 m³/s;主坝西涵洞,单孔,洞径 1.2 m×1.5 m,设计流量 11 m³/s;副坝灌溉涵洞,3 孔,洞径 1.6 m×1.2 m,设计流量 38 m³/s。水电站 1 座,安装 3 台机组,总装机容量 255 kW。

水库工程设计标准:工程等别为Ⅱ等,主坝、副坝、溢洪闸、灌溉涵洞等主要建筑物级别为 2 级,次要建筑物级别为 3 级。工程防洪标准按 100 a 一遇洪水设计,2 000 a 一遇洪水校核,溢洪道消能防冲建筑物按 50 a 一遇洪水设计。经调洪演算,其特征水位及库容分别为:设计洪水位 18.00 m,校核洪水位 18.67 m,汛限水位 16.00 m,兴利水位 17.20 m,死水位 12.50 m;相应总库容 11 300 万 m^3,调洪库容 7 080 万 m^3,兴利库容 6 707 万 m^3,死库容 333 万 m^3。地震按基本烈度 7 度设防。

连云港市大中型水库主要特征值见表 1-6。

表 1-6 连云港市大中型水库主要特征值一览表

水库名称	类型	总库容 /(万 m^3)	兴利库容 /(万 m^3)	死库容 /(万 m^3)	供水库容 /(万 m^3)
石梁河水库	大(2)型水库	52 640	23 400	3 200	26 600
小塔山水库	大(2)型水库	28 100	11 600	2 000	13 600
安峰山水库	大(2)型水库	11 300	6 707	333	5 300
贺庄水库	中型水库	2 654	1 585	1 207	2 792
横沟水库	中型水库	2 459	1 480	70	1 550
八条路水库	中型水库	2 143	1 473	15	1 488
房山水库	中型水库	2 516	1 156	104	1 260
昌黎水库	中型水库	2 111	1 405	5	1 410
西双湖水库	中型水库	1 760	1 610	20	1 630
大石埠水库	中型水库	2 217	515	5	520
羽山水库	中型水库	1 225	1 180	5	1 185

四、湖泊

连云港市现有湖泊 3 个,均为人工湖泊,分别为灌云县的伊云湖、灌南县的硕项湖和市区的蔷薇湖。

伊云湖位于灌云县东城区人民路以南、东方大道以东、三里河以北、迎宾大道以西,紧邻连淮扬镇高铁灌云站,由湖区土方工程和景观绿化工程两部分组成。项目占地 1 366 亩(1 亩=2 000/3 m^2),湖区土方工程永久占地 530.65 亩,总库容 125.5 万 m^3,湖底高程−3.50 m,正常蓄水位 3.0 m,隔离带堤顶高程 4.50 m。该工程通过湖区水质与生态系统工程、引水泵站、引水管线、输水泵站、退水闸站等工程建设,实现从叮当河引水至伊云湖。当遇突发事件时,从伊云湖向凯发水厂和县城自来水厂应急输水,保证不少于 7 d 向县城区 45 万人口应急供水。

硕项湖位于灌南县城西南部,为灌南县的备用水源地工程。以北六塘河地表水为水源,设计总库容 335.34 万 m³,调蓄库容 202.7 万 m³,满足在北六塘河水质受污染期间水厂供水 10 万 m³/d、供水 20 日的调蓄需求。

蔷薇湖位于海州区锦屏镇、东海县张湾乡境内,蔷薇河南岸,东侧以通榆河为界,西侧以沈海高速为界,占地约 4 402 亩。蔷薇湖为连云港市市区应急备用水源地,以蔷薇河为水源,使蔷薇河原水经蔷薇湖工程净化处理后水质稳定达到Ⅲ类水标准,满足连云港市区 70 万 m³/d 的正常供水规模。同时,充分利用蔷薇湖工程的蓄水能力,在发生突发性水污染事件时,保证市区 12 d 的应急供水需要,保障市区的供水安全。

五、调水工程

连云港市江淮水调水通道有东西两条线路,西线为江淮水通过淮沭河调入蔷薇河供东海、市区及赣榆用水;东线为江水通过通榆河调入蔷薇河供连云港市用水。

连云港市用水主要依靠调引江淮水,现状调引江淮水进入连云港市的口门主要有四个,即淮沭新河调水线的吴场水利枢纽和新沂河南偏泓、盐河殷渡及通榆河北延送水工程。

吴场水利枢纽由桑墟电站、沭新退水闸和蔷北地涵组成,总供水能力 110 m³/s,其中桑墟电站设计供水能力 25 m³/s,沭新退水闸设计供水能力 20 m³/s,蔷北地涵设计供水能力 65 m³/s。由于受上游工程总供水能力限制,实际供水能力约 70 m³/s。

新沂河南偏泓送水由沭阳电站和南偏泓闸控制,设计送水流量 250 m³/s,实际供水能力 100 m³/s。盐河为苏北地区主要航道,兼有区域排涝功能,河道送水能力较大,供水时可输水 60 m³/s。

江淮水对连云港市的实际供水能力约 230 m³/s。

六、水利枢纽及水闸工程

连云港市过闸流量 1 m³/s 及以上水闸有 1 889 座,其中规模以上(过闸流量大于或等于 5 m³/s)的水闸数量 937 座。水利枢纽主要有吴场水利枢纽、临洪水利枢纽和盐东水利枢纽。

（一）水利枢纽

连云港主要水利枢纽有 3 个，其中吴场水利枢纽主要功能为供水，临洪水利枢纽和盐东水利枢纽为防洪性控制枢纽。

吴场水利枢纽：吴场水利枢纽由桑墟电站、沭新退水闸和蔷北地涵组成，总供水能力 110 m³/s，其中桑墟电站设计供水能力 25 m³/s，沭新退水闸设计供水能力 20 m³/s，蔷北地涵设计供水能力 65 m³/s。由于受上游工程供水能力限制，实际总供水能力约 70 m³/s。吴场水利枢纽基本情况见表 1-7。

表 1-7　吴场水利枢纽基本情况表

序号	工程名称	位置	基本情况			建成年份
			设计流量/(m³/s)	孔数	单孔净宽/m	
1	桑墟电站	沭阳县桑墟镇	25	—	—	1986
2	沭新退水闸	沭阳县桑墟镇	20	2	3	1975
3	蔷北地涵	东海县房山镇	65	3	3.35	1959

临洪水利枢纽：临洪水利枢纽是连云港市市区及周边防洪排涝的重要保障，是连云港市最大的水利枢纽工程。临洪水利枢纽位于新沭河末端，距临洪口 14 km，主要由 4 座大中型泵站和 11 座大中型水闸组成，是集防洪、挡潮、灌溉、城市供水等多重功能为一体的大型水利枢纽工程，包括临洪闸、太平庄闸、沭南闸、沭北闸、乌龙河调度闸、乌龙河自排闸、富安调度闸、三洋港挡潮闸、三洋港排水闸、东站自排闸、大浦闸和临洪东泵站、临洪西泵站、大浦抽水站和大浦第二抽水站及 31 km 堤防组成。1958 年枢纽开始兴建，1959 年临洪闸建成并发挥出显著的防洪减灾和灌溉效益；20 世纪 70 年代，太平庄闸、临洪西站、乌龙河闸等工程陆续建成；2000 年，我国单站流量最大的泵站——临洪东站建成投运；2011 年，东站自排闸和大浦二站竣工，标志着临洪枢纽建设完成。临洪水利枢纽基本情况见表 1-8。

表 1-8　临洪水利枢纽基本情况表

序号	工程名称	位置	基本情况			建成年份
			设计流量 /(m³/s)	孔数	单孔净宽 /m	
1	临洪西泵站	海州区浦南镇	90	—	—	1979
2	临洪东泵站	海州区北郊	360	—	—	2000
3	大浦抽水站	海州区北郊	40	—	—	2004
4	大浦第二抽水站	海州区北郊	40	—	—	2012
5	乌龙河自排闸	海州区浦南镇	90	1	10	1978
6	东站自排闸	海州区北郊	650	6	10	2012
7	大浦闸	海州区浦南镇	246	3	7	2003
8	三洋港挡潮闸	新沭河末端	6 400	33	15	2013
9	三洋港排水闸	新沭河末端	67	3	6	2013

盐东水利枢纽:盐东水利枢纽是灌河流域末级控制工程,位于连云港市灌南县境内,目前由武障河闸、北六塘河闸、龙沟河闸、义泽河闸四座节制闸和盐河南套闸组成,是具有防洪排涝、供水灌溉、航运交通、冲淤保港、挡潮御卤、调水冲污、水利景观等多种功能的大型水利枢纽,总设计排涝流量为 2 480 m³/s。控制范围西至宿迁中运河,南至废黄河,北至新沂河,涉及沭阳、宿豫、泗阳、淮阴、涟水、灌南等地区,控制面积达 4 160 km²。流域内主要河流有沂南河、柴米河、北六塘河、南六塘河和盐河。该枢纽 1968 年开始陆续兴建,1980 年全部竣工。盐东水利枢纽基本情况见表 1-9。

表 1-9　盐东水利枢纽基本情况表

序号	工程名称	位置	基本情况			建成年份
			设计流量 /(m³/s)	孔数	单孔净宽 /m	
1	武障河闸	灌南县新安镇	90	14	8	1979
2	北六塘河闸	海州区北郊	360	9	6	2000
3	龙沟河闸	海州区北郊	40	17	6	2004
4	义泽河闸	海州区北郊	40	3	36	2012

（二）水闸工程

连云港市过闸流量大于 1 000 m³/s 的大型水闸有 8 座，包括蒋庄漫水闸、善后新闸、新沂河海口控制北深泓闸、新沂河海口控制南深泓闸、新沂河海口控制中深泓闸、三洋港挡潮闸、临洪闸、太平庄闸。连云港市大型水闸基本情况见表 1-10。

表 1-10 连云港市大型水闸基本情况表

水闸名称	所在地	建成年份	闸孔		过闸流量 /(m³/s)
			数量/孔	总净宽/m	
蒋庄漫水闸	东海县黄川镇	1957	15	150	1 300
善后新闸	灌云县圩丰镇	1958	10	100	1 050
新沂河海口控制北深泓闸	灌云县燕尾港镇	1999	10	100	2 027
新沂河海口控制南深泓闸	灌云县燕尾港镇	1999	12	120	2 425
新沂河海口控制中深泓闸	灌云县燕尾港镇	1999	18	180	3 348
三洋港挡潮闸	新沭河末端	2013	33	495	6 400
临洪闸	海州区北郊	1959	26	130	2 320
太平庄闸	新沭河下游	2011	12	116.4	1 000

第二章　通榆河工程概况

第一节　基本情况

20 世纪 80 年代,为加快发展苏北,建设海上苏东,省委、省政府提出建设通榆河工程。1993 年底开工,到 2000 年完成了东台—响水段河道 176 km,形成南接泰东河、北通灌河的骨干供水和航运通道,发挥了显著的供水和航运效应。

2007 年省政府决定实施通榆河北延工程。即利用疏港航道河已建成的通榆河工程,增做部分工程,向连云港市送水,缓解连云港水资源供需矛盾,为连云港城市发展和临港产业发展提供水资源保障。

一、工程位置

通榆河北延送水工程位于江苏省东北部,东经 118°24′～119°48′和北纬 33°59′～35°07′之间,涉及盐城市的滨海县、响水县以及连云港市的灌南县、灌云县、连云港市区及赣榆区。

二、立项、初设文件批复

通榆河北延送水工程(原名“连云港疏港航道结合送水工程”)的可行性研究报告于 2007 年 3 月 2 日由省水利厅以《关于报送连云港疏港航道结合送水工程可行性研究报告的函》(苏水计〔2007〕30 号)报送省发展改革委。2007 年 8 月 10 日,省发展改革委以《关于连云港疏港航道结合送水工程可行性研究报告的批复》(苏发改农经发〔2007〕865 号)批准立项。

2007 年 9 月 25 日,省水利厅以《关于报送连云港疏港航道结合送水工程初步设计报告的函》(苏水计〔2007〕170 号)向省发展改革委报送了初步设计。2007 年 9 月 30 日,省发展改革委以《关于通榆河北延送水工程初步设计报告的批复》(苏发改农经发〔2007〕1028 号)批复省水利厅。

2007 年 10 月 12 日,省水利厅以《关于转批通榆河北延送水工程初步设计报告的通知》(苏水计〔2007〕199 号)将工程初步设计转批省通榆河北延送水工程建管局。

三、工程建设任务及设计标准

(一)工程建设主要任务

解决沭新河、蔷薇河送水线在遭遇突发污染事故时向连云港城市供水的应急或备用水源;解决连云港城乡发展生活、生态、港口及临港产业所需增供水量;保证疏港航道通航水位,适当补充农业灌溉缺水。

(二)设计标准

通榆河北延送水工程等别为Ⅲ等,新开河道工程级别为 3 级;穿新沂河南、北堤涵洞主要建筑物为 1 级,次要建筑物为 3 级,临时建筑物为 4 级;大套三站、灌北泵站主要建筑物为 2 级,次要建筑物为 3 级,临时建筑物为 4 级;其余 18 座沿线建筑物工程主要建筑物为 3 级,次要建筑物为 4 级,临时建筑物为 5 级。

四、项目概况

通榆河北延送水工程全长 190 km,起于盐城市滨海县,止于连云港市赣榆区柘汪临港产业区内。其中:滨海县到蔷薇河段送水线全长 111 km,盐城境内 39.8 km,连云港境内 71.2 km;从蔷薇河到赣榆柘汪临港产业区全长 79 km,利用现有沭南、沭北航道 35 km 及青龙大沟、龙北干渠 44 km。

连云港市通榆河北延送水工程是省委、省政府为振兴苏北、加快沿海开发、促进苏北崛起、支持和实现连云港市经济社会跨越发展,同时为解决连云港市蔷薇河水源短缺或者受污染后的应急和备用水源,以及城乡发展、生活、生态、港口及临港产业所需新增供水量,保证疏港航道通航水位,适当补充农业灌溉用水而作出的重大决策。

第二节 调 水 线 路

通榆河北延送水工程分五段:通榆河至新沂河段、新沂河南泓段、利用疏港航道段、盐河至蔷薇河段、蔷薇河至赣榆段。

一、通榆河至新沂河段

送水线自废黄河南通榆河大套二站对岸建大套三站,利用通榆河输水至响水船闸,在响水船闸南 950 m 处通榆河西岸建引水闸,新开送水河 2.2 km,接黄响河,利用现有黄响河长 1.35 km 至灌河边,建穿灌河地涵及灌北泵站,在灌南县长茂大沟以西新开河道 6.4 km,建穿南堤涵洞进入新沂河南偏泓。

二、新沂河南泓段

输水利用新沂河南偏泓小潮河东—盐河南套闸段,长 22.1 km,该段河道东调南下二期工程完成后,河底宽 112～150 m,河底高程 0.00～−1.00 m,满足送水 50 m³/s 的要求。为控制送水水位,将原小潮河滚水坝移建至下游南泓上。

三、利用疏港航道段

疏港航道穿新沂河段采取在盐河套闸东侧 250 m 处开辟新线,送水线在该段利用疏港航道及盐河,改建穿北堤涵洞,扩浚盐河 1.96 km 接疏港航道,利用疏港航道送水,长 23.6 km。疏港航道设计底宽 45 m,底高程新沂河以北段 −1.96 km,在该段盐河东侧新建东门五图河、界圩河、车轴河 3 座控制闸。

四、盐河至蔷薇河段

送水线自疏港航道北上至疏港航道与云善河相接新开段起点向西,在利用盐河 2.35 km 拓浚后输水至善南泵站,在与善后河交汇处建善后河地涵接善北段盐河,利用善北段盐河 8.0 km,为防止水倒流入善后河,建善北套闸;送水线在盐河与八一河交汇处向西,加固八一河闸站,拓浚八一河,引水河 10.9 km,在引水河入蔷薇河处建送水涵洞,送水至连云港市区。善南闸以南段盐河向东利用疏港航道送水至港口,需加固善南及善北套闸。

五、蔷薇河至赣榆区段

送水线自蔷薇河向北,利用现有乌龙河调度闸通过沭南、沭北航道,经过青龙大沟,由大温庄翻水站抽水至龙北干渠,送水至赣榆区,全长 79 km。对送水线沭北航道入青口河段改道,新建青口河送水控制闸、青口河进水闸,对太平庄闸及大温庄翻水站加固维修。同时,为保证输水畅通,对龙北干渠进行清淤长约 12 km。

第三节　水利工程

通榆河北延送水工程(连云港段)包括灌河北泵站、新沂河南堤涵洞、小潮河滚水坝、新沂河北堤涵洞、善后河南泵站、善后河地涵、善后河北套闸、蔷薇河南堤涵洞、太平庄闸、沭南闸、沭北闸、富安调度闸、乌龙河调度闸、临洪闸等 14 个节点工程。

一、灌河北泵站

灌河北泵站(图 2-1)位于灌南县灌河北岸长茂村五组,是省通榆河北延送水工程的第二级提水泵站,设计流量 50 m³/s,采用 5 台竖井贯流式机组。该工程 2008 年 4 月开工,2010 年 7 月建成,2011 年 9 月 28 日竣工验收。全站安装 5 台套大型卧式潜水贯流泵机组,水泵、电机和齿轮箱为整体式结构,泵叶轮直径 2.0 m,单泵流量 10 m³/s,配套电机功率 330 kW。泵站设计扬程 1.56 m,总流量 50 m³/s,装机总功率 1 650 kW。本站工程等别为Ⅱ等,主要建筑物工程级别为 2 级水工建筑物,与大套三站、善后河南泵站及其他工程共同担负着连云港市市区城乡人民生活第二水源任务。

二、新沂河南堤涵洞

新沂河南堤涵洞(图 2-2)为送水河道穿越新沂河南堤入新沂河南偏泓的建筑物,设计流量 50 m³/s,工程位于灌南县境内 204 国道以西新沂河南堤上,涵

图 2-1　灌河北泵站

洞的纵轴线与大堤正交。

图 2-2　新沂河南堤涵洞

该涵洞为 4 孔箱形结构,每孔孔径 3.5 m(宽)×3.0 m,总长 95 m。洞首布置在新沂河侧,长 20 m,洞身段长 75 m,共 4 节。地涵上、下游均设有混凝土护坦,长分别为 10 m 和 13.5 m,其后为浆砌块石护坦,长分别为 40 m 和 48.3 m。

三、小潮河滚水坝

小潮河滚水坝(图 2-3)于 2008 年 10 月开工,2009 年 8 月建成,西距穿堤涵洞 450 m,东至 204 国道桥约 170 m。小潮河滚水坝坝顶高程 3.50 m,坝底高程

—0.61 m,上游坡比 1∶3,下游坡比考虑流态稳定,取 1∶5,坝身设浆砌块石护面,坝顶为 4 m 宽混凝土道路,总长 246 m。坝上游原泓道、扩挖段泓道浆砌块石护底长分别为 28.01 m、20 m,护坡长分别为 48.01 m、40 m。滚水坝北侧设 4 m 宽的保麦子堰与原结构连接,堰顶高程 3.50 m。

该闸工作闸门采用升卧式平面定轮钢闸门,由弧门启闭机启闭;门顶高程 3.59 m,共 1 扇。

图 2-3 小潮河滚水坝

四、新沂河北堤涵洞

新沂河北堤涵洞(图 2-4)为送水河道穿越新沂河北堤入盐河的建筑物,设计流量 60 m³/s。2008 年 10 月开工,2011 年 1 月建成。工程位于灌云县境内盐河北套闸以西新沂河北堤上,地涵的纵轴线仍与大堤正交。

新沂河北堤涵洞为 4 孔箱形结构,每孔孔径为 3.5 m(宽)×3.5 m,总长 72 m。洞首位于新沂河侧,长 18 m,洞身段长 54 m,共 3 节,每节长为 18 m。

五、善后河南泵站

善后河南泵站(图 2-5)位于连云港市海州区板浦镇境内的善南套闸西侧,是连云港市通榆河北延送水工程的重要组成部分,也是省通榆河北延送水工程的第三级提水泵站。工程 2008 年 6 月开工,2010 年 6 月建成,2011 年 9 月 28 日竣工验收。全站安装 3 台套大型卧式潜水贯流泵机组,水泵、电机和齿轮箱为整体式结构,泵叶轮直径 2.0 m,单泵流量 10 m³/s,配套电机功率 330 kW。

图 2-4 新沂河北堤涵洞

泵站设计扬程 1.50 m,总流量 30 m³/s,装机总功率 990 kW,属中型泵站。本站工程等别为Ⅲ等,主要建筑物工程级别为 3 级水工建筑物。站上游引河与穿善后河地涵衔接,下游引河与盐河沟通,与穿善后河地涵、善后河北套闸组成善后河枢纽。

图 2-5 善后河南泵站

六、善后河地涵

善后河地涵(图2-6)位于海州区板浦镇境内,是送水工程穿越善后河的建筑物,设计流量 50 m³/s。2009年7月开工,2010年6月建成。根据可行性研究阶段确定的工程位置,善后河地涵与善后河正交,纵轴线到盐河口的距离约为350 m。地涵上洞首东南约180 m处建善南泵站,地涵上游引河与泵站出水引河相接;地涵下游开一条长约480 m引河,在距善北套闸北闸约200 m处接入盐河。

善后河地涵共4孔,每孔孔径为4.0 m(宽)×3.5 m,总长约308 m。上洞首长18 m,下洞首长18 m,洞身长272 m,共14节。

图2-6 善后河地涵

七、善后河北套闸

善后河北套闸(图2-7)位于连云港市海州区板铺镇境内善后河北侧的盐河上,该工程设计流量 50 m³/s,是一座具有挡水、排涝、通航综合功能的水工建筑物。2009年9月开工,至2010年8月竣工。上、下闸首采用开敞式结构,单孔,净宽 12.0 m,底板面高程－1.50 m,工作闸门偏下游布置,采用升卧式平面定轮钢闸门,QH-2×225 kN(上闸首)、QH-2×150 kN(下闸首)弧门启闭机启闭。

图 2-7　善后河北套闸

八、蔷薇河南堤涵洞

蔷薇河南堤涵洞(图 2-8)位于连云港市海州区境内的引水河与蔷薇河交汇处,是送水工程穿越蔷薇河大堤建筑物,设计流量 30 m³/s。送水线路末段利用引水河进入蔷薇河。2009 年 9 月开工,2011 年 4 月建成。

该涵洞为 3 孔箱形结构,每孔孔径为 3.5 m(宽)×3.0 m,总长 39 m。洞首布置在蔷薇河侧,洞身段长 26 m,共 2 节,每节长为 13 m。

九、太平庄闸

太平庄闸(图 2-9)位于海州区浦南镇、赣榆区罗阳镇交界处,在新沭河下游中泓上,濒临黄海,离入海口 14 km。该闸为通榆河北延送水河道与新沭河交汇处的控制性建筑物,主要功能为挡水、灌溉、排涝。设计流量 1 000 m³/s。原建成于 1977 年 7 月。2009 年 9 月进行拆建,2011 年 4 月建成。太平庄闸为 12 孔开敞式水闸,三孔一联,单孔净宽 9.7 m,中墩厚 1.15 m,缝墩厚 1.78 m,边墩厚

图 2-8　蔷薇河南堤涵洞

1.3 m,闸室总宽 133.6 m,钢筋混凝土底板,闸底板厚度 1.3 m,底板门槛高程－1.50 m,门顶高程 3.00 m。闸门为直升式平面钢闸门,QP-2×160 kN 卷扬式启闭机。公路桥净宽 7 m,公路—Ⅱ级。

图 2-9　太平庄闸

十、沭南闸

沭南闸(图 2-10)位于连云港市海州区浦南镇新沭河右堤 29K＋580 处,距太平庄闸 1.2 km。原建成于 1977 年 7 月,单孔,净宽 10 m。2015 年 11 月经江苏省发展改革委批复拆除重建,工程投资 1 858 万元。拆建后的沭南闸为单孔,净宽 12 m,闸底板顶高程为－1.00 m,闸门顶高程为 7.20 m,交通桥桥面净宽 6.5 m,桥面高程 10.25 m,公路—Ⅱ级,升卧式平面钢闸门,QH-2×320 kN-14.0 m 弧门卷扬式启闭机。设计防洪标准为 50 a 一遇,设计排涝标准为 10 a 一遇,设计引水流量为 90 m³/s,通航标准为 5 级。沭南闸主要功能为挡洪、送水、反向引水和通航,并辅助乌龙河地区排涝。

图 2-10　沭南闸

十一、沭北闸

沭北闸(图 2-11)位于连云港市赣榆区罗阳镇新沭河左堤 29K＋560 处,距太平庄闸 1.0 km。原建成于 1978 年 5 月,单孔,净宽 10 m。2015 年 11 月经江苏省发展改革委批复拆除重建,工程投资 1 648 万元。拆建后的沭北闸为单孔,净宽 12 m,闸底板顶高程为-1.00 m,闸门顶高程为 7.20 m,交通桥桥面净宽 6.5 m,桥面高程 10.0 m,公路—Ⅱ级,升卧式平面钢闸门,QH-2×320 kN-14.0 m 弧门卷扬式启闭机。设计防洪标准为 50 a 一遇,设计排涝标准为 10 a 一遇,设计引水流量为 90 m³/s,通航标准为 5 级。沭北闸主要功能为挡洪、送水、引水和通航。

图 2-11 沭北闸

十二、富安调度闸

富安调度闸(图 2-12)位于蔷薇河与鲁兰河交汇口上游蔷薇河上,距鲁兰河口约 300 m。本闸上下游引河断面按现状,河底宽 50 m,边坡为 1∶4。闸室两侧各设 20 m 空箱引桥,引桥后填土筑堤与蔷薇河左右堤相接,形成封闭的防洪体系。新填筑东西堤与蔷薇河堤连接,西堤长 160 m,东堤长 200 m,堤顶宽 8 m,高 8.40 m,边坡 1∶3。

本闸为单孔开敞式水闸,净宽 12 m,顺水流向长 10 m,采用 U 形整底板结构,底板顶高程-2.84 m,厚 2.0 m;闸墩厚 1.2 m,顶高程 8.40 m;闸室下游设 1.7 m 宽的工作便桥,桥面高程 8.40 m;上游布置 8.0 m 宽的公路桥,桥面高程与堤顶高程一致,设计荷载等级为公路—Ⅰ级。该闸按调水流量 100 m³/s 设计,两端连接堤防级别为 2 级,主要建筑物级别 2 级。本闸有正反向调水功能,上、下游均设长 16 m、深 0.5 m 的消力池。消力池后接 40 m 的灌砌块石海漫,后接 8 m 的抛石防冲槽以消余能。上下游河坡灌砌块石防护,护坡长度 50 m。翼墙共 4 节,均采用钢筋混凝土扶壁式结构。

图 2-12　富安调度闸

十三、乌龙河调度闸

乌龙河调度闸(图 2-13)位于临洪闸上游蔷薇河左堤 800 m 处,1977 年 11 月动工兴建,1978 年 8 月竣工,中型水闸,工程级别 5 级,共 1 孔。闸孔净宽 10 m,孔高 8 m,闸身总长 12.96 m,闸长 85.6 m,设计流量 90 m³/s,校核流量 100 m³/s,主要担负着沟通水系、调水、通航等重任。

十四、临洪闸

临洪闸(图 2-14)位于蔷薇河末端,1958 年 11 月动工兴建,1959 年 12 月竣工,主要担负着挡潮、蓄淡、排涝、泄洪、排污、拦淤、辅助通航的任务,以及保证市区工农业生产、生活用水等重任。该闸为大(2)型水闸,共 26 孔,每孔净宽 5 m,孔高 6.2 m,闸身总宽 167.5 m,闸长 136.5 m,闸顶高程 15.57 m,闸底高程—

图 2-13　乌龙河调度闸

3.23 m,挡水胸墙顶高程 7.27 m。设计水位:上游 1.27 m,加风浪高度 0.5 m。下游－2.23 m。设计流量 1 380 m³/s,校核流量 2 320 m³/s,排涝面积 1 349.6 km²,蓄淡灌溉 70 万亩。

图 2-14　临洪闸

第四节　水　文　站　网

根据通榆河北延工程管理和水资源管理等需求,通榆河沿线现设有 2 个雨量站、7 个水位站、4 个流量站、3 个水质站。

通榆河沿线水文测站观测要素见表 2-1。

表 2-1　通榆河沿线水文测站主要观测要素

序号	站名	主要观测要素				说明
		降水量	水位	流量	水质	
1	小潮河闸水位站		1			
2	盐河南闸水位站		1			
3	板浦水位站	1	1			
4	灌河地涵			1(自动监测)	1(标准自动)	新设站
5	新沂河北堤涵洞		2	1(自动监测)		新设站
6	凤凰嘴	1	1	1(自动监测)	1(常规自动)	新设站
7	蔷薇河涵洞		1	1(自动监测)	1(常规自动)	新设站

第五节　调　度　情　况

一、工程运用控制条件

(1)当通榆河阜宁水位高于 0.5 m 时,大套一、二、三站可以同时运行,控制最大抽水流量不超过 150 m³/s。在现状工情下,冬春期大套三站抽水流量 50 m³/s,灌溉高峰期 6、7 月份控制抽水流量不超过 30 m³/s。在泰州引江河二期工程、泰东河及南水北调里下河水源调整工程实施完成后,大套三站抽水流量不超过 50 m³/s。

(2)当阜宁水位在 0.2~0.5 m 之间,废黄河南船闸水位大于 −0.2 m 时,大套一、二、三站需错峰运行,优化满足盐城渠北地区用水,当有余水时,可向连云港供水,三个站控制最大抽水流量 100 m³/s。当阜宁水位低于 0.2 m,废黄河南船闸水位低于 -0.2 m 时,大套三站停止抽水北送。

(3)在连云港突发水污染事故时,冬春期大套三站抽水流量 50 m³/s;灌溉高峰期,当阜宁水位高于 0.2 m,废黄河南船闸水位高于 -0.2 m 时,大套三站抽水流量 50 m³/s;当阜宁水位低于 0.2 m,废黄河南船闸水位低于 -0.2 m 时,经省防指批准,大套三站开机应急调水。

(4)为使工程能随时发挥向北送水的作用,枯水期沿线新开河道应保持与相邻河道同一水位。

二、主要节点设计参数

通榆河北延送水工程主要节点设计流量、水位见表 2-2。

表 2-2 通榆河北延送水工程主要节点设计流量、水位

节点	流量/(m³/s)	水位/m	备注
大套三站	50	-0.50/3.20	站下/站上
响水新开河道引水闸	50	2.00/1.95	上游/下游
黄响河穿灌河地涵	50	1.70/1.30	上游/下游
灌南新开河道灌河北泵站	50	1.30/2.86	站下/站上
新沂河南堤涵洞	50	2.55/2.40	上游/下游
新沂河北堤涵洞	60	2.05/1.90	上游/下游
盐河善后河南泵站	30	1.45/2.95	站下/站上
盐河穿善后河地涵	50	2.95/2.80	上游/下游
盐河八一河闸	30	2.73/2.63	上游/下游
引水河穿蔷薇河南堤地涵	30	2.35/2.20	上游/下游
青口河引水闸	30~6	2.00/1.95	上游/下游

三、调水工况调度运行管理

通榆河北延送水工程建设的主要任务为:解决沭新河、蔷薇河送水线在遭遇突发污染事故时向连云港城市供水的应急或备用水源;解决连云港城乡发展生活、生态、港口及临港产业所需增供水量;保证疏港航道通航水位,适当补充农业灌溉缺水。根据不同的任务需求,通榆河送水工程主要有以下 4 种送水

工况。

（一）向连云港市区供水

1.通榆河大套三站至响水引水闸区段管理

该区段位于滨海县和响水县境内,当连云港发生水污染事故时,在大套三站抽水前由省、盐城市防指通知滨海县和响水县水利部门关闭通榆河沿线口门建筑物;当大套三站与大套一、二站同时运行时,通榆河沿线口门建筑物应控制引水。

2.响水引水闸至穿蔷薇河南堤涵洞区段管理

该区段建筑物较多,工程功能各异,各建筑物在送水工况下的作用及管理单位等内容见表 2-3。

表 2-3　响水引水闸至穿蔷薇河南堤涵洞区段管理内容

序号	工程名称	工程作用	闸门状况	工程管理单位
1	响水引水闸	引水	局部或全开启	江苏省通榆河管理处
2	灌河地涵	通水	全开启	江苏省通榆河管理处
3	灌北泵站	开机抽水	全开启	连云港市通榆河管理处
4	新沂河南堤涵洞	通水	全开启	连云港市通榆河管理处
5	小潮河滚水闸坝	控制引水	局部开启	连云港市通榆河管理处
6	新沂河北泓盐西节制闸	通水	全开启	灌云县水利局
7	新沂河北泓滚水闸坝	挡水	全关闭	灌云县水利局
8	新沂河北堤涵洞	通水	全开启	连云港市通榆河管理处
9	灌云县境内盐河沿线控制闸	控制引水	局部开启	灌云县水利局
10	东门河节制闸	控制引水	局部开启	灌云县水利局
11	界圩河节制闸	控制引水	局部开启	灌云县水利局
12	车轴河节制闸	控制引水	局部开启	灌云县水利局
13	善南泵站	开机抽水	全开启	连云港市通榆河管理处
14	穿善后河地涵	通水	全开启	连云港市通榆河管理处
15	善后河以南盐河沿线控制闸	控制引水	局部开启	灌云县水利局
16	八一河闸	通水	全开启	连云港市通榆河管理处
17	八一河、引水河沿线控制闸	控制引水	局部开启	连云港海州区水利局
18	蔷薇河南堤涵洞	通水	全开启	连云港市通榆河管理处

送水工况运行前,响水引水闸和灌河地涵由省通榆河管理处负责运行,其余涵、闸由连云港市防指通知送水沿线工程管理单位按各自工况运行。

送水工况运行时,疏港航道新建的新沂河南、北船闸和善后河南船闸以及本工程新建和加固改造的善北套闸、善南套闸正常运行,但禁止开通闸过船。

3.送水工况运行程序

第一步,关闭灌云县城段和海州段截污导流建筑物闸门,控制运行所有与送水河道平交的口门建筑物闸门;第二步,由南向北依次开启新沂河南堤涵洞、新沂河北泓盐西节制闸、新沂河北堤涵洞、穿善后河地涵、八一河闸、蔷薇河涵洞的闸门;第三步,大套三站开机抽水;第四步,根据通榆河水位局部或全部开启响水引水闸闸门;第五步,灌北泵站和善南泵站开机抽水。

在连云港突发水污染事故时,应关闭所有与送水河道平交的口门建筑物闸门,保证向连云港市区供水。

(二)由连云港市区向赣榆区延伸供水

根据连云港市防指的通知,关闭电厂闸、太平庄闸、临洪闸、青口河控制闸等与送水河道平交的口门建筑物;根据连云港市防指下达的供水量,局部或全部开启富安调度闸、乌龙河调度闸、沭南闸、沭北闸、青口河引水闸、青龙大沟进水闸等送水线路上控制性建筑物的闸门;如需向赣榆区柘汪临港产业区供水,则运行大温庄泵站。

(三)送水沿线河道用水

在连云港未发生水污染事故时,灌北泵站至善南泵站送水河道区间可供水20 m³/s,根据连云港市水利局分配的用水指标,沿线水利部门运行各口门建筑物控制引水。

(四)保证疏港航道水位和向连云港港区送水

当疏港航道接近最低通航水位和需向连云港港区送水时,根据省防指的通知送水。

送水工况运行程序:第一步,控制灌北泵站至善南泵站区间与送水河道平交的口门建筑物闸门引水;第二步,由南向北依次开启新沂河南堤涵洞、新沂河北泓盐西节制闸、新沂河北堤涵洞、善南套闸、云善套闸的闸门;第三步,大套三站开机抽水;第四步,根据通榆河水位局部或全部开启响水引水闸闸门;第五步,灌北泵站开机抽水。

第三章 通榆河历年水质概况

第一节 沿线水功能区概况

根据《江苏省地表水（环境）功能区划》及《省政府关于江苏省地表水新增水功能区划方案的批复》（苏政复〔2016〕106 号），通榆河北延送水工程沿线（蔷薇河以南段）共涉及各类水功能区 7 个，具体划分为农业用水区 4 个、排污控制区 1 个、工业农业用水区 2 个，通榆河北延送水工程沿线（蔷薇河以南段）水功能区划基本信息见表 3-1。

表 3-1 通榆河北延送水工程沿线（蔷薇河南段）涉及水功能区划基本信息一览表

序号	水功能区名称	功能排序	起始断面名称	终止断面名称	监测断面	水功能区长度/km	水功能区2020目标
1	通榆河灌南工业农业用水区		灌北泵站	盐河南闸	田楼水厂	30.0	Ⅲ
2	新沂河连云港农业用水区（南泓）	渔业用水，工业用水，农业用水	沭阳县大六湖	入海口	新沂河南泓	70.0	Ⅱ
3	盐河灌南灌云农业用水区	工业用水，农业用水	灌南县南六塘河口	灌云县侍庄	南闸	14.0	Ⅲ
4	盐河灌云排污控制区	工业用水，农业用水	灌云县侍庄	灌云县农场	胜利桥	7.2	Ⅳ
5	盐河灌云农业用水区	工业用水，农业用水	灌云县农场	灌云县板浦果园	仲集	14.9	Ⅲ
6	盐河灌云连云港农业用水区	景观娱乐，农业用水	灌云县小楼	连云港市大浦河	朝阳桥	17.2	Ⅲ
7	通榆河海州工业农业用水区		刘顶	八一河桥	八一河桥	10.7	Ⅲ

第二节 水质评价方法与标准

一、评价方法

按照《地表水资源质量评价技术规程》(SL 395—2007),根据水功能区每个水质监测断面的水质监测结果、权重(河长或面积)确定水功能区监测结果代表值,依据《地表水环境质量标准》(GB 3838—2002),采用单因子评价法确定水功能区水质类别。

二、评价指标

水质评价:采用全指标和双指标对水功能区达标率进行评价。

全指标:水温、pH 值、溶解氧、高锰酸盐指数、化学需氧量、五日生化需氧量、氨氮、总磷、总氮、铜、锌、氟化物、硒、砷、汞、镉、铬(六价)、铅、氰化物、挥发酚、石油类、阴离子表面活性剂、硫化物、粪大肠菌群,集中式饮用水源地增加硫酸盐、氯化物、硝酸盐、铁、锰,共计 29 项。

双指标:高锰酸盐指数、氨氮。

三、评价标准

依据《地表水环境质量标准》(GB 3838—2002),采用单因子评价法确定水功能区水质类别。水质类别评价标准见表 3-2。

表 3-2 地表水环境质量标准基本项目标准限值　　　　单位:mg/L

序号	项目		Ⅰ类	Ⅱ类	Ⅲ类	Ⅳ类	Ⅴ类
1	pH 值(无量纲)		6~9				
2	溶解氧(≥)		7.5	6	5	3	2
3	高锰酸盐指数(≤)		2	4	6	10	15
4	五日生化需氧量(BOD₅)(≤)		3	3	4	6	10
5	氨氮(NH₃-N)(≤)		0.15	0.5	1.0	1.5	2.0
6	总磷(以 P 计)(≤)	河流	0.02	0.1	0.2	0.3	0.4
		湖库	0.01	0.02	0.05	0.1	0.2

表 3-2(续)

序号	项目	Ⅰ类	Ⅱ类	Ⅲ类	Ⅳ类	Ⅴ类
7	总氮(湖库、以 N 计)(≤)	0.2	0.5	1.0	1.5	2.0
8	铜(≤)	0.01	1.0	1.0	1.0	1.0
9	锌(≤)	0.05	1.0	1.0	2.0	2.0
10	氟化物(以 F⁻计)(≤)	1.0	1.0	1.0	1.5	1.5
11	硒(≤)	0.01	0.01	0.01	0.02	0.02
12	砷(≤)	0.05	0.05	0.05	0.1	0.1
13	汞(≤)	0.000 05	0.000 05	0.000 1	0.001	0.001
14	镉(≤)	0.001	0.005	0.005	0.005	0.01
15	铬(六价)(≤)	0.01	0.05	0.05	0.05	0.1
16	铅(≤)	0.01	0.01	0.05	0.05	0.1
17	氰化物(≤)	0.005	0.05	0.2	0.2	0.2
18	挥发酚(≤)	0.002	0.002	0.005	0.01	0.1

说明:

Ⅰ类:主要适用于源头水、国家自然保护区;

Ⅱ类:主要适用于集中式生活饮用水地表水源地一级保护区、珍稀水生生物栖息地、鱼虾类产卵场、仔稚幼鱼的索饵场等;

Ⅲ类:主要适用于集中式生活饮用水地表水源地二级保护区、鱼虾类越冬场、洄游通道、水产养殖区等渔业水域及游泳区;

Ⅳ类:主要适用于一般工业用水区及人体非直接接触的娱乐用水区;

Ⅴ类:主要适用于农业用水区及一般景观要求水域。

四、数据来源

根据江苏省水环境监测中心连云港分中心(国家计量认证资质)对通榆河沿线(蔷薇河以南段)7 个水功能区 2010—2018 年的现状监测成果开展评价分析工作。

第三节　评价结果

对通榆河沿线 7 个功能区 2010—2018 年度各年双指标、全指标测次达标情况进行统计分析如下。

通榆河灌南工业农业用水区监测断面为"田楼水厂",2020 水功能区目标为Ⅲ类。该功能区为 2016 年新增水功能区,2017 年开始监测。2017—2018 年共监测 48 次,双指标达标 42 次,达标率为 87.5%,主要超标项目为高锰酸盐指数;全指标达标 39 次,达标率为 81.2%,主要超标项目为高锰酸盐指数。

通榆河灌南工业农业用水区监测断面历年水质评价结果见图 3-1。

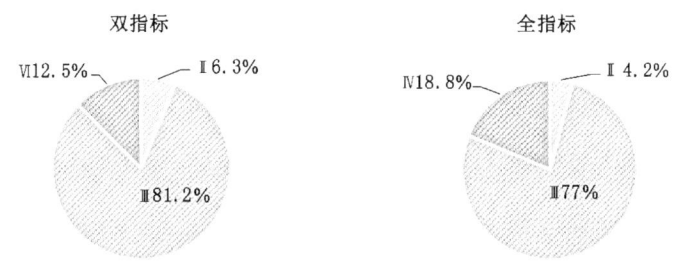

图 3-1 通榆河灌南工业农业用水区监测断面历年水质评价结果

新沂河连云港农业用水区(南泓)监测断面为"新沂河南泓",2020 水功能区目标为Ⅱ类。2010—2018 年共监测 108 次,双指标达标 9 次,达标率为 8.3%,主要超标项目为高锰酸盐指数;全指标达标 6 次,达标率为 5.6%,主要超标项目为高锰酸盐指数、氨氮、五日生化需氧量、溶解氧、总磷等。

新沂河连云港农业用水区(南泓)监测断面历年水质评价结果见图 3-2。

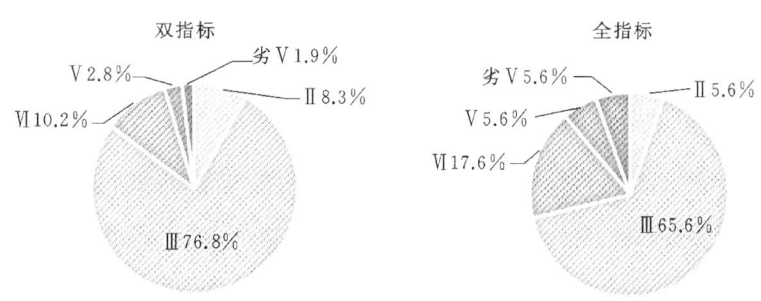

图 3-2 新沂河连云港农业用水区(南泓)监测断面历年水质评价结果

盐河灌南灌云农业用水区监测断面为"南闸",2020 水功能区目标为Ⅲ类。2010—2018 年共监测 96 次,双指标达标 25 次,达标率为 26.0%,主要超标项目为高锰酸盐指数;全指标达标 10 次,达标率为 10.4%,主要超标项目为氨氮、高锰酸盐指数、总磷、溶解氧、五日生化需氧量等。

盐河灌南灌云农业用水区监测断面历年水质评价结果见图 3-3。

图 3-3　盐河灌南灌云农业用水区监测断面历年水质评价结果

盐河灌云排污控制区监测断面为"胜利桥",2020 水功能区目标为Ⅳ类。2010—2018 年共监测 96 次,双指标达标 44 次,达标率为 45.8%,主要超标项目为氨氮;全指标达标 30 次,达标率为 31.2%,主要超标项目为氨氮、总磷、化学需氧量、五日生化需氧量等。

盐河灌云排污控制区监测断面历年水质评价结果见图 3-4。

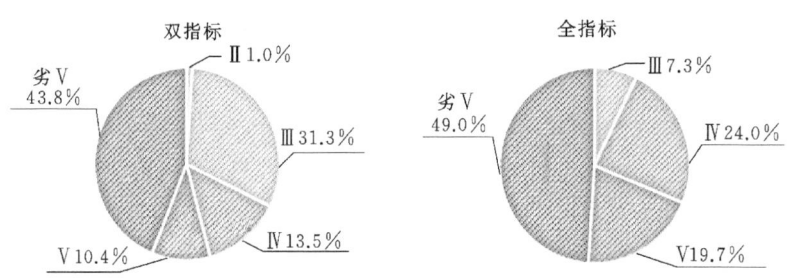

图 3-4　盐河灌云排污控制区监测断面历年水质评价结果

盐河灌云农业用水区监测断面为"仲集",2020 水功能区目标为Ⅲ类。2010—2018 年共监测 96 次,双指标达标 60 次,达标率为 62.5%,主要超标项目为高锰酸盐指数、氨氮;全指标达标 33 次,达标率为 34.4%,主要超标项目为化学需氧量、高锰酸盐指数、总磷、氨氮等。

盐河灌云农业用水区监测断面历年水质评价结果见图 3-5。

盐河灌云连云港农业用水区监测断面为"朝阳桥",2020 水功能区目标为Ⅲ类。2010—2018 年共监测 96 次,双指标达标 7 次,达标率为 7.3%,主要超标项

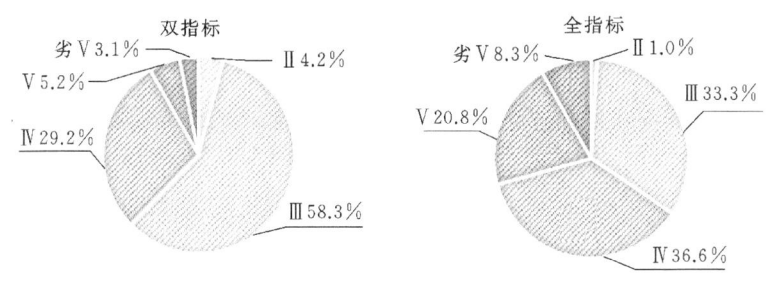

图 3-5 盐河灌云农业用水区监测断面历年水质评价结果

目为高锰酸盐指数、氨氮;全指标达标 1 次,达标率为 1.0%,主要超标项目为氨氮、总磷、高锰酸盐指数、溶解氧、化学需氧量等。

盐河灌云连云港农业用水区监测断面历年水质评价结果见图 3-6。

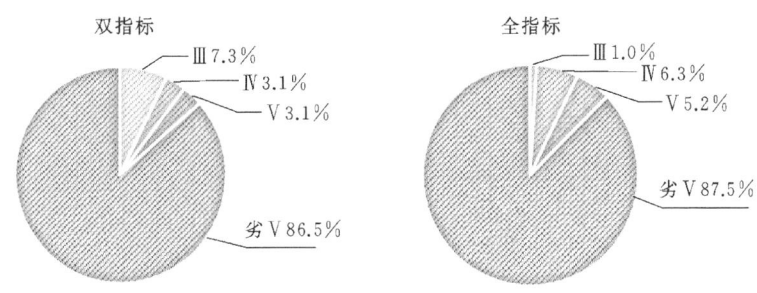

图 3-6 盐河灌云连云港农业用水区监测断面历年水质评价结果

通榆河海州工业农业用水区监测断面为"八一河桥",2020 水功能区目标为 Ⅲ 类。该功能区为 2016 年新增水功能区,2017 年开始监测。2017—2018 年共监测 12 次,双指标达标 7 次,达标率为 58.3%,主要超标项目为高锰酸盐指数;全指标达标 4 次,达标率为 33.3%,主要超标项目为高锰酸盐指数、总磷。

通榆河海州工业农业用水区监测断面历年水质评价结果见图 3-7。

通榆河灌南工业农业用水区田楼水厂断面历年水质双指标、全指标评价结果见附表 1、附表 2。

新沂河连云港农业用水区(南泓)断面历年水质双指标、全指标评价结果见附表 3、附表 4。

盐河灌南灌云农业用水区南闸断面历年水质双指标、全指标评价结果见附

图 3-7　通榆河海州工业农业用水区监测断面历年水质评价结果

表 5、附表 6。

　　盐河灌云排污控制区胜利桥断面历年水质双指标、全指标评价结果见附表7、附表 8。

　　盐河灌云农业用水区仲集断面历年水质双指标、全指标评价结果见附表 9、附表 10。

　　盐河灌云连云港农业用水区朝阳桥断面历年水质双指标、全指标评价结果见附表 11、附表 12。

　　通榆河海州工业农业用水区八一河桥断面历年水质双指标、全指标评价结果见附表 13、附表 14。

第四节　历年水质概况小结

　　通过对通榆河沿线 7 个功能区 2010—2018 年度各年双指标、全指标测次达标情况进行汇总分析:沿线 7 个水功能区双指标达标率介于 7.3%～87.5%之间,达标率最高的为通榆河灌南工业农业用水区,最低的为盐河灌云连云港农业用水区;全指标达标率介于 1.0%～81.2%之间,达标率最高的为通榆河灌南工业农业用水区,最低的为盐河灌云连云港农业用水区。新沂河连云港农业用水区(南泓)达标率较低,主要是由于水功能区 2020 水质目标为Ⅱ类,按照Ⅲ类水目标评价,双指标达标为 84.9%、全指标达标率为 70.6%,达标率总体较高。

　　通榆河沿线水功能区历年达标率汇总表见表 3-3,达标率统计图见图 3-8。

表 3-3　通榆河沿线水功能区历年达标率汇总表

序号	水功能区名称	2020 水质目标	双指标达标率	全指标达标率
1	通榆河灌南工业农业用水区	Ⅲ	87.5%	81.2%
2	新沂河连云港农业用水区（南泓）	Ⅱ	8.3%	5.6%
3	盐河灌南灌云农业用水区	Ⅲ	26.0%	10.4%
4	盐河灌云排污控制区	Ⅳ	45.8%	31.2%
5	盐河灌云农业用水区	Ⅲ	62.5%	34.4%
6	盐河灌云连云港农业用水区	Ⅲ	7.3%	1.0%
7	通榆河海州工业农业用水区	Ⅲ	58.3%	33.3%

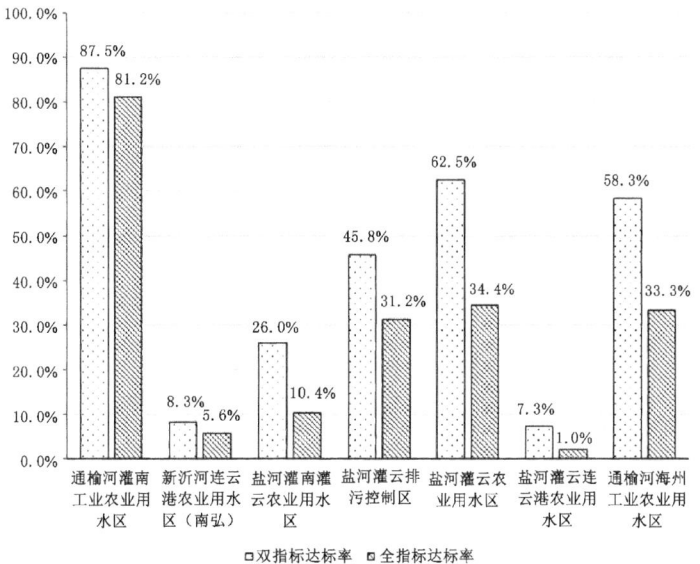

图 3-8　通榆河沿线水功能区历年达标率统计图

第四章 2019 年旱情分析

第一节 旱 情 概 况

2019 年 5—7 月,江苏省淮河流域累计降雨量 195 mm(历史同期最小为 1978 年的 204 mm),较常年同期偏少 5 成以上,为中华人民共和国成立 70 a 以来同期最小,据分析,干旱程度为 60 a 一遇气象干旱。江苏全省发生春夏连旱后,8 月下旬以来,全省再次持续干旱少雨,淮北地区降水量列 1951 年以来倒数第三位,江淮之间中部和苏南中西部降水量创历史同期新低。同时,作为江苏主要抗旱水源的长江水位持续偏低,影响抽引水量,淮河和沂沭泗上游基本无来水,全省主要湖库蓄水量比常年同期偏少 2~5 成,洪泽湖水位低于旱限水位已持续一个多月。受本地长时间降雨明显偏少以及淮河来水偏枯、沂沭泗诸河基本无来水,加之 6 月份农业夏栽大用水消耗的影响,苏北地区主要水源洪泽湖、骆马湖、微山湖、石梁河水库"三湖一库"蓄水所剩无几。因水稻生长期用水量仍然较大,湖库水位继续呈下降趋势,"三湖一库"水位均低于旱限水位或死水位,可用水量仅 6.7 亿 m³,比常年同期偏少 58%,抗旱形势十分严峻。

5—12 月,连云港市累计降雨量 585.6 mm(历史同期最小为 1966 年的 489.6 mm),较常年同期偏少 2 成以上,连云港市发生春夏连旱后,8 月下旬以来,全市再次持续干旱少雨,较常年同期偏少近 2 成。受 60 a 一遇气象干旱影响,连云港市境内的部分主要河库水位持续降低。夏种夏插高峰期沭新渠、盐河灌云段、叮当河—善后河沿线出现短时用水紧张,沿线农业用水受限,部分重点工业用水告急,危及城市生活供水。7 月份,全市 11 个大中型水库中石梁河、安峰山、昌黎、西双湖 4 个水库低于旱限水位,156 座小型水库中有 33 座达到死水位、15 座病险小水库空库。石梁河水库水位从 5 月份开始持续下降,7 月 3—29 日低于旱限水位,最低水位 21.71 m(7 月 18 日),严峻的旱情威胁东海县、赣榆区石梁河灌区用水,农业受旱面积逐步扩大至 50 万亩。7 月 3 日,江苏省水文水资源勘测局发布石梁河水库枯水蓝色预警。7 月 18 日,我市启动抗旱Ⅳ级响应。受降雨偏少影响,秋播期灌云县、灌南县部分旱地冬小麦出苗率低。11 月上旬,东海县中西部丘陵地区墒情评价为极旱状态;赣榆区 66 万亩农作物普遍受旱,其中丘陵地区近 30 万亩旱情尤为严重,因旱不能播种及未出苗面积达 4.68 万亩。

一、春夏气象干旱概况及成因分析

（一）概况

5 月 1 日—6 月 20 日,连云港市降水持续偏少,降水量与常年同期相比普遍偏少 3～4 成。其中灌南县降水量较常年同期偏少 41.3%。全国气象干旱综合监测图显示,连云港气象干旱等级为轻旱。受夏季插秧用水量增大及气温不断升高导致蒸发大等影响,全市土壤水分亏缺程度日益加重,河塘湖库水位持续下降。

6 月 25 日—7 月 25 日,连云港地区降水持续偏少,平均降水量与常年同期相比偏少 2～5 成。其中,灌南县降水量较常年同期偏少 55.8%。全国气象干旱综合监测图显示,连云港市气象干旱等级为中旱。由于近期气温不断升高,水分蒸发大,全市土壤水分亏缺程度日益加重;另外,上游地区降水偏少,部分地区达到重旱,客水减少,河塘湖库水位下降明显。

（二）成因分析

5 月 1 日—6 月 20 日连云港 500 hPa 为正高度距平场,以高压控制为主,西太平洋副热带高压偏弱,850 hPa 径向风、纬向风较常年均为负距平,以西北风影响为主,不利于水汽向连云港市的输送,连云港市降水偏少。

6 月 25 日—7 月 25 日连云港 500 hPa 为负距平,有一定的冷空气影响,但西太平洋副热带高压脊线位置偏南,西伸脊点偏东,850 hPa 纬向风和经向风异常偏小,即西风和北风分量偏大,对水汽的输送不利,没有充足的水汽条件造成当地该时段降水偏少。

二、秋冬气象干旱概况及成因分析

（一）概况

9 月 1 日—10 月 31 日连云港市降水较常年同期显著偏少 6～7 成；平均气温为 19.2 ℃（东海）～20.1 ℃（灌云），较常年同期偏高 0.3 ℃（市区）～1 ℃（灌云）；日照时数为 392.8 h，较常年同期偏多 6 h。10 月 13 日—11 月 8 日全市已有 27 d 无降水记录，平均气温偏高，日照充足、空气干燥，森林火险气象等级持续升高，达到 4 级高度危险水平。国家气候中心监测，11 月中旬连云港市气象干旱等级达到中旱，局部重旱。

（二）成因分析

9 月 1 日—10 月 31 日连云港市 500 hPa 为正高度距平，以高压控制为主，冷空气偏弱，850 hPa 纬向风和经向风距平为负，不利于水汽的输送，没有充足的水汽条件和适当强度的冷空气造成该时段降水显著偏少。

2019 年连云港以高压控制为主，春夏季副高偏南偏弱，北方冷空气势力也比较弱，低层没有有利的西南暖湿气流，不利于降水产生。2019 年 5 月 1 日以来东海、灌云降水量正常，其他地区降水量较常年偏少 1～3 成，呈现降水时段集中、雨日偏少、日照偏多等特点，分阶段地出现气象干旱。

第二节　降水与蒸发

一、降水

2019 年 1—10 月份连云港地区区域平均年降水量 706.2 mm，比多年 1—10 月平均降水量 872.2 mm 偏少 166.0 mm，偏少 19.0%，属偏枯水年份。最大点降水量 861.8 mm（麦坡站），最小点降水量 443.0 mm（燕尾港站）。

连云港站区降水量的时空分布也不均匀。

从时间上看：降水量主要集中在 5—9 月，降水量为 529.8 mm，占 1—10 月降水量的 76.3%；最大月降水量 391.5 mm（麦坡站，8 月份）。

1—6 月份，全市平均降水 268.8 mm，比多年同期偏少 10.2%。

7 月份全市降水比多年同期偏少三成多,其中 7 月 1—23 日全市降水量仅为 67.5 mm,比常年同期偏少六成多。

8 月份全市降水量 212.5 mm,比常年同期偏多近二成。受 2019 年第 9 号台风"利奇马"影响,连云港市及沂沭泗水系大部地区降暴雨、大暴雨,局地特大暴雨。

9 月份全市降水量 14.2 mm,比常年同期偏少八成多,赣榆区降水量严重偏少。

10 月份全市降水量比常年均值偏少三成多,10 月下旬全市发生轻度干旱。

11 月份,全市降水比常年同期偏少近二成,连云港市连续 3 个月降水偏少,接近中等干旱。

从空间上看:连云港站区从北向南分为滨海诸小河水系、沭河水系和沂河水系。滨海诸小河水系最小,1—10 月平均降水量为 662.9 mm,沭河水系最大,年平均降水量为 717.4 mm,沂河水系居中,年平均降水量为 685.7 mm。

通过对连云港市境内 37 个基本雨量站降水日数统计,全市 2019 年平均降水日数 60.5 d,比连云港市多年平均降水日数 78.6 d 偏少 18.1 d,其中最大降水日数 67 d(黑林),最小降水日数 47 d(燕尾港)。

二、蒸发

连云港境内水文部门有三个蒸发量站,分别为青口、牛山、石梁河水库,站点情况见表 4-1。

表 4-1 连云港分局蒸发量站情况统计表

序号	站名	站号	位置
1	青口	51321500	江苏省连云港市赣榆经济开发区永安路 16 号
2	牛山	51133300	江苏省东海县牛山街道徐海社区
3	石梁河水库	51131750	江苏省连云港市东海县石梁河水库

通过选取连云港市境内水文部门三个蒸发量站的蒸发量进行分析,2019 年 1—10 月连云港市平均蒸发量为 816.3 mm。

选取三个站 1980—2019 系列年蒸发量进行多年蒸发量统计,连云港市多年平均蒸发量为 854.8 mm。

2019 年度蒸发量与多年平均蒸发量接近。

第三节　土　壤　墒　情

墒,指土壤适宜植物生长发育的湿度。土壤墒情是指田间土壤含水量及其对应的作物水分状态。土壤墒情是反映农业干旱的重要指标。

连云港分局现有土壤墒情自动监测站 3 个,连云港分局土壤墒情监测站点情况见表 4-2。

表 4-2　连云港分局土壤墒情监测站点情况

序号	站名	位置	监测方式	土壤类型
1	孙沟	江苏省连云港市灌云县南岗乡孙沟村	自动监测	壤土
2	兴辰	江苏省连云港市东海县南辰乡兴辰村	自动监测	砂土
3	黑林	江苏省连云港市赣榆区黑林镇邵埠地村	自动监测	砂土

对连云港分局 3 个墒情监测站资料进行统计分析,2019 年度 10 cm、20 cm、40 cm 墒情极值统计情况见表 4-3。

表 4-3　2019 年连云港分局墒情监测站土壤含水量极值统计表

站名	年最大			年最小		
	10 cm 深度含水量/%	20 cm 深度含水量/%	40 cm 深度含水量/%	10 cm 深度含水量/%	20 cm 深度含水量/%	40 cm 深度含水量/%
孙沟	23.0	36.3	51.0	8.1	20.1	37.2
兴辰	35.7	34.0	48.2	13.2	29.9	31.7
黑林	73.6	29.8	39.5	14.5	4.5	14.1

根据《农业干旱等级》(GB/T 32136—2015),农业干旱等级分为 4 级,分别为 1、2、3、4,对应的干旱等级类型为轻旱、中旱、重旱、特旱。

采用作物水分亏缺距平指数、土壤相对湿度指数、农田与作物干旱形态指标来进行农业干旱等级的界定。

基于土壤相对湿度指数(Rsm)的等级见表 4-4。

表 4-4 基于土壤相对湿度指数(Rsm)的等级

等级类型	等级类型	土壤相对湿度指数/%		
		砂土	壤土	黏土
1	轻旱	$45 \leqslant Rsm < 55$	$50 \leqslant Rsm < 60$	$55 \leqslant Rsm < 65$
2	中旱	$35 \leqslant Rsm < 45$	$40 \leqslant Rsm < 50$	$45 \leqslant Rsm < 55$
3	重旱	$25 \leqslant Rsm < 35$ 30	$30 \leqslant Rsm < 40$	$35 \leqslant Rsm < 45$
4	特旱	$Rsm < 25$	$Rsm < 30$	$Rsm < 35$

注:土壤质地分类参见《农业干旱等级》附录 A。

土壤相对湿度指数是表征土壤干旱的指标之一,能直接反映作物可利用水分的状况。

土壤相对湿度指数按下式计算:

$$Rsm = \alpha \times \sum_{i=1}^{n} \frac{w_i}{f_{c_i}} \times 100\% / n$$

式中 Rsm——土壤相对湿度指数,%;

α ——作物发育期调节系数,苗期为 1.1,水分临界期为 0.9,其余发育期为 1;

w_i——第 i 层土壤湿度,%;

f_{c_i}——第 i 层土壤田间持水量,%;

n——作物发育阶段对应土层厚度内相同厚度(以 10 cm 为划分单位)的各观测层次土壤湿度测值的个数(在作物播种期和苗期 $n=2$,其他生长阶段 $n=5$)。

经过分析,本年度三个墒情监测站都达到重旱等级,表明连云港市本年度各地不同程度出现了干旱情况,特别是本年度 6、7、10、11 月份。

第四节 地下水资源量

根据《连云港市水资源公报》,2018 全市年地下水资源量(矿化度≤2 g/L)

为 5.15 亿 m³,其中,平原区年地下水资源量 4.46 亿 m³,山丘区年地下水资源量 0.78 亿 m³,重复计算量 0.09 亿 m³;2019 年地下水资源量为 4.60 亿 m³,比上年度减少 0.55 亿 m³,其中,平原区年地下水资源量 3.92 亿 m³,减少 0.53 亿 m³,山丘区年地下水资源量 0.77 亿 m³,减少 0.01 亿 m³,重复计算量 0.09 亿 m³。

连云港市 2018 年、2019 年地下水资源量比对图见图 4-1。

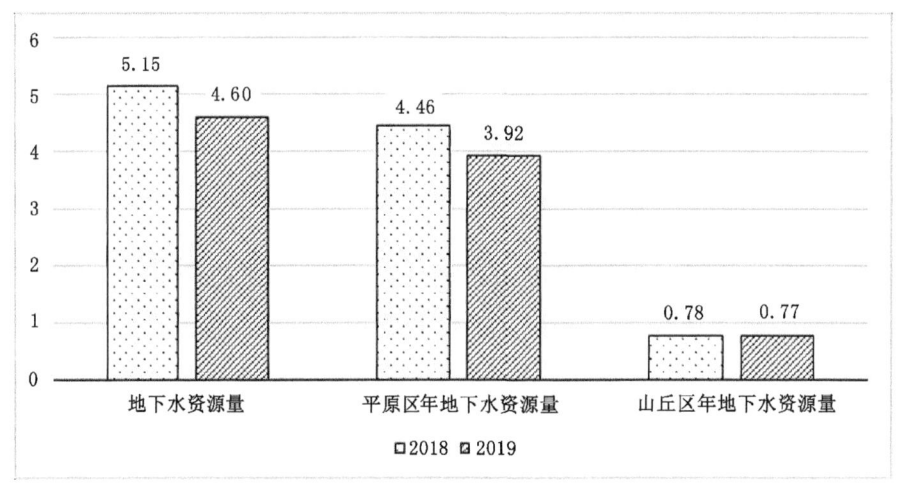

图 4-1 连云港市 2018、2019 年度地下水资源量比对图

第五节 旱情分析

2019 年度 6、7、10、11 月份由于干旱,江苏省水利厅启动通榆河调水工作,连云港分局积极开展了通榆河调水水量水质监测工作。

6 月下旬连云港市发生轻度干旱。5 月 1 日—6 月 27 日,全市平均降水量为 83.9 mm,比常年同期偏少 46.4%;全市大部分地区连续无降雨日已达 17～18 d;全市大中型水库蓄水量为 3.014 亿 m³,比正常蓄水量少 45.0%。

7 月份连云港市发生干旱,东海县旱情较重,5 月 1 日—7 月 23 日全市面平均降水量 199.6 mm,比常年同期偏少 41.3%,其中 7 月 1—23 日全市面平均降水量 67.5 mm,比常年同期偏少 61.0%,有 6 个站点连续无有效降雨日(日雨量＜5 mm)达 17 d,占 20%以上。

鉴于连云港市当时降雨偏少及主要供给水源洪泽湖、石梁河水库等湖库蓄水严重不足,已低于旱限水位,加上气象预报近期无有效降雨,市防汛抗旱指挥部于 7 月 18 日 10 时启动连云港市抗旱Ⅳ级应急响应。江苏省淮河流域发生 60 a 一遇气象干旱。

10 月下旬连云港市发生轻度干旱。9—10 月份全市平均降水量为 42.5 mm,比常年同期偏少 68.4%。其中,9 月份全市平均降水量为 14.2 mm,比常年同期偏少 84.7%;10 月份全市平均降水量为 28.3 mm,比常年同期偏少 31.8%。近 60% 的站点连续 25 d 无有效降水,全市连续 20 d 无降水。

11 月连云港市发生干旱。9—11 月全市平均降水量为 71.9 mm,比常年同期偏少 55.8%。其中,9 月份全市平均降水量为 14.2 mm,比常年同期偏少 84.7%;10 月份全市平均降水量为 28.3 mm,比常年同期偏少 31.8%;11 月份全市平均降水量为 29.4 mm,比常年同期偏少 16.0%。

根据连云港市农村农业局统计,2019 年全年受旱面积达 142.46 万亩,成灾面积 2.94 万亩,绝收面积 0.3 万亩。其中灌云受旱面积 38.4 万亩,成灾面积 0.3 万亩;绝收面积 0.3 万亩;灌南受旱面积高达 50 万亩。

第六节 应对措施

一、省级应对措施

针对严重的气象干旱,江苏省防办统筹配置水源,科学调度水工程,加强湖库蓄水保水,全力以赴投入抗旱工作。多次与气象、水文等部门会商,对主要湖库水位进行滚动预报,研究部署抗旱调度措施。针对可能发生秋旱的情况,加大江水北调规模,首次启用通榆河北延送水工程向苏北供水,9 月 12 日调度加大江都、淮安、淮阴等泵站流量,10 月 9 日起利用宝应站及金宝线金湖、石港、洪泽等站向洪泽湖补水,11 月 1 日起启用淮安四站,加大北调流量,进一步减少洪泽湖出湖流量。2019 年以来江都站、宝应站累计抽江水 66.6 亿 m³,通过洪泽站补给洪泽湖 8.29 亿 m³;全力实施江水东引,2019 年以来江都东闸、高港枢纽两枢纽累计引江水量达 109.9 亿 m³,创历史新高;实施引江济太,2019 年以来常熟枢纽累计引水量 5.63 亿 m³,其中入太湖水量 1.18 亿 m³。针对沿江部分河道水位偏低、沿江水闸自引水量不足的情况,9 月中旬起调度秦淮新河站开机引水，维持秦淮河水位不低于 7 m；9 月 24 日起调度谏壁枢纽闸泵联合运行，维持苏南运河合理水位；10 月 25 日起调度新沟河江边枢纽节制闸引水，为无锡、常州区域补水。

在做好调水的同时，也在不断增强农田自身抗御自然灾害的能力。全年计划投资 70 亿元，建设高标准农田 350 万亩，高效节水灌溉面积 40 多万亩，力争旱涝保收农田占耕地比重提高 4 个百分点。为节约农业用水，江苏省还明确，到 2020 年全省新增高效节水灌溉面积 38 万亩以上，并将高标准农田建设纳入全省高质量发展监测评价指标体系、省政府激励考核事项。

二、市级应对措施

鉴于连云港市旱情不断蔓延，连云港地方政府要求各部门切实周密安排部署，认清当前旱情形势，切实抓好各项抗旱工作。根据《江苏省防汛抗旱应急预案》《江苏省水情预警发布管理办法》，市防汛抗旱指挥部于 7 月 18 日启动抗旱应急响应，科学制定抗旱应急水量调度方案，千方百计增加抗旱水源，执行抗旱应急供水调度计划，全面压缩各河段供水流量。加强预测会商，加强与气象、水文等部门沟通协调，及时组织会商，根据天气和水情变化，及时发布旱情预警信息。开启通榆河北延送水工程，同时通过西线向蔷薇河送水。加强用水管理，严格执行省厅下达的调度指令，服从统一调度管理。加大实施抗旱水源工程建设，继续实施抗旱打井工程，开挖、整修大口井等水源工程，尽快恢复已除险加固病险水库的蓄水能力，对有条件的塘坝继续进行清淤加固。做好抗旱技术支撑，抽派专家、领导组成抗旱工作组分赴受旱灾区，指导面上抗旱工作。

（一）加强组织领导

面对严峻的旱情，连云港市水利局主要负责人亲临一线，现场调研和指导抗旱工作。在抗旱过程中，市防指 24 小时开展水情调度工作，成立 5 个抗旱用水督导组，深入到水库、塘坝一线指导，及时分析当前形势，提前采取调度措施缓解旱情。石梁河水库、小塔山水库等大、中、小型水库及时开闸放水，满足灌区农业用水需求。在赣榆区、东海县西北部用水相对条件较差的地方，干部、群众不等不靠、积极应对，及时调拨各种抗旱机具引水灌溉，保证农作物适时播种。

（二）加大调水力度

连云港市 9 月至 11 月上旬共调引江淮水 2.4 亿 m^3。随着旱情的发展,洪泽湖和本地水库蓄水量锐减,尽管省防指中心全力支持,但连云港市工农业用水仍全线告急。为了解决当前旱情,省厅加大对连云港市供水的力度,新沂河南偏泓流量加大至 15 m^3/s;西线蔷薇河、淮沭新河加大至 15 m^3/s。同时,省防指中心协调有关单位,启用通榆河北延送水工程,同时开展通榆河沿线水量、水质同步监测,为供水保障提供科学技术支撑。

（三）加强用水管理

调水期间,全市全面加强用水管理,所有涵闸在无特殊情况下,不得擅自开闸放水,最大化利用有限水源。各县区、乡镇等水利基层单位组织技术力量,坚守在渠首闸口,严格按照抗旱方案中制订的用水计划,守好每一条支渠的闸门,做好沿线各村分时段轮流用水工作。

（四）科学调度境内水

抗旱期间,石梁河水库向东海县安峰山、昌黎、羽山水库等水库、河道补水 6 000 万 m^3,抬高市区东部、灌云县、灌南县境内河道水位,提前将石梁河水库水源根据灌区实际进行优化分配,保障灌区水稻和小麦种植用水。东海县通过磨山翻水站向昌黎、羽山水库及部分小水库、河道提前补水 1 000 万 m^3,赣榆区通过古城翻水站向青口河沿线提前补水 500 万 m^3。

此外,赣榆区积极落实有效措施积极抗旱。区、镇、村分别成立抗旱专业队伍,明确人员及服务范围,配备各种抗旱机械。累计出动劳力 20 万多人次,动用各类灌溉机械 20 000 多台套。全区浇灌过一次的麦田面积为 2.6 万亩,浇灌两次的有 32.5 万亩,浇灌两次以上的有 7.5 万亩。针对严峻的旱情,赣榆区气象局紧急启动气象灾害应急预案,适时抓住有利天气时机,投资 5 万元开展人工增雨作业。11 月 17 日实施的人工增雨作业,全区平均降水量达到 8.63 mm,有效缓解了连云港市旱情。

第五章　水源调度

第一节　区域水源概况

连云港市地处淮河流域、沂沭泗水系最下游,区域多为平原区,河网调蓄能力不足,大部分洪水难以有效利用,本地水资源不足,用水主要依靠调引江淮水。目前连云港市调引江淮水水源线路有两条,其中主线(主水源)是淮沭新河供水线路,第二条线路(应急备用水源)是通榆河北延送水工程线路。

淮沭新河供水线路:该条水源线路包括淮水调水和江水调水两条线路。其中淮水调水入连云港市线路为:洪泽湖通过淮沭河、沭新闸、吴场枢纽送水至蔷薇河、沭新渠和淮沭新河,可以向连云港市区、东海县以及赣榆区供水。洪泽湖通过淮沭河、新沂河南偏泓向灌云县境内供水。洪泽湖向灌南县供水包括三条路线:一是从洪泽湖通过淮沭新河、柴米闸(或柴米河地涵)、钱集闸调水入灌南县;二是从洪泽湖通过淮沭新河、新沂河南偏泓、小潮河涵洞、东友涵洞调水入灌南县东北部;三是从洪泽湖通过盐河朱码闸或朱码闸电站调水入灌南县。江水调水入连云港市线路为:在洪泽湖水源不足(即淮水不足)的情况下,通过省江都翻水站翻引长江水向北调水,通过里运河,经淮安站翻水进入淮沭河和盐河后,再同淮水调水线路一致向连云港市调水。

根据《江苏省流域性、区域性水利工程调度方案》,洪泽湖水位在 12.5 m 以上时,水源由省防汛抗旱指挥部统一调度。当洪泽湖水位在 12.5 m 以下时,向连云港送水 50 m³/s。为确保连云港港口和城市用水,根据大旱的 1992 年的实际情况,在任何情况下,通过蔷北地涵和沭新退水闸向连云港送水不得少于 30～40 m³/s。

根据调度方案分析,江水北调工程最少向连云港市供水 30 m³/s,主要供城市和港口用水,供水区含连云港市区及东海县部分区域。根据《连云港市城市供水应急预案》,在水源不足时,优先保证生活、工业等用水。

通榆河北延送水工程线路:供水自大套三站抽水,利用已建成的通榆河中段输水至响水引水闸,经响水新开河道和黄响河至灌河地涵,再由灌北泵站二级抽水入灌南境内新开河道进入新沂河南泓,穿新沂河北堤入盐河北上过善后河,通过八一河、引水河进入蔷薇河供灌南县、灌云县、市区用水;自蔷薇河向北,利用现有乌龙河调度闸,通过沭南航道、沭北航道、青龙大沟,由大温庄翻水站抽水至龙北干渠,送水至赣榆区用水。

连云港市调引江淮水线路示意图见图 5-1。

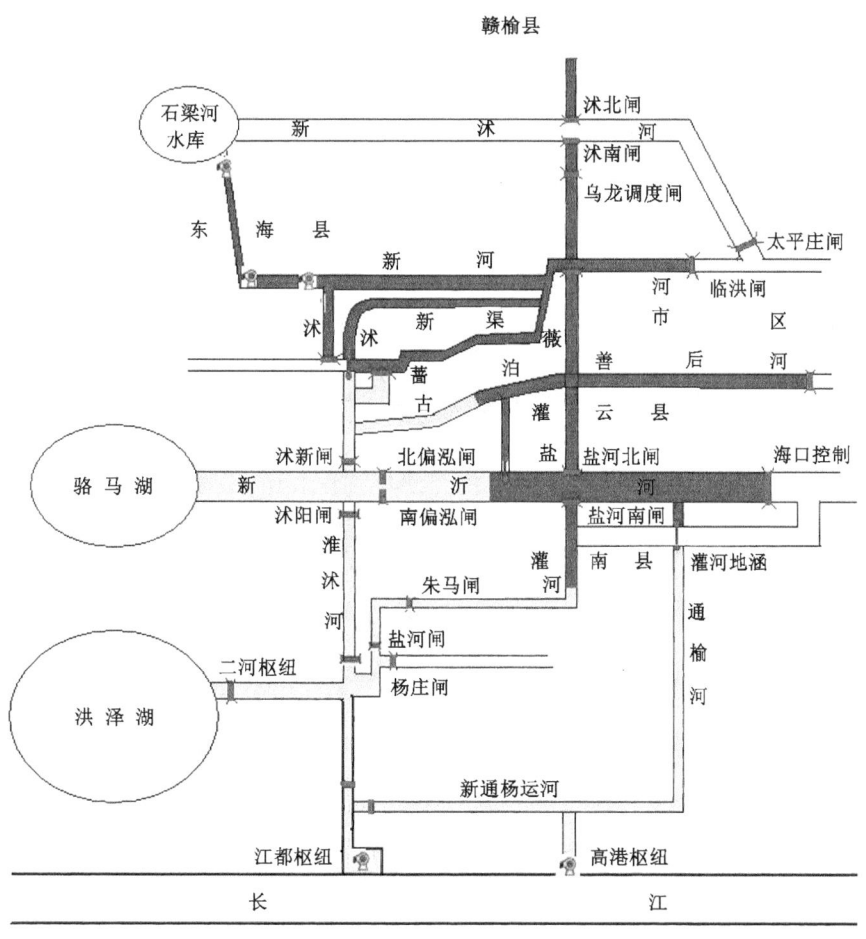

图 5-1　江淮水调水线路示意图

连云港市位于淮河流域沂沭泗水系最下游,2019 年进入 5 月份以来,淮河流域降雨较常年同期偏少近 5 成,为中华人民共和国成立 70 a 以来同期最小,干旱程度为 60 a 一遇气象干旱。淮河干流来水较常年同期偏少 6 成,沂沭泗诸河基本无来水。进入 6 月份,随着苏北地区陆续进入农业夏栽大用水阶段,各地用水量明显增加,水源消耗量大。面对上游来水不足,淮沂沭泗地区又基本无降水,而水稻栽插用水高峰全面到来的情况,为全力保障苏北地区工农业生产、生活等用水,省水利厅加强水源调度、用水管理,并采取相关保障措施,包括:一是前期加强湖库蓄水保水工作。实施江水北调,严格控制湖库出流,尽可能多储备水源。二是加大江水北调规模。启用南水北调宝应、金湖、洪泽等泵站开机抽水,解决淮河入江水道沿线用水,并向洪泽湖补水,增加抗旱水源。三是及时加大江水东引力度。四是加强用水管理。严格执行省水利厅下达的供水调度计划和调度指令;强化各引水口门的管理;切实落实轮灌、错峰等灌溉制度,充分利用回归水源。进入 7 月份以来,"三湖一库"蓄水严重不足,总量比常年同期少 80％,抗旱水源严重紧缺,洪泽湖、骆马湖和石梁河水库水位低于旱限水位,微山湖水位低于死水位,抗旱形势不容乐观。

连云港市现状用水主要靠淮沭新河线路调引江淮水,洪泽湖水位变化情况能直接反应江淮水对连云港市供水保障程度。选用洪泽湖蒋坝站历年日平均水位作综合历时曲线,成果见图 5-2。

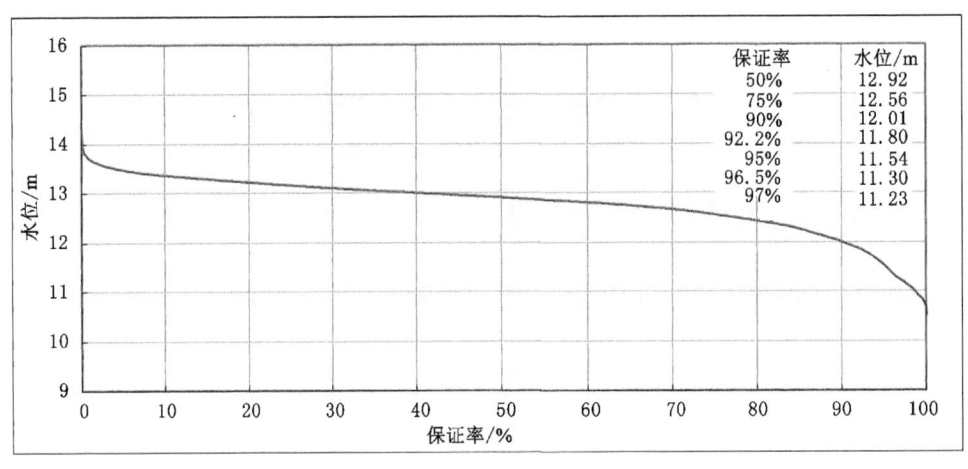

图 5-2　洪泽湖蒋坝站历年日平均水位综合历时曲线

据此分析,洪泽湖旱限水位 11.8 m 以上的历时保证率为 92.2%,洪泽湖死水位 11.3 m 以上的历时保证率为 96.5%。

2019 年为干旱年份,进入汛期以来,洪泽湖水位呈现持续下降的趋势(见图 5-3),至 7 月 28 日 2 时降至最低水位 11.18 m,低于死水位 0.12 m。

图 5-3 洪泽湖蒋坝站 2019 年日均水位变化图

2019 年 7 月 2 日 7 时—7 月 7 日 3 时,7 月 8 日 16 时—8 月 11 日 1 时,洪泽湖水位均低于旱限水位 11.8 m(合计约 40 d)。基于此,为保障淮北地区工农业生产生活用水,特启动通榆河北延送水工程应急调水增加供水。2019 年 7 月 5 日 10 时发布洪泽湖枯水蓝色预警。

2019 年 7 月 22 日 3 时开始,洪泽湖水位跌至死水位 11.3 m,之后至 24 日 3 时大部分时间水位均低于死水位,这期间最低水位为 11.24 m,发生在 7 月 23 日 19 时至 20 时。

2019 年 7 月 26 日 19 时—7 月 30 日 10 时,洪泽湖水位除个别时段(约 10 h)略超死水位外,绝大多数时间均低于死水位,最低水位为 11.18 m,发生在 7 月 28 日 2 时。2019 年 7 月 27 日 16 时洪泽湖枯水蓝色预警升级为黄色。

第二节 决策过程

2019 年 7 月份以来,针对连云港市旱情,江苏省水利厅实施三次通榆河北延送水工程应急调水过程。

一、第一次应急调水

2019 年 6 月份以来,随着水稻栽插,用水消耗加大,加之长期干旱少雨,江苏省淮河流域地区河道来水偏枯或基本无来水,淮北地区"三湖一库"蓄水严重不足。至 7 月 2 日,骆马湖、洪泽湖水位均低于旱限水位,微山湖水位低于死水位,并且根据气象部门预报,近期淮北地区无明显降雨过程。连云港市位于江淮水供水末梢,区域用水主要靠调引江淮水。考虑上游淮水来水量供给紧缺,抗旱水源十分不足,而连云港市水稻生长期用水量大,江苏省水利厅决定于 7 月 2 日 16 时开始启动通榆河北延送水工程滨海站应急调水,流量为 50 m^3/s,向连云港市提供第二条抗旱水源,保障地区工农业生产、城乡生活用水等。

2019 年 7 月 2 日,江苏省水利厅以苏水传发【2019】86 号发布明电:《关于启用通榆河北延送水工程滨海等站应急调水的通知》,要求相关单位部门做好调水准备,以应对连云港市旱情。

接到省水利厅通知后,连云港市水旱灾害防御调度指挥中心第一时间积极响应,于 2019 年 7 月 2 日 14 时 30 分在连云港市水利局召开水利调度协商会议,下达《关于召开通榆河北延送水工程应急供水会议的通知》,要求通榆河北延送水工程应急供水相关单位和部门做好工作,积极抗旱。

二、第二次应急调水

进入 2019 年 9 月,根据淮河水情以及天气趋势,为解决连云港市抗旱用水,并尽量减少湖库出流,做好蓄水保水工作,江苏省发布水旱灾害防御调度指令(苏水汛调令【2019】60 号),决定于 2019 年 9 月 19 日开始启用通榆河北延送水工程滨海站抗旱调水,流量为 30 m^3/s。

三、第三次应急调水

为支持连云港市抗御秋冬连旱,江苏省水利厅决定于 11 月 25 日 9 时开启通榆河北延送水工程滨海站抗旱调水,12 月 17 日 17 时灌北泵站关机,流量为 20 m³/s 左右。

第三节　调 水 方 案

一、第一次应急调水

2019 年 7 月 2 日 16 时开始启动通榆河北延送水工程滨海站应急调水,流量为 50 m³/s。

本次应急调水过程分两个阶段,第一阶段时间为 7 月 2—7 日,第二阶段时间为 7 月 11 日—8 月 1 日。

第一阶段:

2019 年 7 月 2 日 16 时,开启滨海站开始调水;

2019 年 7 月 2 日 20 时,开启灌北泵站抽水入灌南县境内;

2019 年 7 月 2 日 22 时 55 分,开启新沂河南堤涵洞引水至新沂河南偏泓;

2019 年 7 月 3 日 8 时,开启新沂河北堤涵洞引水至灌云县境内;

2019 年 7 月 4 日 8 时,开启善后河南泵站抽水过善后河后入市区境内;

2019 年 7 月 7 日 7 时,灌北泵站关闭,应急调水暂停,原因是 7 月 6 日连云港市面降雨量约 60 mm。

第二阶段:

2019 年 7 月 11 日 9 时,开启灌北泵站抽水入灌南县境内;

2019 年 7 月 11 日 11 时,开启新沂河南堤涵洞引水至新沂河南偏泓;

2019 年 7 月 12 日 10 时 40 分,开启新沂河北堤涵洞引水至灌云县境内;

2019 年 7 月 13 日 8 时,开启善后河南泵站抽水过善后河入市区境内;

2019 年 7 月 14 日 22 时,开启蔷薇河南堤涵洞引水至蔷薇河;

2019 年 7 月 15 日 12 时,蔷薇河南堤涵洞关闭;

2019 年 8 月 1 日 15 时 20 分,灌北泵站关机,调水结束。

二、第二次应急调水

2019 年 9 月 19 日开始启动通榆河北延送水工程滨海站抗旱调水,流量为 30 m^3/s。本次应急调水过程时间为于 2019 年 9 月 19—30 日。

2019 年 9 月 19 日 15 时,调水开始,开启灌北泵站抽水入灌南县境内;

2019 年 9 月 19 日 16 时 50 分,开启新沂河南堤涵洞引水至新沂河南偏泓;

2019 年 9 月 20 日 0 时 15 分,开启新沂河北堤涵洞引水至灌云县境内;

2019 年 9 月 30 日 16 时 55 分,灌北泵站关机,调水结束。

三、第三次应急调水

2019 年 11 月 25 日开始启动通榆河北延送水工程滨海站抗旱调水,流量为 20 m^3/s。本次应急调水过程时间为于 2019 年 11 月 25 日—12 月 17 日。

2019 年 11 月 25 日 9 时,开启滨海站;

2019 年 11 月 25 日 10 时,灌北泵站开机,流量为 20 m^3/s;

2019 年 11 月 25 日 11 时 20 分,新沂河南堤涵洞开闸,2019 年 11 月 28 日 9 时 50 分,新沂河北堤涵洞开闸;

2019 年 11 月 29 日 12 时 10 分,善南泵站开启一台机组,流量 10 m^3/s 左右,向八一河段送水;

为抬高下游河道水位,2019 年 12 月 5 日 8 时 30 分,善南泵站加开一台机组,晚 22 时关闭,12 月 6 日 9 时 5 分再次加开一台;

2019 年 12 月 6 日 12 时 50 分,开启蔷薇河穿堤涵洞送水至蔷薇河,供东海县翻水入石安河沿线抗旱;

2019 年 12 月 7 日 9 时 53 分,关闭善南泵站一台机组,12 日 9 时 34 分,再次加开一台机组,16 时 30 分关闭,保留一台机组运行;

2019 年 12 月 13 日 18 时 30 分,关闭灌北泵站一台机组,17 日 17 时灌北泵站关机,善南泵站、蔷薇河穿堤涵洞、新沂河北堤涵洞同步关闭。新沂河南堤涵洞 17 日 18 时 15 分关闭,通榆河停止送水。

四、用水管理

为切实做好本次生态调水工作,同时保证送水沿线居民生活、生产等用水,盐城市水利局、连云港市水利局加强对沿线各地区取用水管理,并加大对取水口门监督力度;连云港市通榆河北延送水工程管理处负责对连云港市境内送水沿线水利工程调度,保障送水顺畅。

第四节 组织实施

本次应急调水调度由江苏省水利厅统一领导,负责组织实施。

(1)滨海抽水站、响水引水闸、灌河地涵、灌北泵站的运用,由省水利厅调度,盐城、连云港两市决定运行时机。善南泵站的运用,由连云港市水利局决定。沿线其余建筑物的运用,由其工程管理单位负责执行其主管部门调度指令。

(2)省淮沭新河管理处负责实施滨海抽水站、响水引水闸及灌河地涵的控制运用;连云港市通榆河管理处负责实施灌北泵站、新沂河南堤涵洞、小潮河滚水闸坝、新沂河北堤涵洞、善后河枢纽(善南泵站、善后河地涵及善北套闸)、八一河闸站及蔷薇河南堤涵洞的控制运用;盐城市、连云港市水利局负责实施所管辖范围内的河道、涵闸的控制运用。各工程管理单位收集、反馈水情信息和工程运行情况。

(3)省水文局负责组织盐城、连云港水文分局水文监测以及所有断面水质监测。省淮沭新河管理处负责所管工作的水文监测。应急调水期间,水情、水质信息由省水文局每天以电子文档及书面方式传真至省防指中心,盐城、连云港两市防指中心(防办),省淮沭新河管理处。

(4)江苏省水文水资源勘测局连云港分局收到指令后,第一时间成立由局长亲自任组长的水文监测组织机构,负责总体协调;分管局长任副组长,负责工作部署;各个业务科室科长任技术负责人,负责技术指导。领导小组商讨水文监测工作方案,细化工作安排,明确责任分工。

第六章　水　量　监　测

第一节　监　测　方　案

一、监测目的

通过加强通榆河(连云港段)生态调水期间水文监测,掌握通榆河(连云港段)沿线闸门、泵站、涵洞进出口水位、流量及调水进度,为通榆河水资源管理、生态环境保护、工程调度管理等提供数据信息。

二、监测项目及频次

(1) 水位:采用自动监测为主,人工观测为辅。

生态调水期间,自动监测水位每日 08:00 校核水位一次;人工观测的站点每 2 h 记录水位一次,当闸门、泵站变动或水位变幅较大时应加密观测。

(2) 流量:采用走航式 ADCP 施测。

生态调水期间,流量每日 08:00 监测一次,当闸门、泵站变动时及时加测。

三、质量控制

(1) 水位:根据《水位观测标准》(GB/T 50138—2010),水位应记录至 0.01 m;校核水位应在水位稳定期或水位变化较小时进行,若自记水位与校核水位差值超过 0.02 m,则对自记仪器进行校正,并根据实际情况对有波动的自记数据进行订正。

(2) 流量:根据《声学多普勒流量测验规范》(SL 337—2006),采用走航式 ADCP 测量时,施测一个测回,取其平均值作为该次测量成果,各单次流量与平均流量误差应在5%以内,同一工况下施测不少于两次。当流量测验精度不满足规范要求时需重新施测。

四、作业依据

(1)《水位观测标准》(GB/T 50138—2010)

(2)《河流流量测验规范》(GB 50179—2015)

(3)《水文站网规划技术导则》(SL 34—2013)

(4)《水工建筑物与堰槽测流规范》(SL 537—2011)

(5)《声学多普勒流量测验规范》(SL 337—2006)

(6)《水文巡测规范》(SL 195—2015)

(7)《水文测量规范》(SL 58—2014)

(8)《水文调查规范》(SL 196—2015)

(9)《水情信息编码标准》(SL 330—2011)

(10)《水文资料整编规范》(SL 247—2012)

五、断面布设

为全面准确掌握生态调水期间通榆河(连云港段)沿线闸门、泵站、涵洞进出口水位、流量及调水进度,为通榆河科学调度提供数据支撑,在充分利用连云港现有水文监测站点的基础上,共布设监测断面18处,其中流量监测断面7处、水位监测断面11处。具体断面布设详见表6-1。

表6-1 水文监测断面布设一览表

序号	工程(河道)名称	数量		备注
		水位	流量	
1	灌河北泵站	2	1	出水侧监测流量
2	新沂河南堤涵洞	2	1	进水侧监测流量
3	新沂河北堤涵洞	2	1	出水侧监测流量
4	盐河北闸		1	进水侧监测流量
5	盐河灌云县城段	1		灌云水位站
6	善后河南泵站	2	1	进水侧监测流量

表 6-1(续)

序号	工程(河道)名称	数量		备注
		水位	流量	
7	善南套闸		1	进水侧监测流量
8	蔷薇河南堤涵洞	2	1	进水侧监测流量
	合计	11	7	

第二节　监测实施

一、工作组织

根据《省水文局关于开展通榆河北延送水工程抗旱应急调水水文监测工作的通知》(水文站网函〔2019〕34 号),连云港分局成立通榆河(连云港段)生态调水水文监测领导小组。局长任组长,负责总体协调;分管副局长任副组长,负责工作部署;站网科科长任技术负责人,负责技术指导。领导小组商讨水文监测工作方案,细化工作安排,明确责任分工。

二、人员分工

通榆河(连云港段)生态调水水文监测领导小组根据监测断面布设位置、工作量科学安排,共布置 3 个水位、流量监测组,1 个信息报送组,1 个后勤保障组,各监测组组长兼安全员。具体人员分工安排如下。

（一）人员

水位、流量监测组:

第一组:王　欢(组长)　武宜壮　屠金良　刘　前

第二组:王德维(组长)　吴晓东　徐立燕　钱晶晶

第三组:朱振华(组长)　李　巍　刘炜伟　王俊石

信息报送组:周佳华(组长)　冉四清　刘亚文　周　建

后勤保障组:王　震(组长)　宋　彬

（二）分工

第一组负责灌北泵站、新沂河南堤涵洞监测断面水位、流量。

第二组负责盐河北闸、新沂河北堤涵洞监测断面水位、流量。

第三组负责善后河南泵站、善南套闸、蔷薇河南堤涵洞监测断面水位、流量。

信息报送组负责应急调水期间水文监测信息报送工作。

后勤保障组负责应急调水期间车辆、食宿、安全生产等工作。

三、工作开展

（1）2019 年 6 月 28 日，江苏省局下达《省水文局关于开展通榆河北延送水工程抗旱应急调水水文监测工作的通知》（水文站网函〔2019〕34 号），通榆河北延送水工程抗旱应急调水水文监测工作全面启动。

（2）2019 年 6 月 29—30 日，连云港分局抽调技术骨干现场查勘通榆河沿线。根据现场条件，结合流量测量相关技术规范，初步选定水文测验断面位置和测流方法，商讨监测设备选型及安装位置，收集站点基础信息。

（3）2019 年 7 月 1 日，连云港分局编制完成《通榆河（连云港段）生态调水水文监测工作方案》，为通榆河水文测验工作开展做好技术支撑。

（4）2019 年 7 月 2 日—17 日、9 月 21—30 日，11 月 25 日—12 月 17 日，根据《通榆河（连云港段）生态调水水文监测工作方案》，连云港分局应急监测小组开展通榆河沿线重要节点水位、流量测验，为科学开展通榆河生态调水收集基础资料。

（5）2020 年 1—2 月，连云港分局开展通榆河（连云港段）沿线水位节点水准接测工作，整理分析测验成果，开展精度及合理性分析。

四、信息报送

通榆河生态调水期间，水文监测信息按《水情信息编码标准》（SL 330—2011）要求报送。水位、流量、日均流量等监测信息每日 08：00 前由各应急监测组向分局水情分中心报讯；泵站开机台数及水闸启闭发生变化时加报水情（应包括两条报文，一条机组调整报文，一条测流结束后的实测流量报文）。

第三节　监　测　成　果

通榆河送水工程(连云港段)生态调水期间(共分三个阶段,7 月 2—17 日、9 月 21—30 日,11 月 25 日—12 月 17 日),各测验小组尽职尽责,团结协作,圆满地完成了水文测报工作,通榆河沿线水文节点获得完整水位过程和流量测验成果。

灌北泵站最大实测流量 58.0 m³/s(7 月 6 日),下游最高水位 2.80 m(7 月 27 日);新沂河南堤涵洞最大实测流量 50.6 m³/s(7 月 14 日),上游最高水位 2.58 m(7 月 27 日);新沂河北堤涵洞最大实测流量 42.3 m³/s(7 月 5 日),上游最高水位 2.24 m(7 月 11 日);善南泵站最大实测流量 28.1 m³/s(7 月 16 日),上游最高水位 2.41 m(7 月 17 日)。蔷薇河南堤涵洞最大实测流量 15.4 m³/s(7 月 22 日),上游最高水位 2.44 m(7 月 18 日)。

测验成果为通榆河生态调水调度决策提供了可靠的水文信息支撑,充分发挥水文抗旱防汛尖兵及耳目作用。

一、水位成果

通榆河生态调水期间沿线节点逐日平均水位成果见附表 15。

沿线节点水位过程线见图 6-1～图 6-13。

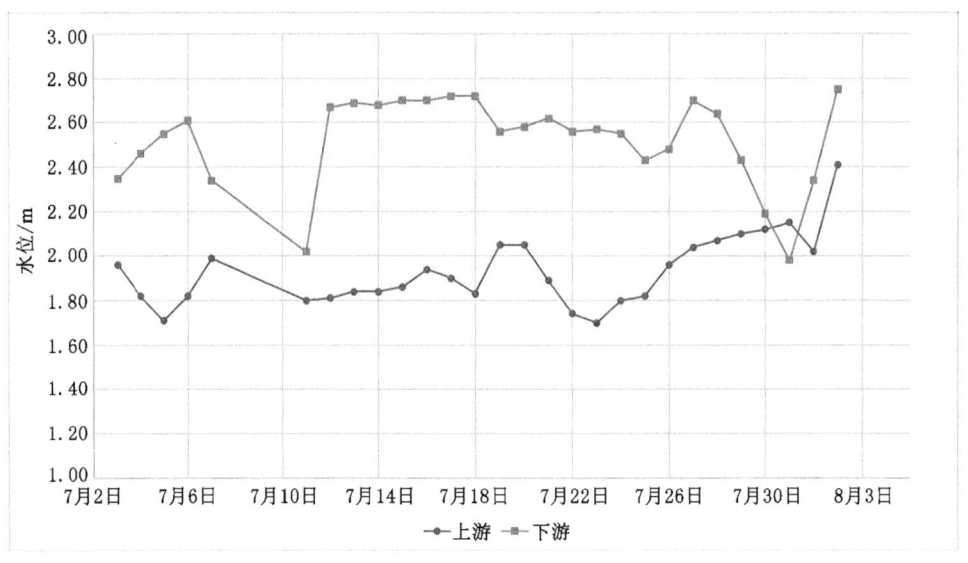

图 6-1　灌北泵站上、下游逐日平均水位变化过程线(7 月 3 日—8 月 2 日)

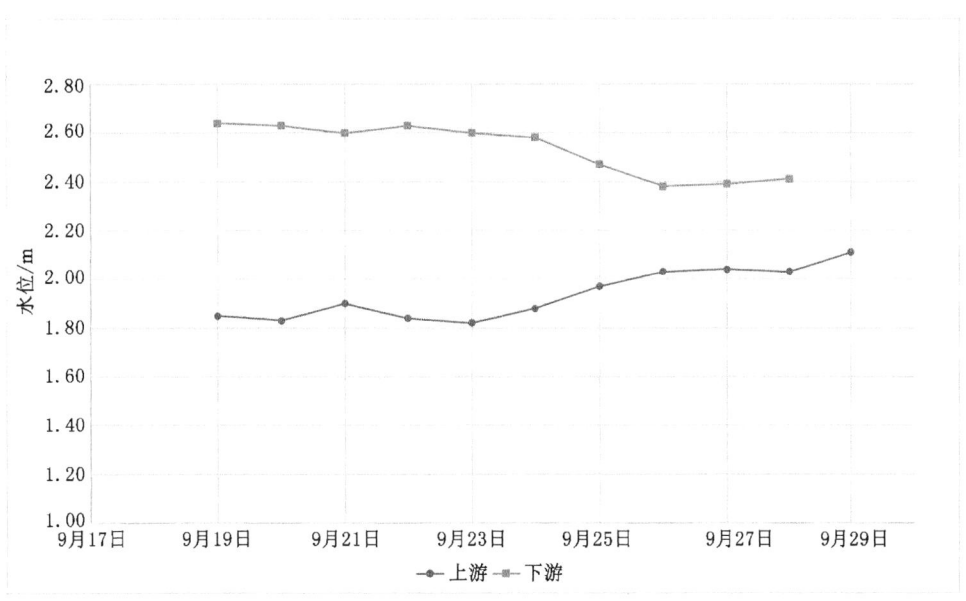

图 6-2 灌北泵站上、下游逐日平均水位变化过程线（9 月 19—29 日）

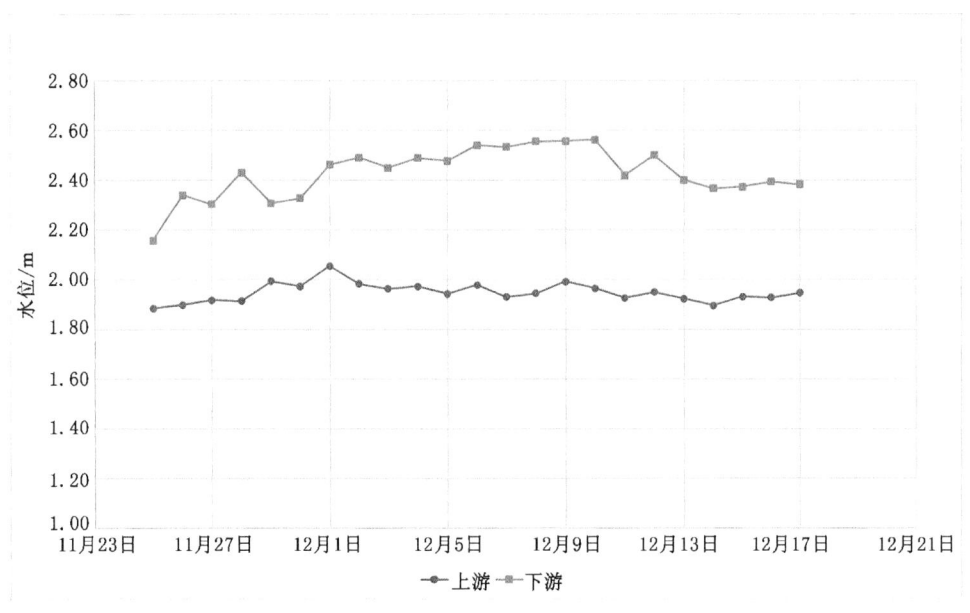

图 6-3 灌北泵站上、下游逐日平均水位变化过程线（11 月 25 日—12 月 17 日）

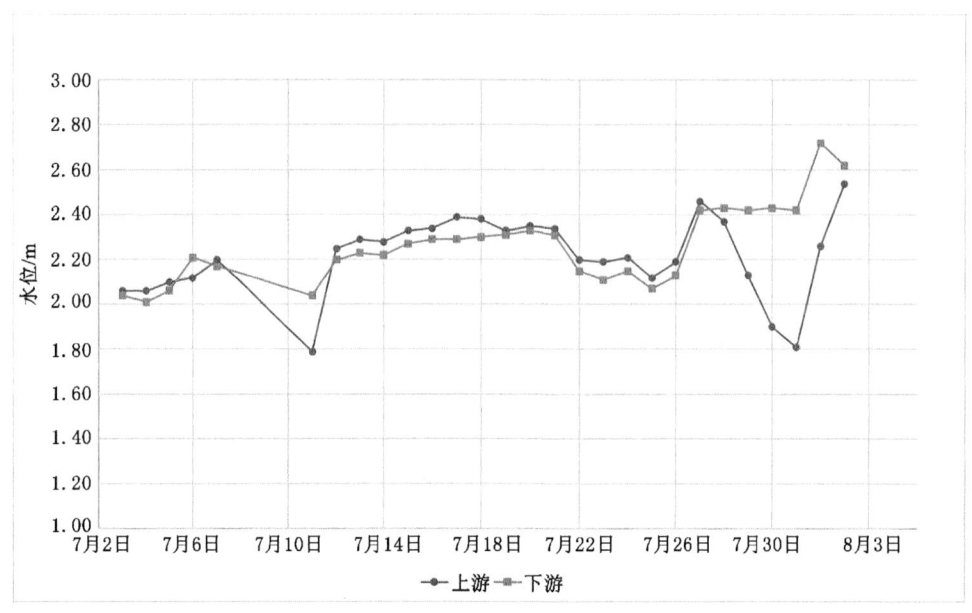

图 6-4　新沂河南堤涵洞上、下游逐日平均水位变化过程线（7 月 3 日—8 月 2 日）

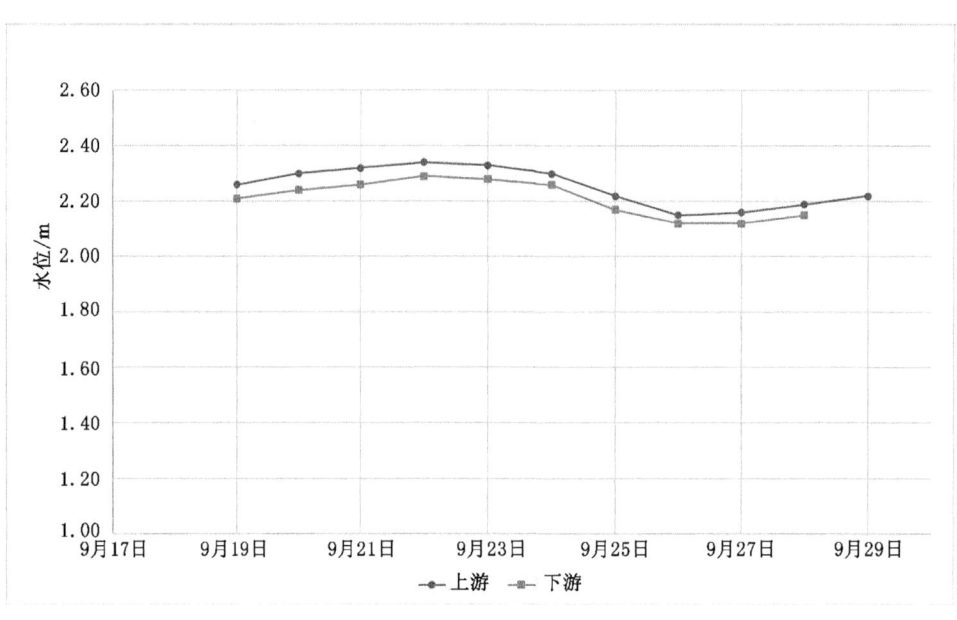

图 6-5　新沂河南堤涵洞上、下游逐日平均水位变化过程线（9 月 19 日—9 月 29 日）

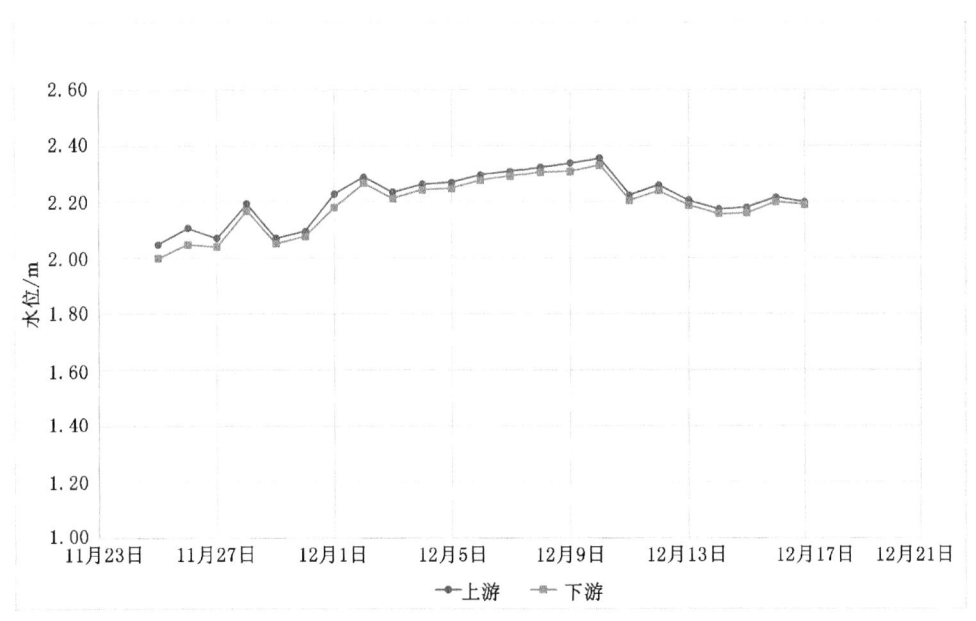

图 6-6　新沂河南堤涵洞上、下游逐日平均水位变化过程线（11 月 25 日—12 月 17 日）

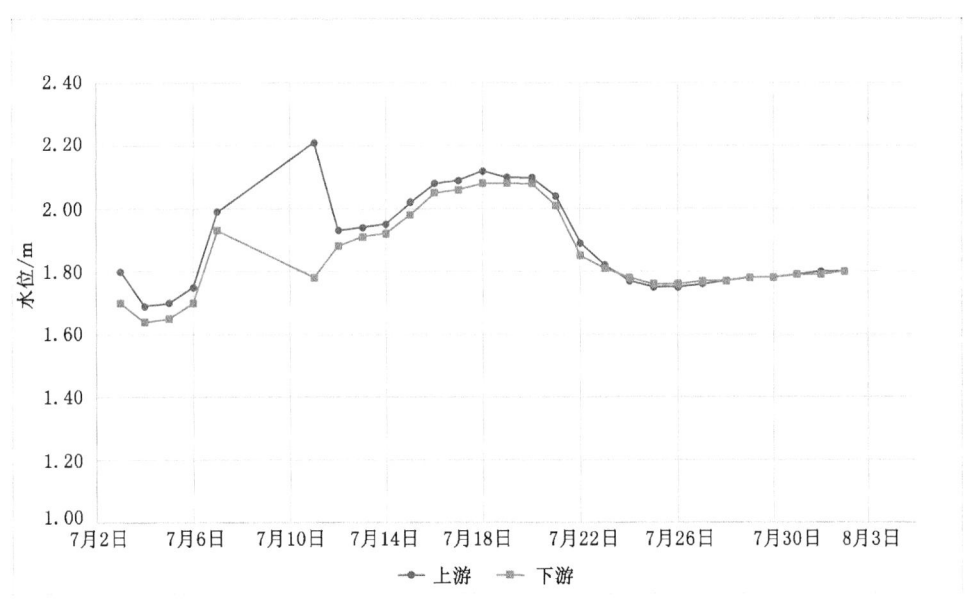

图 6-7　新沂河北堤涵洞上、下游逐日平均水位变化过程线（7 月 3 日—8 月 2 日）

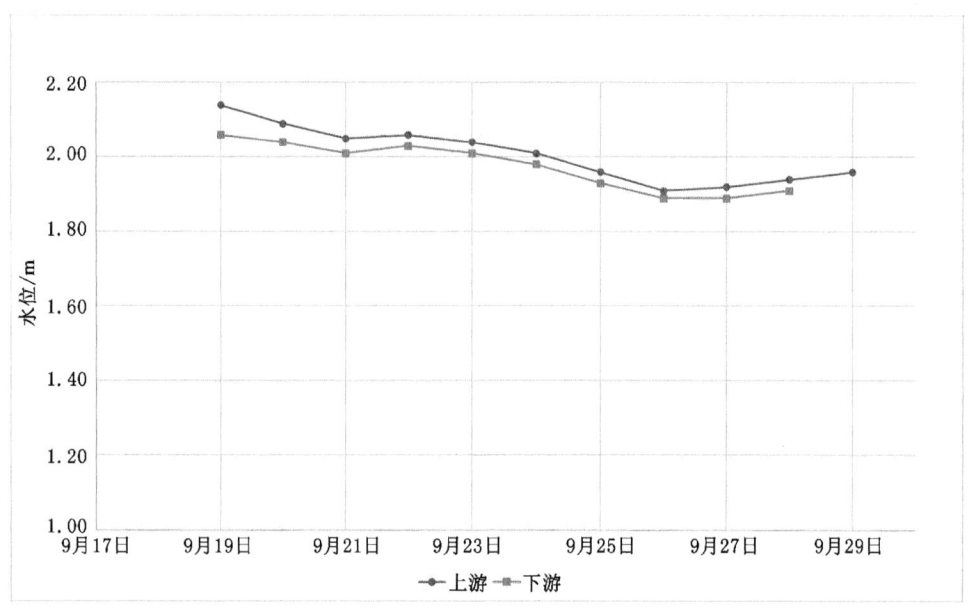

图 6-8　新沂河北堤涵洞上、下游逐日平均水位变化过程线（9 月 19—29 日）

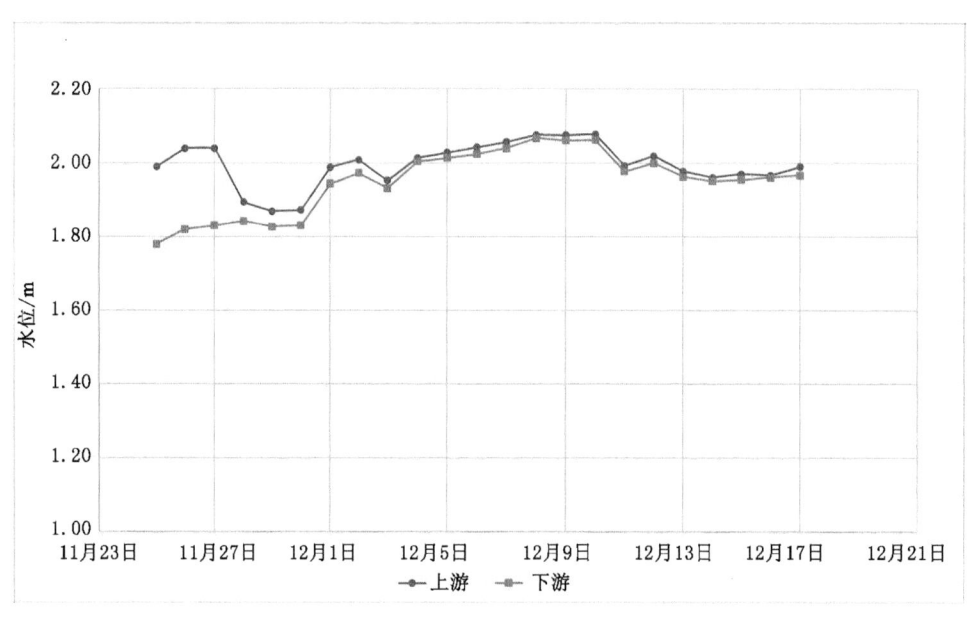

图 6-9　新沂河北堤涵洞上、下游逐日平均水位变化过程线（11 月 25 日—12 月 17 日）

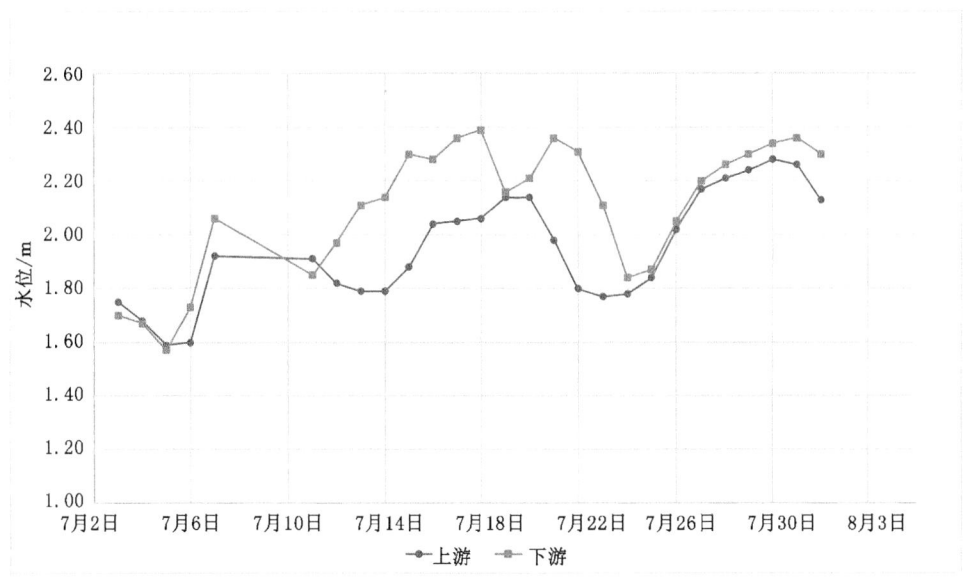

图 6-10 善南泵站上、下游逐日平均水位变化过程线(7 月 3 日—8 月 1 日)

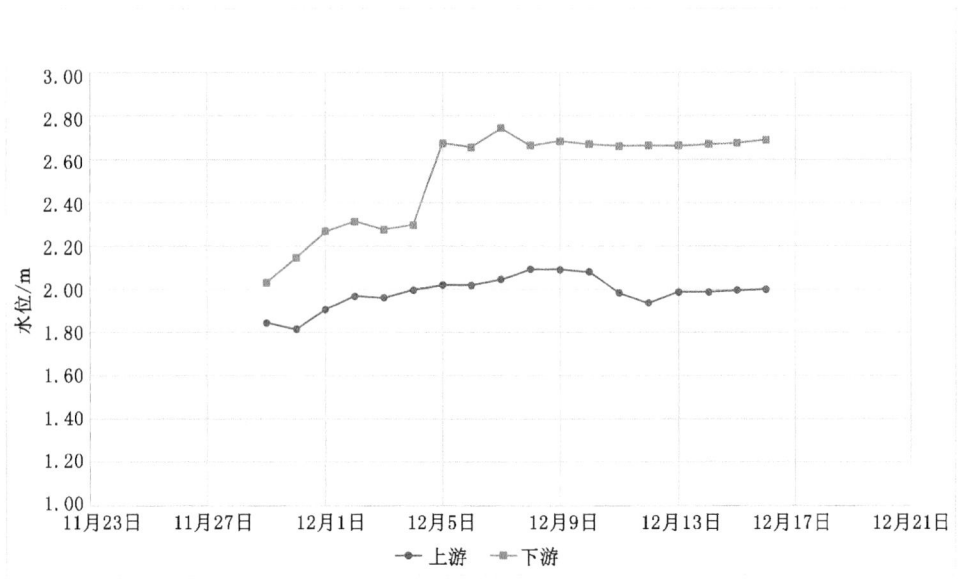

图 6-11 善南泵站上、下游逐日平均水位变化过程线(11 月 29 日—12 月 17 日)

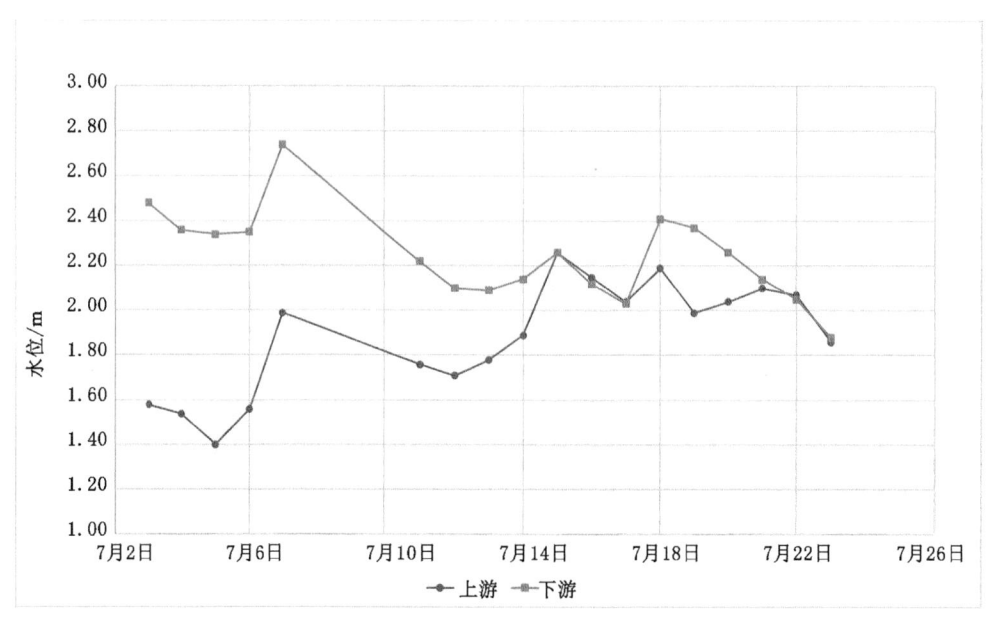

图 6-12 蔷薇河地涵上、下游逐日平均水位变化过程线（7 月 3—23 日）

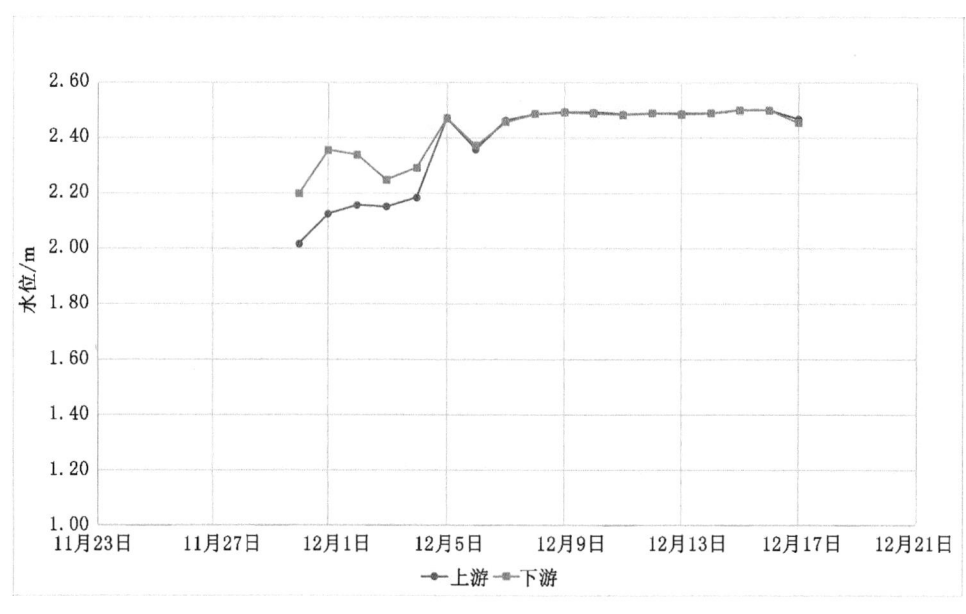

图 6-13 蔷薇河地涵上、下游逐日平均水位变化过程线（11 月 30 日—12 月 17 日）

二、流量成果

通榆河生态调水期间沿线节点逐日平均流量成果见附表16。

沿线节点流量过程线见图6-14～图6-26。

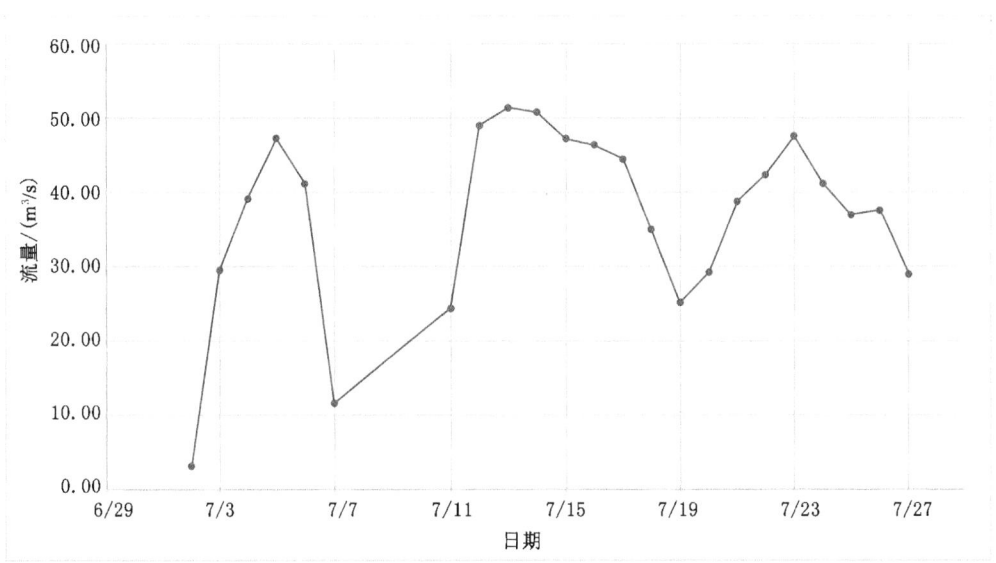

图6-14　灌北泵站逐日平均流量过程线(7月2—27日)

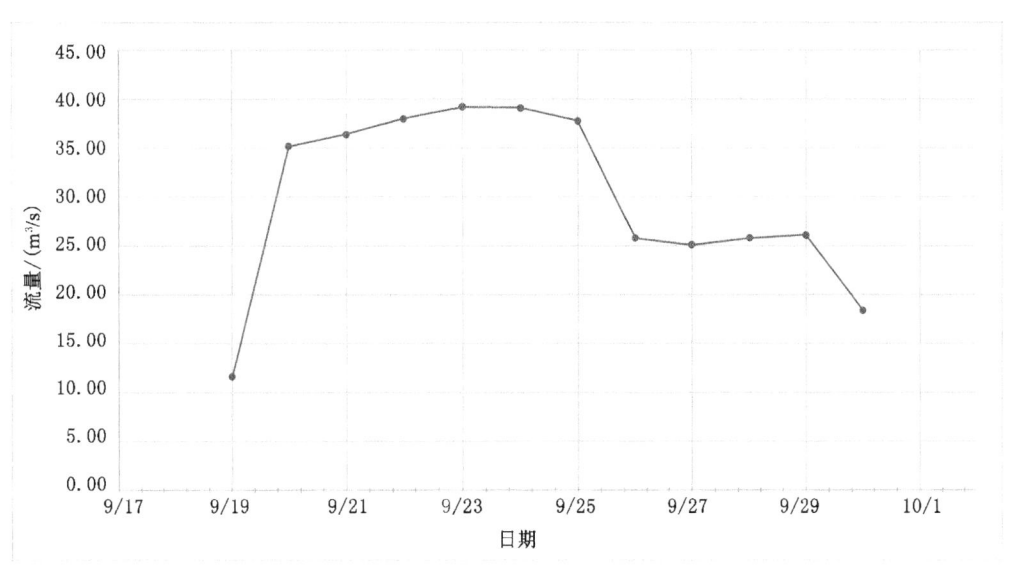

图6-15　灌北泵站逐日平均流量过程线(9月19—30日)

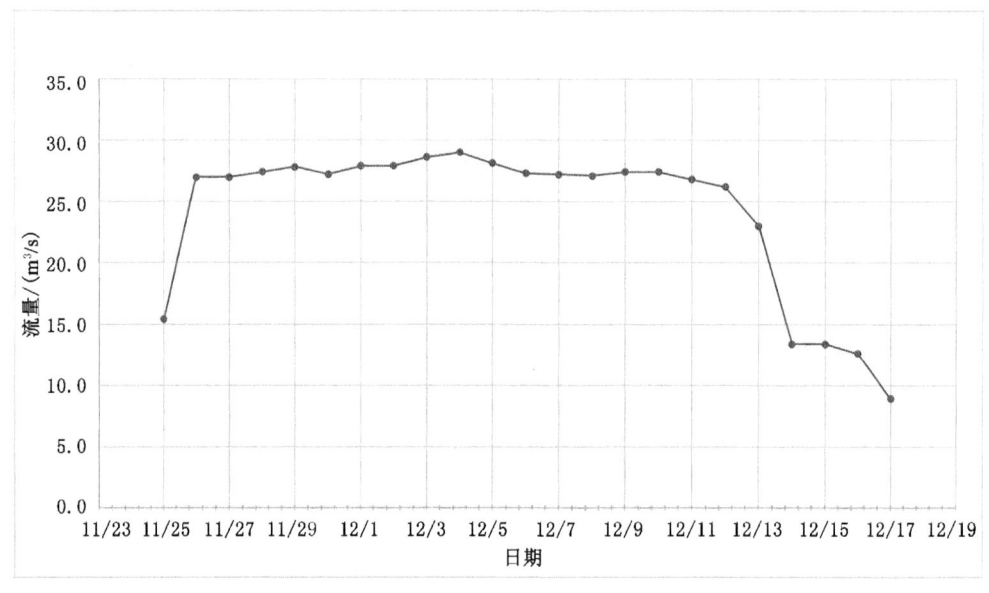

图 6-16　灌北泵站逐日平均流量过程线(11 月 25 日—12 月 17 日)

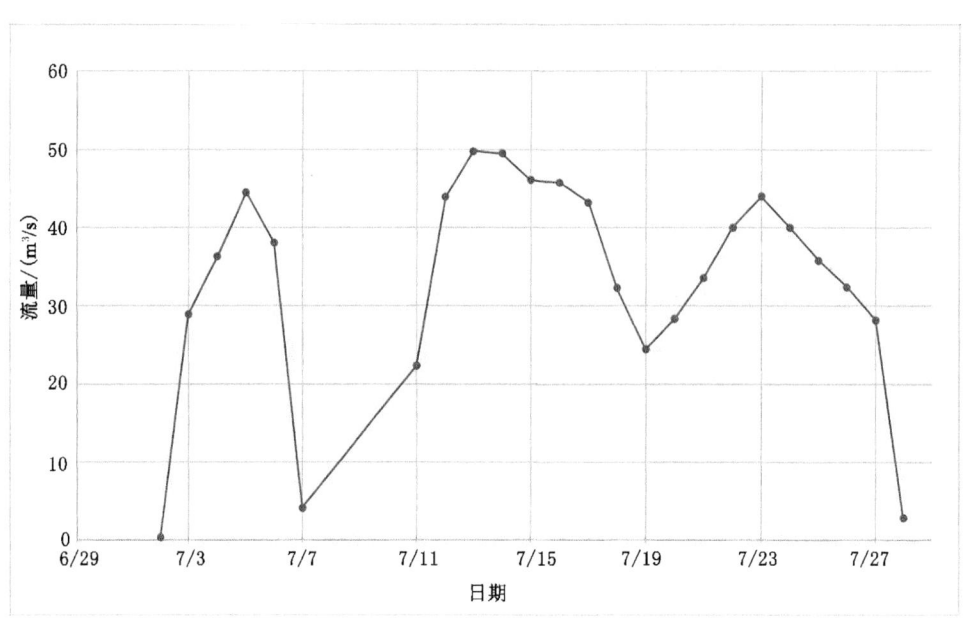

图 6-17　新沂河南堤涵洞逐日平均流量过程线(7 月 2—28 日)

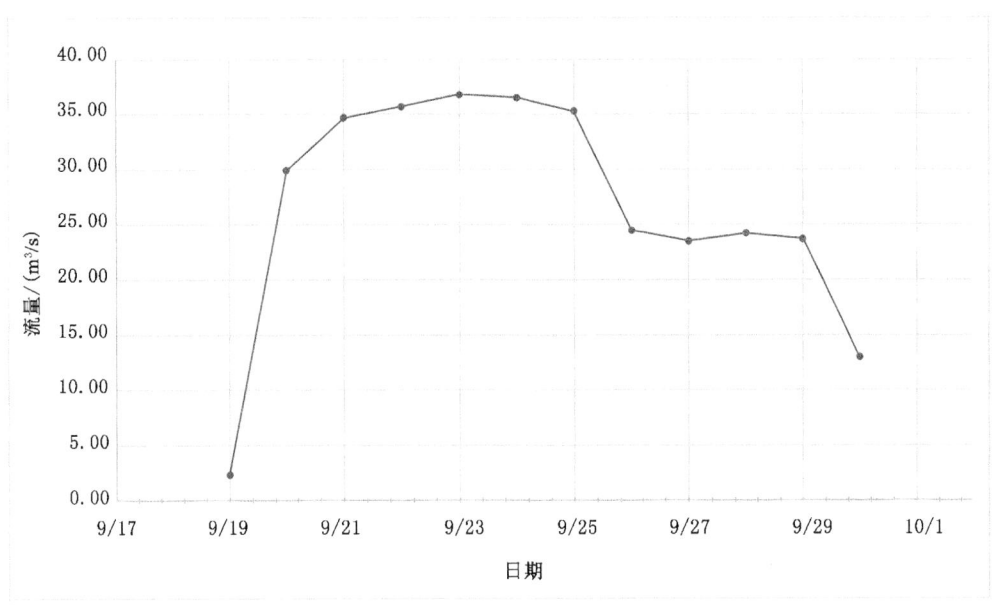

图 6-18 新沂河南堤涵洞逐日平均流量过程线（9 月 19—30 日）

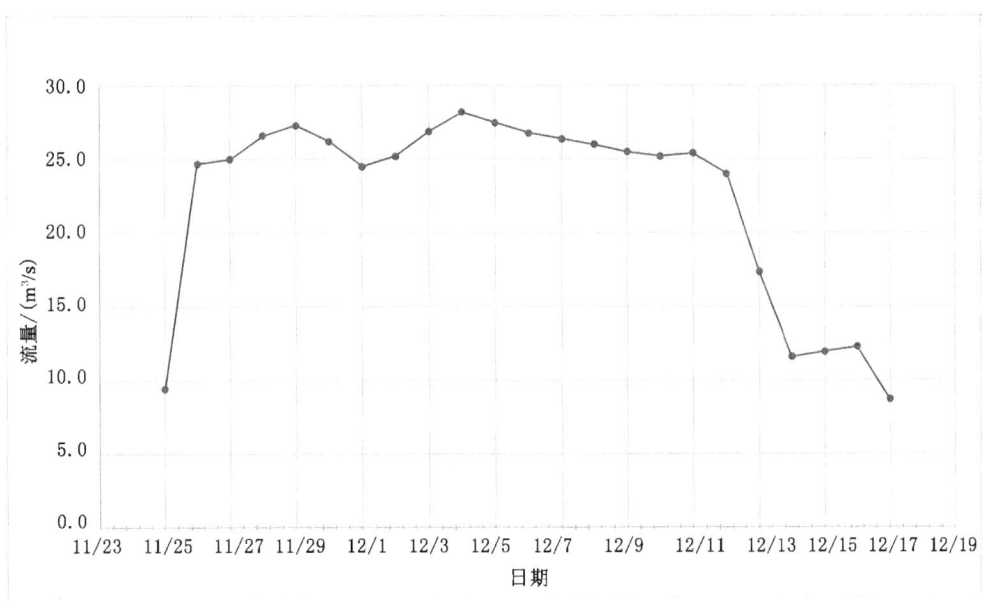

图 6-19 新沂河南堤涵洞逐日平均流量过程线（11 月 25 日—12 月 17 日）

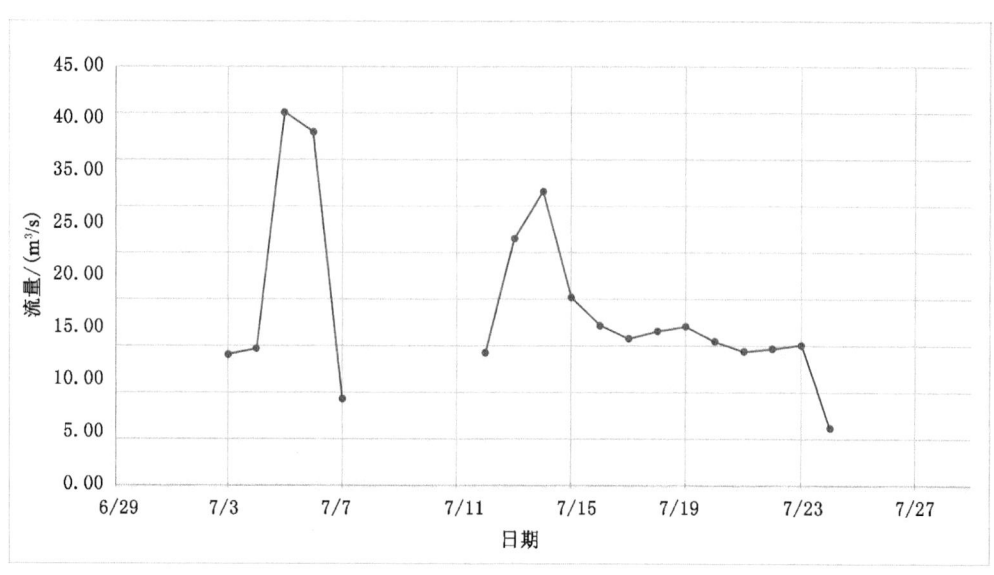

图 6-20　新沂河北堤涵洞逐日平均流量过程线（7 月 3—24 日）

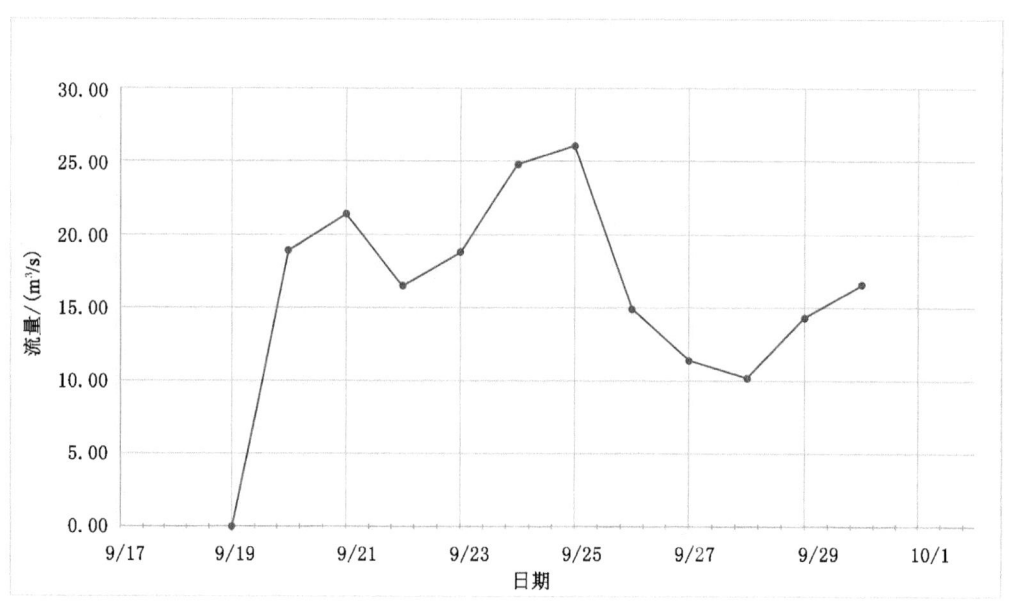

图 6-21　新沂河北堤涵洞逐日平均流量过程线（9 月 19—30 日）

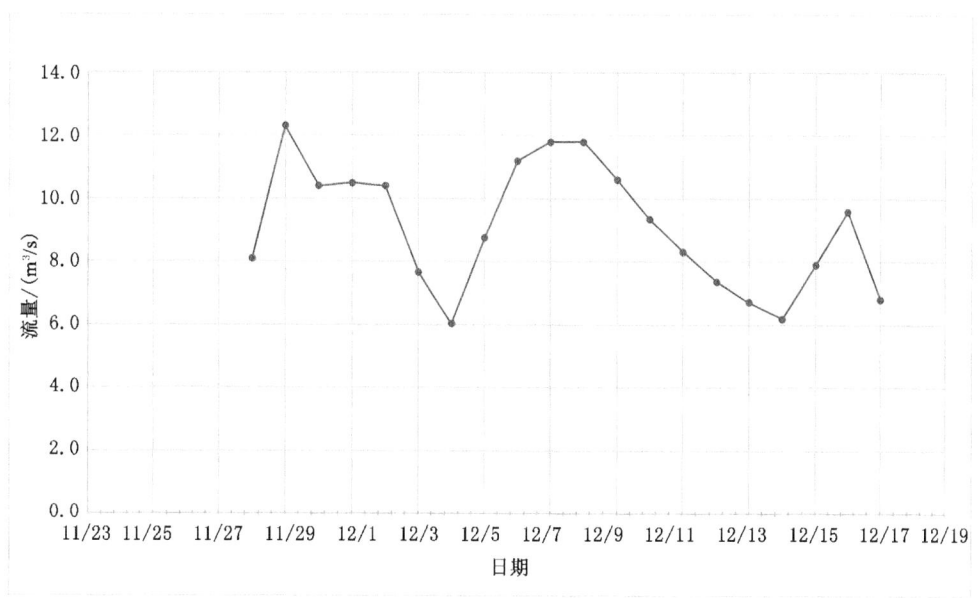

图 6-22　新沂河北堤涵洞逐日平均流量过程线（11 月 28 日—12 月 17 日）

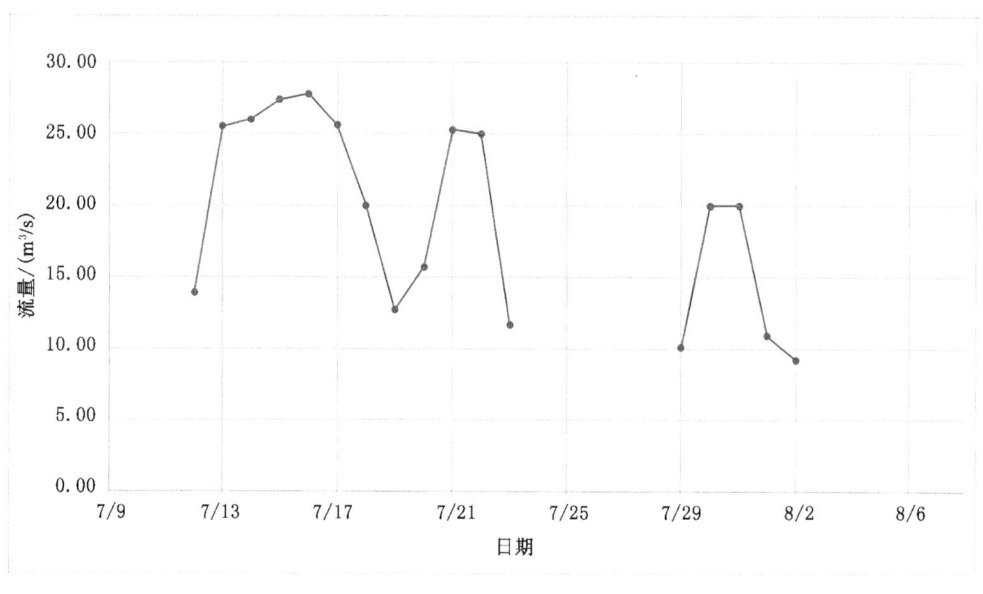

图 6-23　善南泵站涵洞逐日平均流量过程线（7 月 12 日—8 月 2 日）

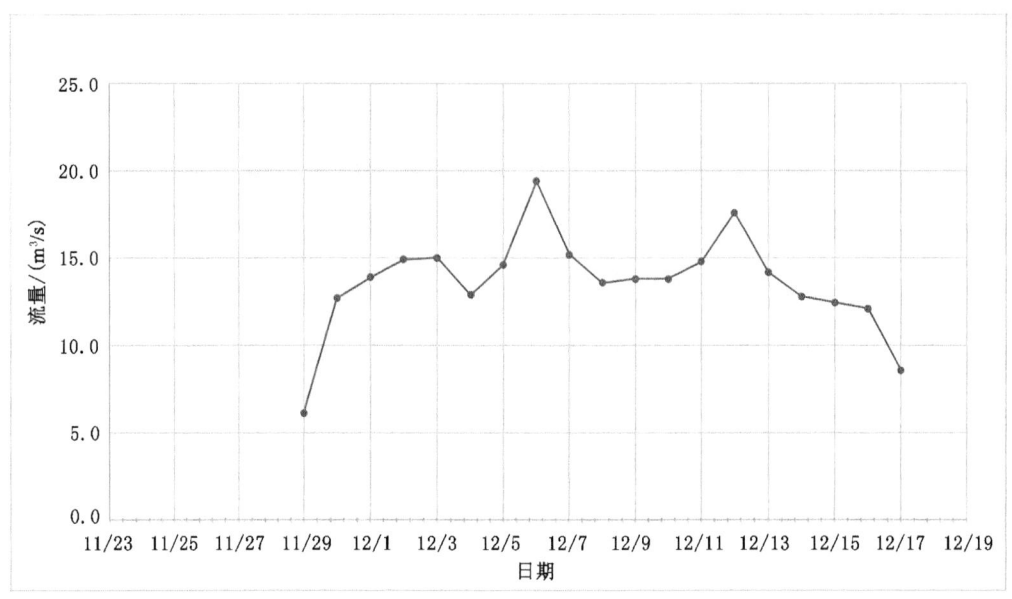

图 6-24　善南泵站涵洞逐日平均流量过程线(11 月 29 日—12 月 17 日)

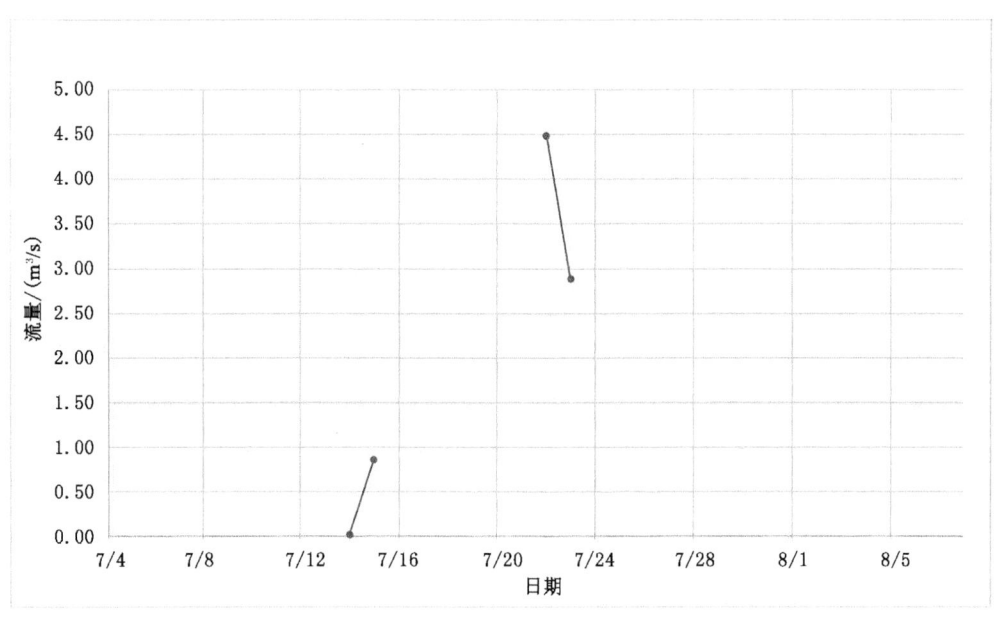

图 6-25　蔷薇河地涵逐日平均流量过程线(7 月 14—23 日)

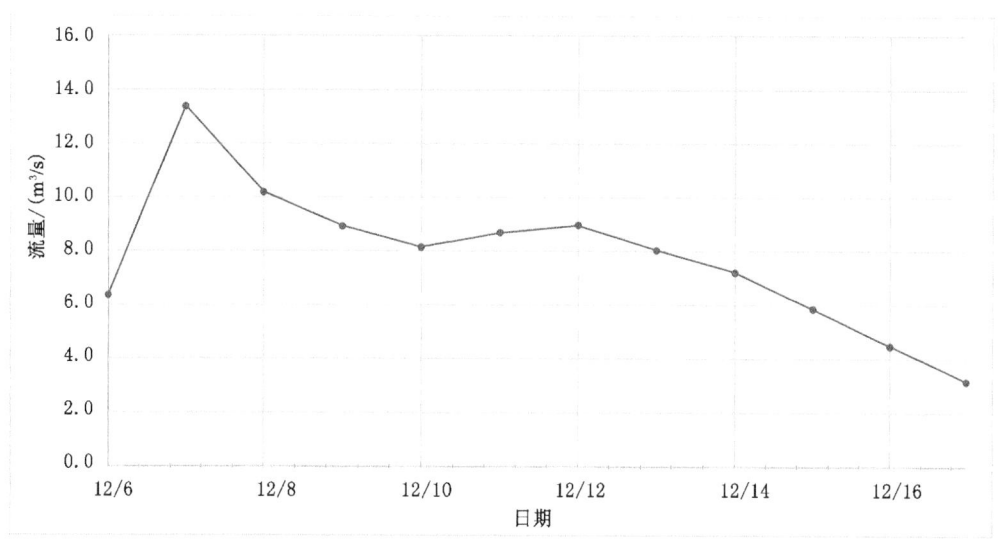

图 6-26 蔷薇河地涵逐日平均流量过程线(12 月 6—17 日)

三、合理性分析

(一)水位合理性分析

1. 水位过程线合理性分析

点绘通榆河重要节点日均水位过程线见图 6-27~图 6-29。

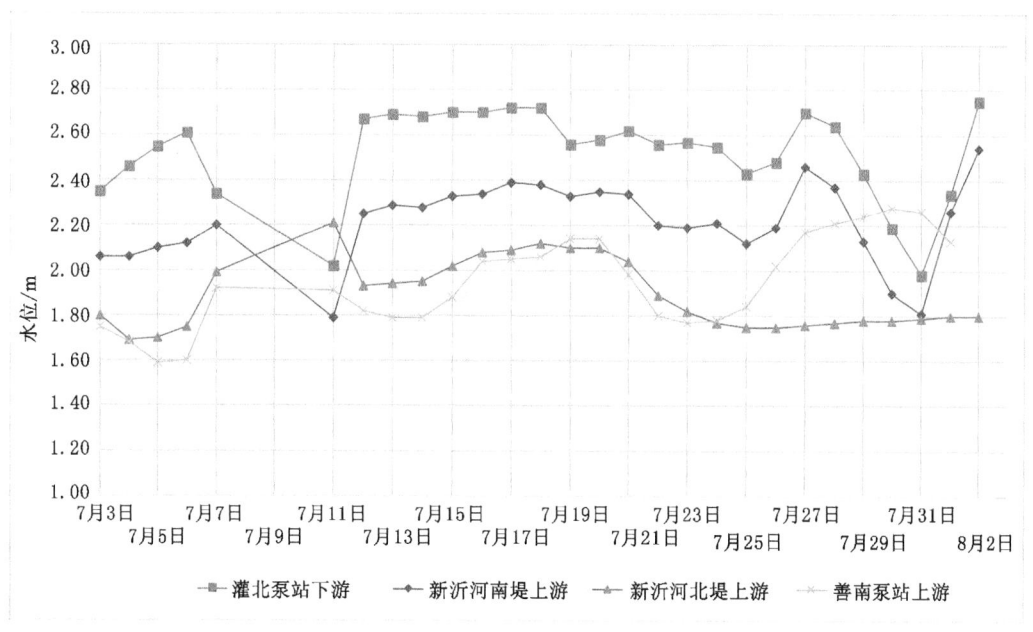

图 6-27 通榆河重要节点日平均水位过程线(7 月 3 日—8 月 2 日)

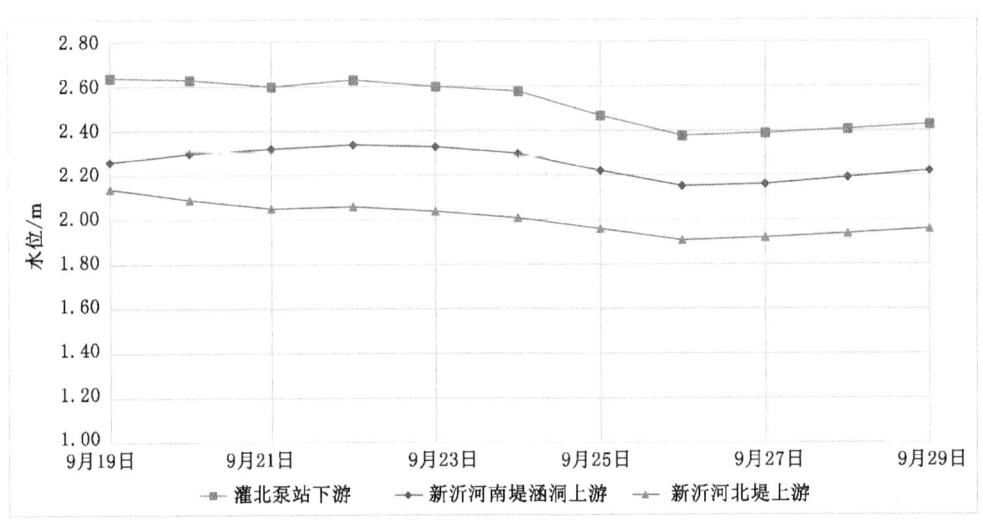

图 6-28　通榆河重要节点日平均水位过程线(9 月 19—29 日)

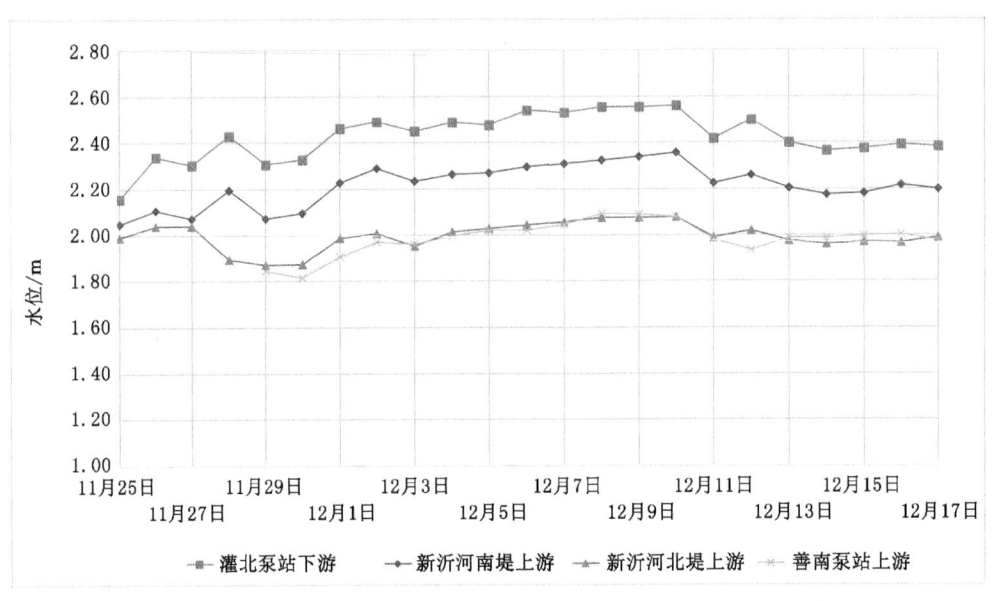

图 6-29　通榆河重要节点日平均水位过程线(11 月 25 日—12 月 17 日)

从图 6-26～图 6-29 可以看出,由于灌北泵站与新沂河南堤涵洞相距较近 (6.4 km),河道封闭,水位变化相关性好,水位成果合理。新沂河北堤涵洞与新沂河南堤涵洞受新沂河的河槽调蓄、疏港航道船闸开关闸、河道不封闭等影响 (新沂河南偏泓有流量汇入),调水初期水位相关性不明显,调水稳定期(7 月 7—24 日、9 月 20—29 日、11 月 28 日—12 月 17 日),水位相关性逐渐变好,考虑到新沂河北堤涵洞与新沂河南堤涵洞相距较远,水位相关呈现滞后性,成果合理。善南泵站与新沂河北堤涵洞相距较远(26.6 km),受盐河的河槽调蓄、疏港航道船闸开关闸、泵站调度指令影响,水位相关性不明显。

整个调水期间,通榆河重要节点水位变化过程符合水流运动规律和通榆河的河道特性,水位成果合理。

2. 最高水位及其出现时间合理性分析

通榆河生态调水期间重要节点最高水位及其出现时间见表6-2。

表 6-2　通榆河生态调水期间重要节点最高水位及出现时间对照表

序号	断面名称	最高水位/m	峰现时间	
			月.日	时:分
1	灌北泵站下游	2.80	7.27	14:00
2	南堤涵洞上游	2.56	7.27	14:00
3	北堤涵洞上游	2.34	9.20	00:00
4	善南泵站上游	2.40	7.31	09:40

从表中可以看出,灌北泵站下游、南堤涵洞上游最高水位同时出现,说明在调水稳定期,上、下游水位相关性非常好。北堤涵洞上游最高水位出现在涵洞提闸时,善南泵站上游最高水位出现在泵站调整抽水机组时,说明受水利工程调度影响明显,成果合理。

(二)流量合理性分析

绘制通榆河沿线节点流量过程线见图6-30~图6-32。

从图6-30~图6-32可以看出,由于灌北泵站与新沂河南堤涵洞的测流断面相距较近(6.4 km),河道封闭,流量相关性好,新沂河南堤涵洞流量略小于灌北泵站流量(输水损失),成果合理。新沂河北堤涵洞与新沂河南堤涵洞相距较远(22.1 km),受新沂河的河槽调蓄、疏港航道船闸开关闸、河道不封闭影响(新沂河南偏泓有流量汇入),流量相关性不明显,新沂河北堤涵洞流量明显小于新沂河南堤涵洞流量(疏港航道船闸开闸分流、输水损失大)。善南泵站与新沂河北堤涵洞相距较远(26.6 km),受盐河的河槽调蓄、疏港航道船闸开关闸、泵站调度指令影响,流量相关性不明显。蔷薇河地涵与善南泵站相距较远(18.6 km),受盐河、八一河的河槽调蓄、蔷薇河水位影响,流量相关性不明显,蔷薇河地涵流量明显小于善南泵站流量(蔷薇河水位顶托、输水损失大)。

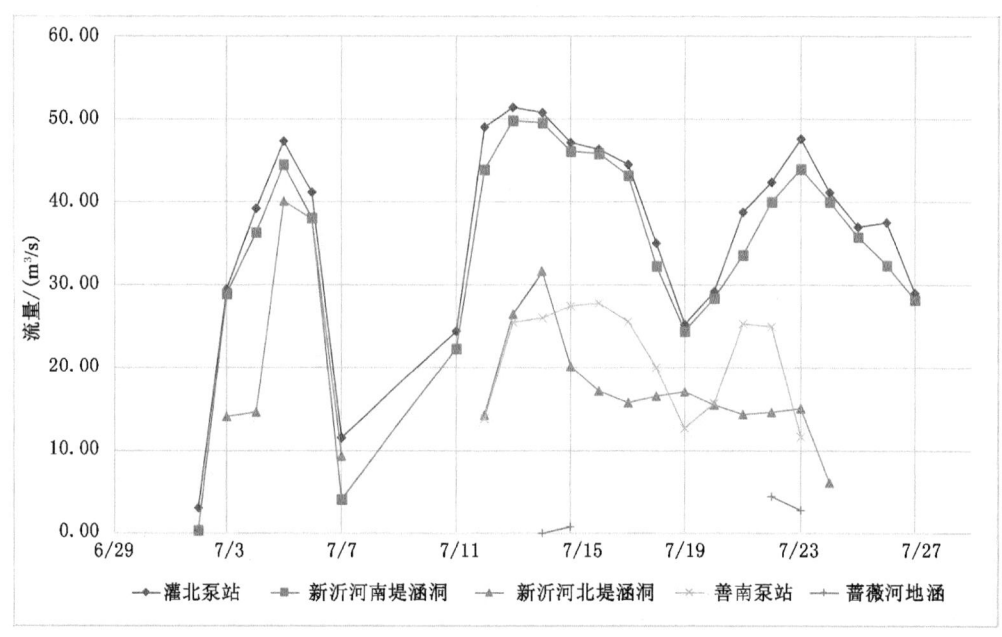

图 6-30　通榆河沿线节点逐日平均流量过程线（7 月 2—27 日）

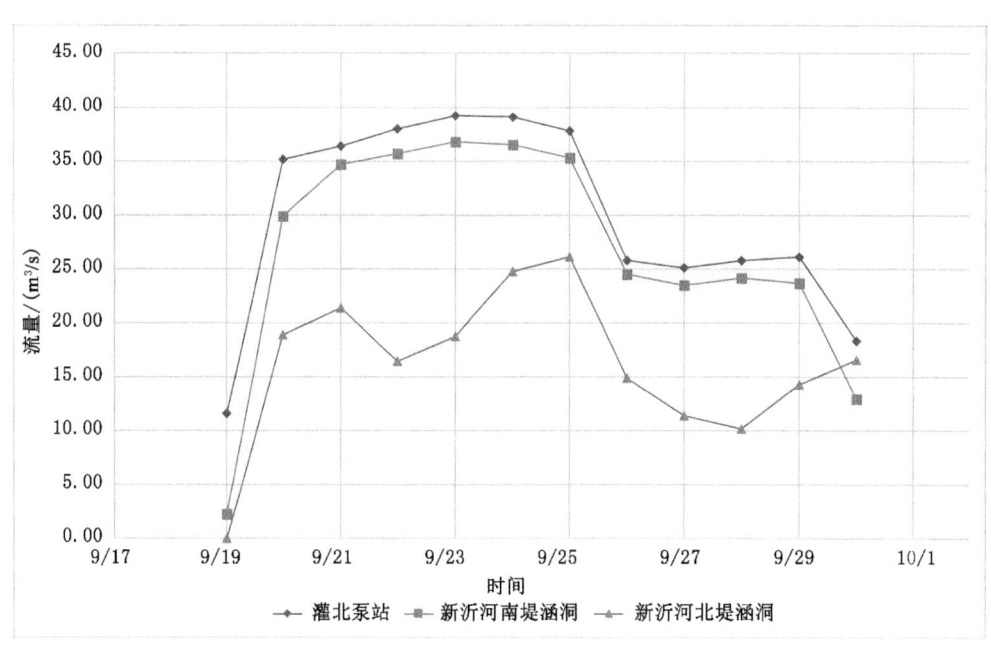

图 6-31　通榆河沿线节点逐日平均流量过程线（9 月 19—30 日）

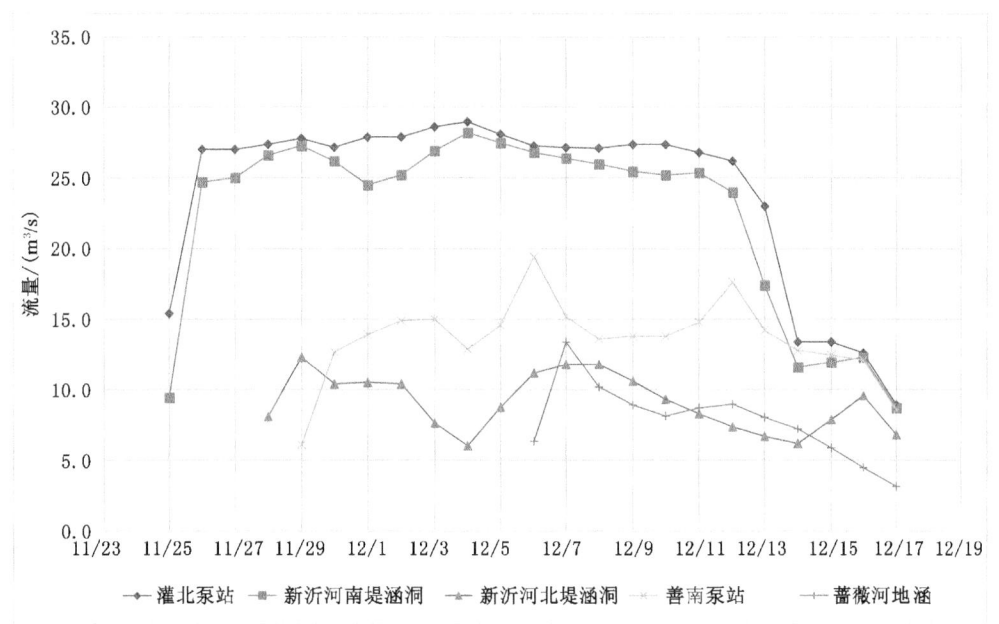

图 6-32 通榆河沿线节点逐日平均流量过程线(11 月 25 日—12 月 17 日)

统计沿线节点最大流量及其出现时间见表 6-3。

表 6-3 通榆河生态调水沿线节点最大流量及其出现时间对照表

序号	断面名称	最大流量 /(m³/s)	出现时间	
			月.日	时:分
1	灌北泵站	58.0	7.6	09:40
2	新沂河南堤涵洞	50.6	7.14	08:00
3	新沂河北堤涵洞	42.3	7.5	08:00
4	善南泵站	28.1	7.16	08:00
5	蔷薇河地涵	15.4	7.22	17:40

(三)稳定调水期水面线分析

稳定调水期(7 月 14 日 08:00),通榆河沿线主要节点设计流量及水位与调水流量及相应水位比对见表 6-4。

表 6-4 通榆河沿线主要节点设计流量及水位与调水流量及相应水位比对表

节 点	设计流量 /(m³/s)	调水流量 /(m³/s)	设计水位 /m	相应水位 /m	备 注
灌河北泵站	50	51.4	1.30/2.86	1.85/2.72	站下/站上
新沂河南堤涵洞	50	50.2	2.55/2.40	2.32/2.26	上游/下游
新沂河北堤涵洞	60	68.2	2.05/1.90	1.99/1.96	上游/下游
善后河南泵站	30	25.3	1.45/2.95	1.78/2.10	站下/站上
蔷薇河南堤涵洞	30	0	2.35/2.20	1.79/2.10	上游/下游

注:新沂河北堤涵洞调水流量为疏港航道船闸流量加新沂河北堤涵洞流量。

选择稳定调水期(7 月 14 日 08:00)通榆河沿线主要节点水位绘制河段水面线,与设计水面线进行比较分析,见图 6-33。

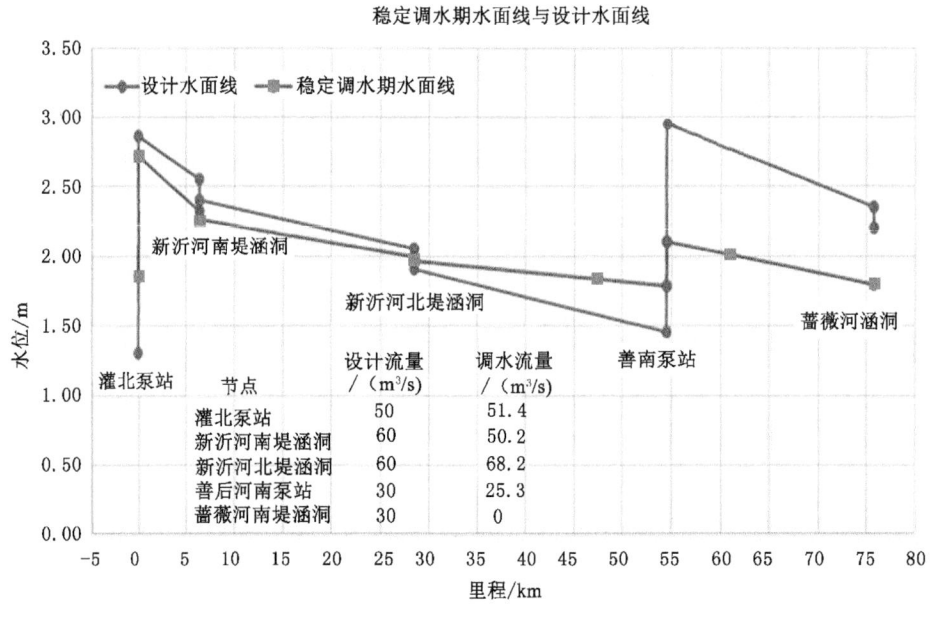

图 6-33 通榆河稳定调水期水面线与设计水面线对比图

从图 6-33 中可以看出:善南泵站以上段,在调水流量与设计流量基本一致的情况下,设计水面线与稳定调水期水面线趋势一致,稳定调水期水面线更平缓,说明本段通榆河调水能力达到设计要求。由于善南泵站只开了两台机组(设计水面线开三台机组),善南泵站上下游水位与设计水位差距较大。

四、水平衡分析

通榆河送水工程（连云港段）生态调水期间，统计各重要节点输水量，见表 6-5。

表 6-5 沿线主要节点输水量统计表

输水量	灌北泵站	新沂河南堤涵洞	新沂河北堤涵洞	善南泵站	蔷薇河涵洞
亿 m³	1.58	1.46	0.61	0.50	0.009

根据通榆河送水工程（连云港段）生态调水期间各重要节点输水量，结合调水线路河槽调蓄、输水损失、沿线取用水计算，不闭合口门（疏港航道船闸、新沂河南偏泓）的水量统计，对通榆河生态调水总量进行平衡分析，具体见附图 5。

第七章　水　质　监　测

第一节　监　测　方　案

一、监测目的

2019 年 6 月份以来,淮北地区长期干旱少雨,河道来水偏枯或基本无来水,"三湖一库"蓄水严重不足。连云港市位于江淮水供水末梢,抗旱水源尤为紧张,为缓解旱情,保障地区工农业、生活、生态用水,江苏省水利厅多次启用通榆河北延送水工程向连云港市应急调水。根据省厅调度指令和省局的安排,连云港分局组织相关工作人员对通榆河连云港段沿线开展水环境质量监测工作,全力服务抗旱调水工作。

全过程的水质跟踪监测是通榆河北延送水工程抗旱调水工作的重要一环,有利于省水旱灾害防御指挥部切实掌握调水期间通榆河沿线水质变化情况,为工程精准调度提供可靠的水质技术支撑。

二、断面布设

为全面准确掌握通榆河生态调水期间通榆河(连云港段)沿线水质变化情况,为通榆河科学调度提供数据支撑。根据《通榆河北延送水工程抗旱应急调水方案》中有关要求,结合流量断面与水位断面,确定本次水质监测断面 7 个,具体断面布设情况详见表 7-1,监测断面布设图见附图 6。

三、监测项目

本底监测项目:化学需氧量、氨氮、六价铬、高锰酸盐指数、氟化物、汞、挥发酚、氰化物、铜、锌、铅、镉、砷、硒、阴离子、硫化物、总磷、总氮、五日生化需氧量、石油类、铁、锰、硝酸盐氮、氯化物、硫酸盐,共计25项。

调水期间监测项目:水温、溶解氧、pH值、高锰酸盐指数、氨氮、总磷,共计6项。

表 7-1　水质监测站点信息表

序号	站点名称	位置	经度	纬度
1	田楼水厂	灌南县田楼镇	119°31′33″	34°14′44″
2	灌河北泵站(出水侧)	灌南县灌河北岸长茂村五组	119°33′11″	34°12′46″
3	新沂河南堤涵洞	灌南县境内204国道以西新沂河南堤上	119°30′44″	34°15′24″
4	新沂河北堤涵洞	灌云县境内盐河北套闸以西新沂河北堤上	119°16′36″	34°13′40″
5	盐河灌云县城段(灌云水位站)	灌云县伊山镇	119°15′30″	34°16′52″
6	善后河南泵站	连云港市海州区板浦镇境内的善南套闸西侧	119°14′32″	34°27′37″
7	蔷薇河南堤涵洞	连云港市海州区境内的引水河与蔷薇河交汇处	119°6′48″	34°32′18″

四、检测依据

结合实际情况,本次检测依据如下:

(1)《质量管理手册》第八版;

(2)《程序文件》第七版;

(3)《作业指导书》(江苏省水环境监测中心连云港分中心);

(4)《水环境监测规范》(SL 219—2013);

(5)《水质　采样方案设计技术规定》(HJ 495—2009);

(6)《分析实验室用水规格和试验方法》(GB/T 6682—2008)。

五、分析方法

依据《地表水和污水监测技术规范》(HJ/T 91—2002)中对监测项目及相关方

法的要求,确定本次水质监测项目的相关方法。通榆河水质监测分析方法见表 7-2。

表 7-2　通榆河水质监测分析方法

序号	项目	方法
1	化学需氧量	[水质 化学需氧量(ST-COD)的测定 小型密封管法] ISO 15705—2002
2	氨氮	[水质 氨氮的测定 纳氏试剂分光光度法] HJ 535—2009
3	六价铬	[水质 六价铬的测定 二苯碳酰二肼分光光度法] GB/T 7467—1987
4	高锰酸盐指数	[水质 高锰酸盐指数的测定] GB/T 11892—1989
5	氟化物	[水中无机阴离子的测定 离子色谱法] SL 86—1994
6	汞	[水质 汞的测定 原子荧光光度法] SL 327.2—2005
7	挥发酚	[水质 流动分析法(FIA 和 CFA)测定苯酚指数] ISO 14402—1999
8	氰化物	[水质 使用流动分析测定氰化物总量和游离氰化物 第2部分:连续流动分析法(CFA)] ISO 14403—2001
9	铜、锌、铅、镉、砷、硒	[铅、镉、钒、磷等34种元素的测定——电感耦合等离子体质谱法(ICP-MS)] SL 394.2—2007
10	阴离子	[亚甲基蓝活性物质(MBAS)指数的测定连续流动分析(CFA)] ISO 16265—2009
11	硫化物	[亚甲蓝流动注射分析法] APHA 4500 S2 I.21st ed.2005.
12	总磷	[水质 总磷的测定 钼酸铵分光光度法] GB/T 11893—1989
13	总氮	[水质 总氮的测定 碱性过硫酸钾消解紫外分光光度法] HJ 636—2001
14	五日生化需氧量	[水质 五日生化需氧量(BOD5)的测定 稀释与接种法] HJ 505—2009
15	石油类	水质 石油类的测定 紫外分光光度法(HJ 790—2018)
16	铁、锰	[水质 铁、锰的测定 火焰原子吸收分光光度法] GB/T 11911—1989
17	硝酸盐氮	[水中无机阴离子的测定离子色谱法] SL 86—1994
18	氯化物	[水中无机阴离子的测定离子色谱法] SL 86—1994
19	硫酸盐	[水中无机阴离子的测定离子色谱法] SL 86—1994

六、仪器设备

结合本次监测项目,所涉的主要仪器设备有哈希 DR-5000 紫外可见分光光度计、ICP-MS、原子吸收分光光度计、SAN^{++}流动注射分析仪、YSI 便携式多参数水质测量仪等专业水质分析仪器。

1. 哈希 DR-5000 紫外可见分光光度计

哈希 DR-5000 紫外可见分光光度计(图 7-1)采用分光光度法,这是利用物质对某种波长的光具有选择性吸收的特性来鉴别物质或测定其含量的一种方法。哈希 DR-5000 分光光度计具有能分析时间端、性能可靠等多种优点。

连云港分局的 DR-5000 紫外可见分光光度计购置于 2009 年 7 月,由美国 HACH 公司生产,目前主要用于氨氮、总磷、总氮、石油、亚硝氮等项目的分析测试。

图 7-1　哈希 DR-5000 紫外可见分光光度计

2. ICP-MS

ICP-MS 全称电感耦合等离子体质谱仪,它是一种将 ICP 技术和质谱结合在一起的分析仪器。ICP 由高频发生器和等离子体矩管组成,高频发生器产生高频信号投放到感应线圈上,是等离子体矩管在线圈中产生高频磁场;微火花引燃矩管中的氩气,使其电离产生电力和离子而导电。产生等离子体火焰后,液态样品由载气带入雾化系统,变成气溶胶状态后,在等离子体火焰中蒸发、分解、激发而电离;再经透镜系统提取、聚焦后进入质量分析器,通过选择不同质荷比的离子通过来检测离子强度,从而测定试样中该元素的含量。

连云港分局的 ICP-MS 型号为 M90(图 7-2),由德国 Bruker 公司生产,购置于 2014 年 9 月,主要用于分析铜、锌、铅等重金属元素。

3. 原子吸收分光光度计

原子吸收分光光度计是由内部微机进行功能控制和数据处理的单光束仪器,用于测定各种物质中的常量、微量、痕量金属元素和半金属元素的含量。

连云港分局的原子吸收分光光度计型号为 6810(图 7-3),由上海森普科技有限公司生产,购置于 2013 年 9 月,目前主要用于铁、锰、铜、锌、铅、镉等元素的测定。

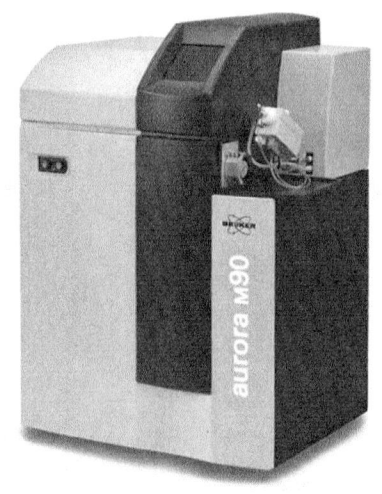

图 7-2 ICP-MS

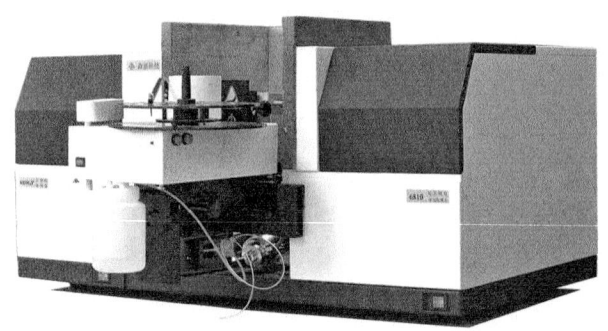

图 7-3 原子吸收分光光度计

4. SAN＋＋流动注射分析仪

SAN＋＋广泛用于水质分析,通过 SAN＋＋流动注射分析仪,实验室可以每天完成几百个样品的营养盐分析工作,还可以通过在线消化、在线蒸馏和萃取等手段来完成总氮、总磷等项目的分析工作。

连云港分局的两台流动注射分析仪型号均为 SAN＋＋(图 7-4),由荷兰 SKALAR 公司制造,分别购置于 2009 年 3 月和 2015 年 5 月,目前该仪器主要用于对氰化物、总氰化物、挥发酚、阴离子表面活性剂、硫化物、总氮、总磷、氨氮、六价铬等项目的检测工作。

5. YSI 便携式多参数水质测量仪

YSI 便携式多参数水质测量仪(图 7-5)用于点测量和剖面测量 pH、氧化还

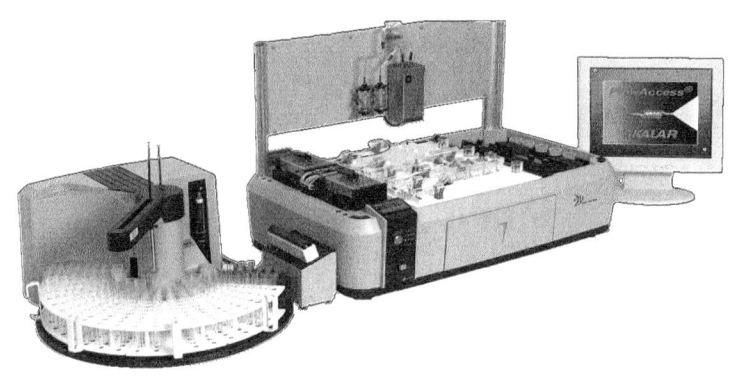

图 7-4 SAN++流动注射分析仪

原电位、溶解氧。该产品可应用于地表水、地下水、沿海水域以及水产养殖地，耐用且可靠,最多可测量 17 个参数,大容量记忆存储、便捷的校准步骤,令使用更加贴心。产品具有全定制性、耐久性的优势。

连云港分局共有两台便携式多参数水质测量仪,购置于 2009 年 4 月,由美国 YSI 公司生产,目前该仪器主要用于对 pH、溶解氧、氧化还原电位、水温等相关项目的检测。

图 7-5 YSI 便携式多参数水质测定仪

七、质量控制

为规范开展通榆河监测工作,依据水利部《关于加强水质监测质量管理工作的通知》(水文〔2010〕169 号)、《水环境监测规范》(SL 219—2013)以及《水质监测质量管理监督检查考核评定办法》等七项制度的规定,制定下述质量控制方案。

（1）空白试验值：一次平行测定至少两个空白值，平行测定的相对偏差和空白试验分析值应满足 SL 219—2013 的要求。空白样品检测数量不少于总数的 5%。合格要求：空白试验分析值应低于方法检出限或低于方法规定值；空白平行测定的相对偏差应不大于 50%。

（2）平行双样：按照每一批测定样品不少于总数 5% 的比例进行平行双样测定。样品总数少于 10 个时不得少于 1 个；大于 10 个时，每 10～20 个样品制备 1 个平行样，其中每一批至少含有 1 个密码平行样。除石油类、硫化物外，其他项目均应做平行样试验。合格要求：有质量控制图的，将质量控制水样的测定结果点入质量控制图中进行判断。没有质量控制图的，水样平行测定所得相对偏差不得大于分析方法规定的相对偏差的两倍，分析方法没有规定相对偏差时，按照 SL 219—2013 附录 A 的允许差控制。全部平行双样测定总合格率应达 100%。

加标回收率：按照每一批测定样品数不少于总数 5% 的比例进行加标回收率的测定。样品总数少于 10 个时不得少于 1 个；大于 10 个时，每 10～20 个样品制备 1 个。合格要求：有准确度控制图的监测项目，将测定结果点入图中进行判断；无此控制图者其测定结果不得超出监测分析方法中规定的加标回收率范围；监测分析方法中没有规定范围值时，按照 SL 219—2013 附录 A 的允许差控制。全部加标回收率总合格率应达 100%。

第二节　监　测　实　施

一、工作组织

根据《省水文局关于开展通榆河北延送水工程抗旱应急调水水文监测工作的通知》（水文站网函〔2019〕34 号），连云港分局成立通榆河（连云港段）生态调水水质监测领导小组。局长任组长，负责总体协调；分管副局长任副组长，负责工作部署；水质科科长任技术负责人，负责技术指导。领导小组商讨水质监测工作方案，细化工作安排，明确责任分工。

二、人员分工

通榆河(连云港段)生态调水水质监测领导小组根据监测断面布设位置、工作量科学安排,共布置 3 个水质采样组,1 个分析测试组,1 个信息报送组,各监测组组长兼安全员。具体人员分工安排如下:

(一)人员

水质采样组:

第一组:杨　慧(组长)　张　晨　张　曼

第二组:王桂林(组长)　刘元美　孙茂然　原瑞轩

第三组:王崇任(组长)　彭晓丽　侍晓易　闫茂彬

分析测试组:侍晓易(组长)　刘元美　原瑞轩　张　曼

信息报送组:王崇任

(二)分工

水质采样一、二、三组轮流负责应急调水期间采样工作。

分析测试组负责应急调水期间水样分析工作。

信息报送组负责应急调水期间水质监测信息报送工作。

三、工作开展

(1)2019 年 6 月 28 日,省局下达《省水文局关于开展通榆河北延送水工程抗旱应急调水水文监测工作的通知》(水文站网函〔2019〕34 号),通榆河北延送水工程抗旱应急调水水质监测工作全面启动。

(2)2019 年 6 月 29—30 日,连云港分局抽调技术骨干现场查勘通榆河沿线。根据现场条件,准备好采样所需的容器、试剂、安全设施。

(3)2019 年 7 月 1 日和 9 月 18 日,连云港分局完成了通榆河本底监测的采样、分析、报送工作。

(4)2019 年 7 月 2 日—8 月 1 日、9 月 20—30 日,连云港分局应急监测小组开展通榆河沿线水质监测,为科学开展通榆河生态调水收集基础资料。

(5)2019 年 10 月—11 月,连云港分局整理分析通榆河(连云港段)沿线水质监测成果,开展精度及合理性分析。

四、信息报送

通榆河生态调水期间,水质监测信息按省中心要求报送。pH 值、溶解氧、氨氮、高锰酸盐指数、总磷等监测信息当天监测当天报送。

第三节 监 测 成 果

一、本底水质

调水前共进行 3 次全线本底监测。

第一次 7 月 1 日,对灌北地涵到蔷薇河地涵 6 个断面进行监测,其中善后河南泵站、蔷薇河南堤涵洞水质为劣Ⅴ类;灌河北泵站(出水侧)水质为Ⅴ类;盐河灌云县城段(灌云水位站)水质为Ⅳ类;其余断面均在Ⅲ类及以上。超标项目主要为:高锰酸盐指数、氨氮、溶解氧、总磷。第一次全线本底监测成果评价表见附表 17,评价图见图 7-6。

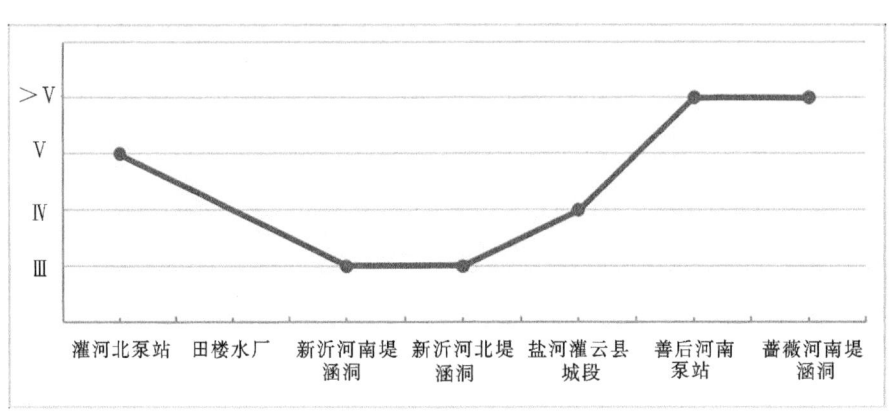

图 7-6 通榆河 7 月 1 日本底监测评价图

第二次 9 月 18 日,对灌北地涵到蔷薇河地涵 7 个断面进行监测,其中灌河北泵站(出水侧)、新沂河北堤涵洞、盐河灌云县城段(灌云水位站)、善后河南泵站、蔷薇河南堤涵洞水质为Ⅳ类;其余断面均在Ⅲ类及以上。超标项目主要为:高锰酸盐指数、溶解氧、总磷、化学需氧量。第二次全线本底监测成果评价见附

表 18,评价图见图 7-7。

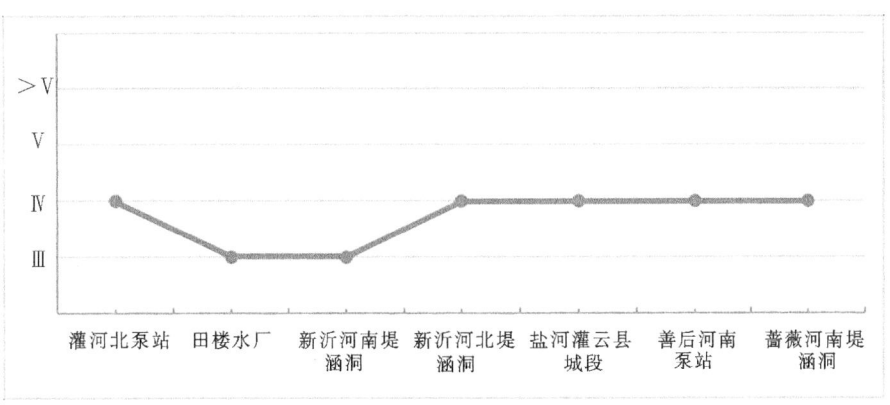

图 7-7　通榆河 9 月 18 日本底监测评价图

第三次 11 月 22 日,对灌北地涵到蔷薇河地涵 7 个断面进行监测,其中盐河灌云县城段水质为劣 V 类;其余断面均在 III 类及以上。超标项目主要为:氨氮、总磷、高锰酸盐指数、溶解氧。第三次全线本底监测成果评价表见附表 19,评价图见图 7-8。

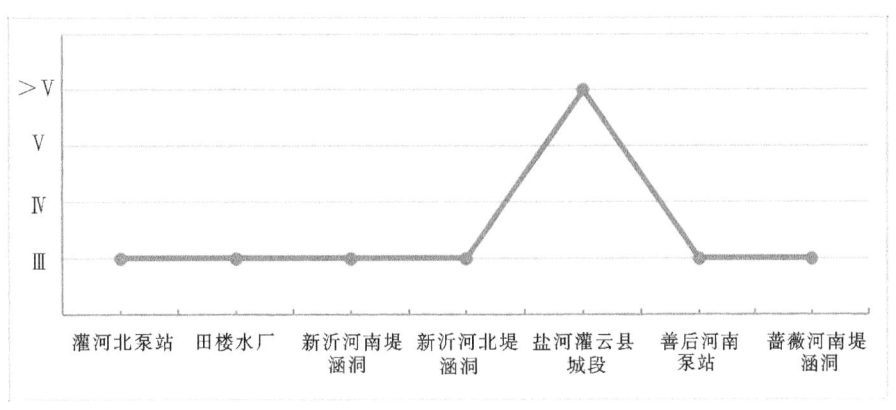

图 7-8　通榆河 11 月 22 日本底监测评价图

二、调水水源水质

7 月 2 日—8 月 1 日,对灌北泵站监测断面进行了 18 d 水质监测,根据监测数据,本次调水水质综合评价为 IV～V 类,IV 类水占比 83.3%,V 类水占比 16.7%,超标项目为高锰酸盐指数、氨氮。

9月20—30日,对灌北泵站监测断面进行了5 d水质监测,根据监测数据,本次调水水质综合评价为Ⅳ～Ⅴ类,Ⅳ类水占比80.0%,Ⅴ类水占比20.0%,超标项目为高锰酸盐指数、总磷。两次调水水源水质均未达到Ⅲ类水标准。

11月25日—12月20日,对灌北泵站监测断面进行了13 d水质监测,根据监测数据,本次调水水质综合评价为Ⅲ～Ⅳ类,Ⅲ类水占比84.6%,Ⅳ类水占比15.4%,超标项目为高锰酸盐指数。

调水水源水质类别评价图见图7-9。

调水水源监测成果及评价表见附表20、附表21、附表22。

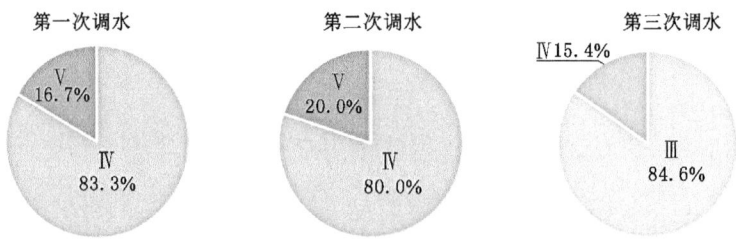

图 7-9　调水水源水质类别评价图

三、田楼水源地水质

田楼水厂第一阶段调水共监测18次,根据监测数据,水质综合评价为Ⅲ～Ⅴ类,Ⅲ类水占比5.6%,Ⅳ类水占比77.7%,Ⅴ类水占比16.7%,主要超标项目为高锰酸盐指数、氨氮、总磷;第二阶段调水共监测8次,水质综合评价为Ⅲ～Ⅳ类,Ⅲ类水占比25.0%,Ⅳ类水占比75.0%,主要超标项目为高锰酸盐指数、总磷;第三阶段调水共监测17次,根据监测数据,水质综合评价均为Ⅲ类,Ⅲ类水占比100%。

田楼水源地水质类别评价图见图7-10。

田楼水源地监测成果及评价表见附表23、附表24、附表25。

四、各控制节点水质

(一)新沂河南堤涵洞(进水侧)监测断面

7月2日—8月1日,对新沂河南堤涵洞监测断面进行了17 d水质监测,水

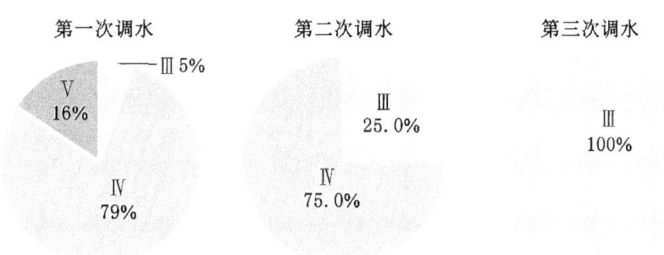

图 7-10 田楼水源地水质类别评价图

质综合评价为Ⅳ～Ⅴ类,Ⅳ类水占比 88.2%,Ⅴ类水占比 11.8%,主要超标项目为:高锰酸盐指数、总磷。9 月 20—30 日,对新沂河南堤涵洞监测断面进行了 5 d 水质监测,水质综合评价为Ⅲ～Ⅳ类,Ⅲ类水占比 20%,Ⅳ类水占比 80%,主要超标项目为高锰酸盐指数、总磷。11 月 25 日—12 月 20 日,对新沂河南堤涵洞监测断面进行了 13 d 水质监测,水质综合评价为Ⅲ～Ⅳ类,Ⅲ类水占比 92.3%,Ⅳ类水占比 7.7%,主要超标项目为高锰酸盐指数。

新沂河南堤涵洞水质类别评价图见图 7-11。

新沂河南堤涵洞监测成果及评价表见附表 26、附表 27、附表 28。

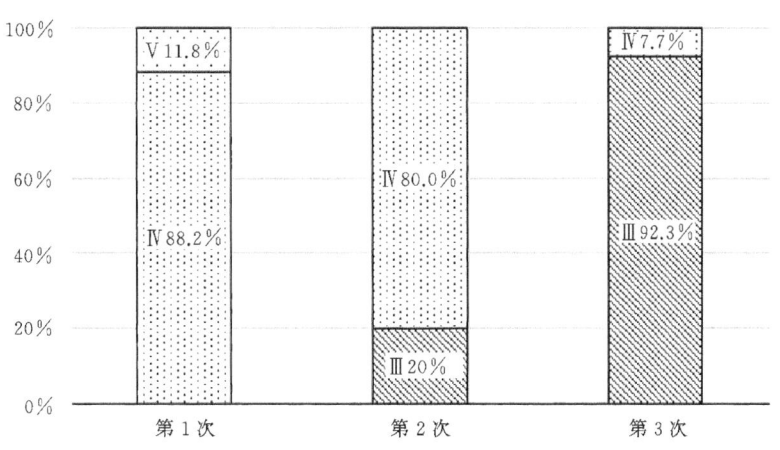

图 7-11 新沂河南堤涵洞水质类别评价图

(二)新沂河北堤涵洞监测断面

7 月 2 日—8 月 1 日,对新沂河北堤涵洞监测断面进行了 17 d 水质监测,水质综合评价为Ⅲ～劣Ⅴ类,Ⅲ类水占比 52.9％,Ⅳ类水占比 41.2％,劣Ⅴ类水占比 5.9％,主要超标项目为高锰酸盐指数、氨氮。9 月 20—30 日,对新沂河北堤涵洞监测断面进行了 5 d 水质监测,水质综合评价为Ⅲ～Ⅳ类,Ⅲ类水占比 40.0％,Ⅳ类水占比 60.0％,主要超标项目为高锰酸盐指数、总磷。11 月 25 日—12 月 20 日,对新沂河北堤涵洞监测断面进行了 13 d 水质监测,水质综合评价为Ⅱ～Ⅲ类,Ⅱ类水占比 30.8％,Ⅲ类水占比 69.2％。

新沂河北堤涵洞三次调水水质类别评价图见图 7-12。

新沂河北堤涵洞监测成果及评价表见附表 29、附表 30、附表 31。

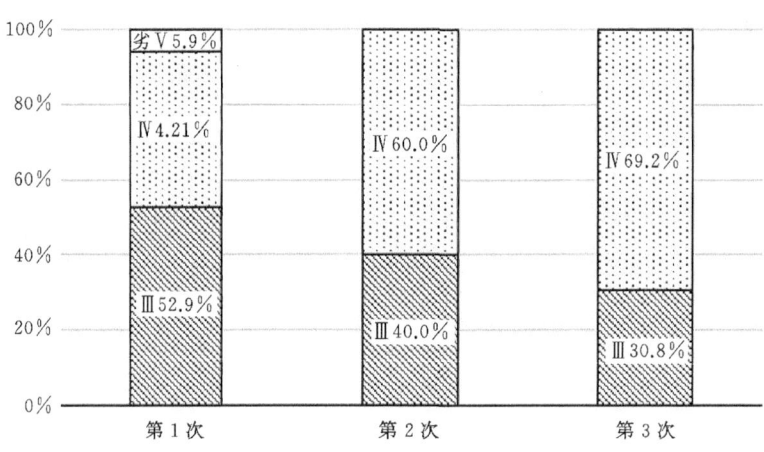

图 7-12　新沂河北堤涵洞水质类别评价图

（三）盐河灌云县城段（灌云水位站）监测断面

7 月 2 日—8 月 1 日,对盐河灌云县城段（灌云水位站）监测断面进行了 18 d 水质监测,水质综合评价为Ⅲ～劣Ⅴ类,Ⅲ类水占比 27.8％,Ⅳ类水占比 55.5％,Ⅴ类水占比 5.6％,劣Ⅴ类水占比 11.1％,主要超标项目为高锰酸盐指数、氨氮、总磷。9 月 20—30 日,对盐河灌云县城段（灌云水位站）监测断面进行了 5 d 水质监测,水质综合评价为Ⅲ～Ⅳ类,Ⅲ类水占比 40.0％,Ⅳ类水占比 60.0％,主要超标项目为高锰酸盐指数。11 月 25 日—12 月 20 日,对盐河灌云县城段（灌云水位站）监测断面进行了 13 d 水质监测,水质综合评价为Ⅲ～劣Ⅴ类,Ⅲ类水占比 92.3％,劣Ⅴ类水占比 7.7％,主要超标项目为氨氮、总磷、高锰酸盐指数。

盐河灌云县城段（灌云水位站）水质类别评价图见图 7-13。

盐河灌云县城段（灌云水位站）监测成果及评价表见附表 32、附表 33、附

表34。

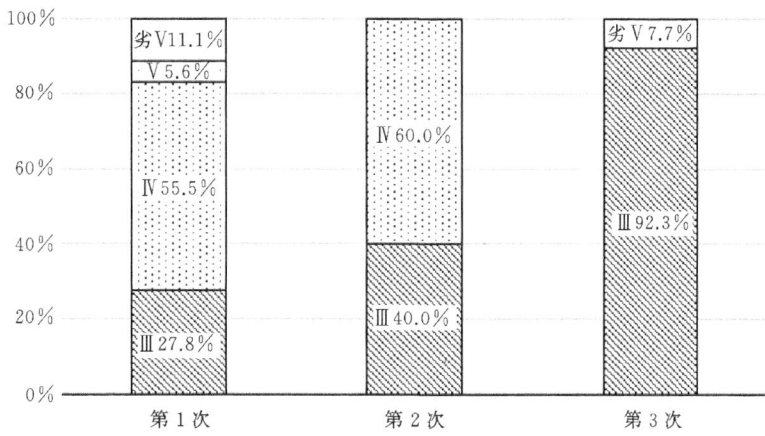

图7-13 盐河灌云县城段(灌云水位站)水质类别评价图

（四）善后河南泵站监测断面

7月2日—8月1日,对善后河南泵站监测断面进行了17 d水质监测,调水水质综合评价为Ⅳ～劣Ⅴ类,Ⅳ类水占比58.8%,Ⅴ类水占比17.6%,劣Ⅴ类水占比23.5%,主要超标项目为高锰酸盐指数、氨氮。9月20—30日,对善后河南泵站监测断面进行了5 d水质监测,根据监测数据,本次调水水质综合评价为Ⅲ～Ⅳ类,Ⅲ类水占比40.0%,Ⅳ类水占比60.0%,主要超标项目高锰酸盐指数、总磷。11月25日—12月20日,对善后河南泵站监测断面进行了13 d水质监测,水质综合评价为Ⅲ～劣Ⅴ类,Ⅲ类水占比84.6%,Ⅴ类水占比7.7%,劣Ⅴ类水占比7.7%,主要超标项目为总磷、氨氮。

善后河南泵站水质类别评价图见图7-14。

善后河南泵站监测成果及评价表见附表35、附表36、附表37。

（五）蔷薇河南堤涵洞监测断面

7月2日—8月1日,对蔷薇河南堤涵洞监测断面进行了17 d水质监测,水质综合评价为Ⅳ～劣Ⅴ类,Ⅳ类水占比17.6%,Ⅴ类水占比29.4%,劣Ⅴ类水占比53.0%,主要超标项目为高锰酸盐指数、总磷。9月20—30日,对蔷薇河南堤涵洞监测断面进行了5 d水质监测,水质综合评价均为Ⅳ类,Ⅳ类水占比100%,主要超标项目为高锰酸盐指数。11月25日—12月20日,对蔷薇河南堤涵洞监测断面进行了13 d水质监测,水质综合评价为Ⅱ～Ⅲ类,Ⅱ类水占比

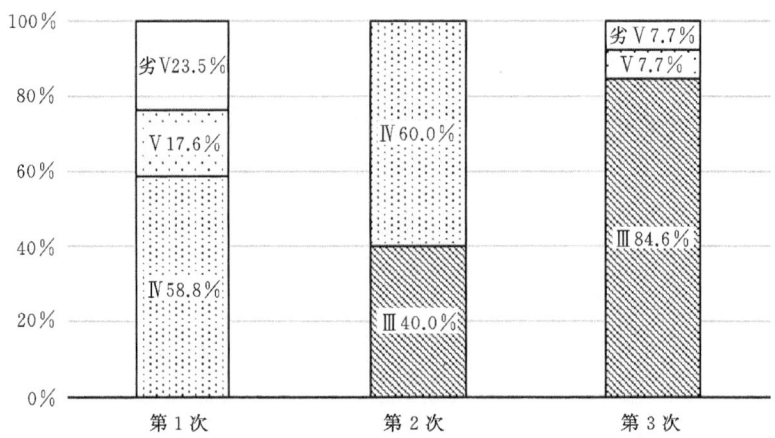

图 7-14　善后河南泵站水质类别评价图

7.7％，Ⅲ类水占比 92.3％。

蔷薇河南堤涵洞水质类别评价图见图 7-15。

蔷薇河南堤涵洞监测成果及评价表见附表 38、附表 39、附表 40。

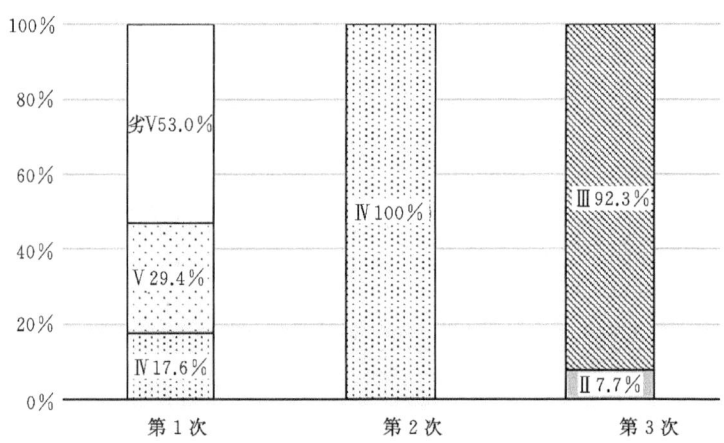

图 7-15　蔷薇河南堤涵洞水质类别评价图

第八章　水生态监测

第一节　监 测 方 案

一、监测目的

水生态监测是水生态保护和修复的重要内容,是水生态文明建设的基础工作。为掌握通榆河调水对善后河徐圩饮用水源地水生态状况的影响,连云港水文局在原有水质监测的基础上,超前谋划,在善后河沿线布设了5个水生态监测站点,开展水生态监测。

二、断面布设

根据《水环境监测规范》(SL 219—2013)中有关要求,结合水质监测站点及相关支流汇入状况,确定本次水生态监测断面5个,具体站点布设情况详见表8-1。监测站布设图见附图7。

表 8-1　水生态监测站点信息表

序号	站点名称	经度	纬度
1	龙苴桥	119°6′30.9″	34°22′53.35″
2	善后河与叮当河交汇处下游 1 km	119°9′52.45″	34°25′22.56″
3	板浦	119°15′3.35″	34°27′03″
4	东辛农场	119°26′26.25″	34°28′47.19″
5	徐圩水厂	119°31′45.37″	34°30′6.62″

三、监测项目及时间

结合善后河生态状况实际,确定生态监测项目为浮游植物、着生藻类;10 月份、12 月份各监测一次。

四、检测依据及方法

结合实际情况,本次检测依据如下:

1.《质量管理手册》第八版

2.《程序文件》第七版

3.《作业指导书》(江苏省水环境监测中心连云港分中心)

4.《水环境监测规范》(SL 219—2013)

5.《水库渔业资源调查规范》(SL 167—2014)

6.《内陆水域浮游植物监测技术规程》(SL 733—2016)

7.《水与废水监测分析方法(第四版)》

五、仪器设备

水生态监测所涉的主要仪器设备有徕卡 D m2500 专业生物显微镜,见图 8-1。

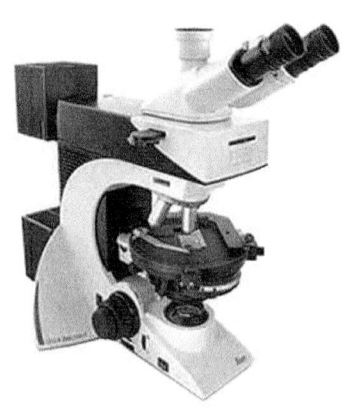

图 8-1　徕卡 D m2500 生物显微镜

第二节　监 测 成 果

一、浮游植物监测

（一）龙苴桥

监测结果显示：龙苴桥监测断面黄藻、金藻数量均不高；蓝藻、绿藻、甲藻、裸藻数量分别为 0.01 万/L、0.08 万/L、0.18 万/L、0.08 万/L；隐藻数量远超于其他藻类，达 0.58 万/L。龙苴桥浮游植物密度见图 8-2。

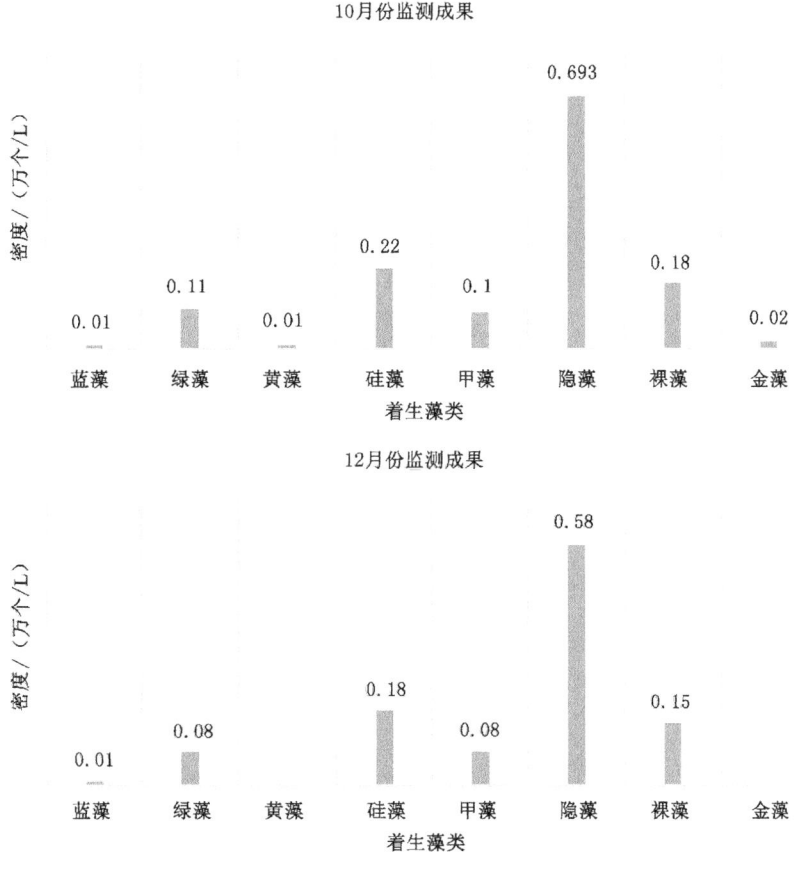

图 8-2　龙苴桥浮游植物密度图

（二）善后河与叮当河交汇处下游 1 km

监测结果显示：善后河与叮当河交汇处下游 1 km 监测断面蓝藻、黄藻、甲藻及金藻数量均相对较低；绿藻、硅藻及裸藻数量大致相同，分别为 0.1 万/L、0.02 万/L、0.1 万/L；相比其他藻类而言，隐藻数量远超于其他藻类，为 0.34 万/L。善后河与叮当河交汇处下游 1 km 处浮游植物密度见图 8-3。

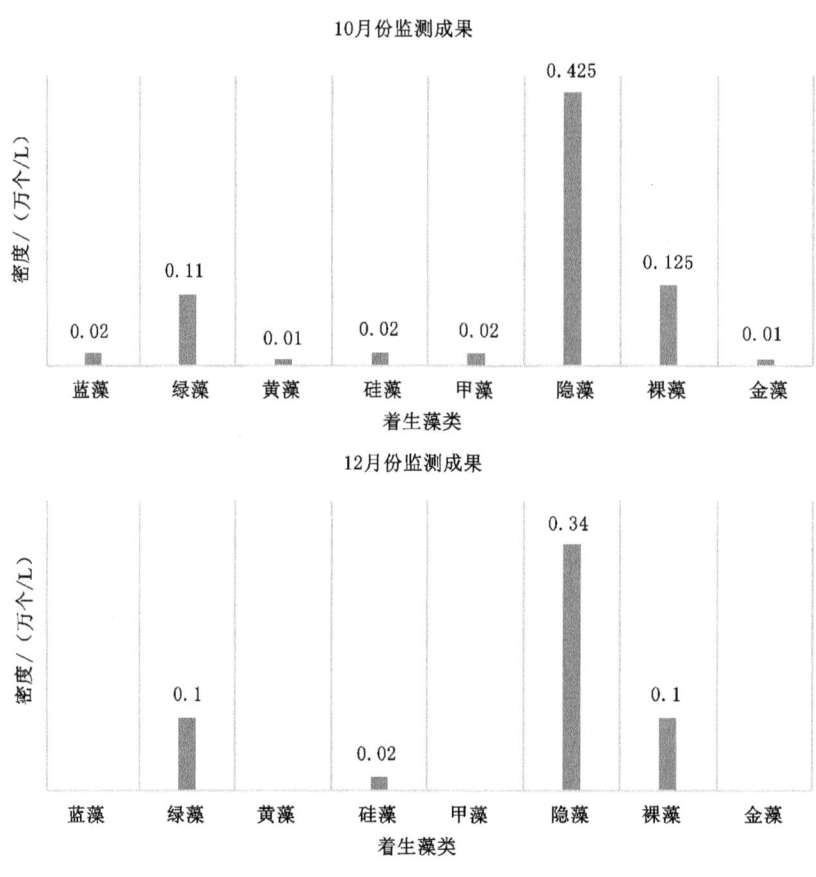

图 8-3　善后河与叮当河交汇处下游 1 km 处浮游植物密度图

（三）板浦

监测结果显示：板浦监测断面黄藻、裸藻及金藻数量均较低；蓝藻、绿藻、甲藻及裸藻数量大致相同，分别为 0.07 万/L、0.04 万/L、0.09 万/L、0.11 万/L；相比其他藻类而言，隐藻数量远超于其他藻类，为 0.18 万/L 。板浦浮游植物密度见图 8-4。

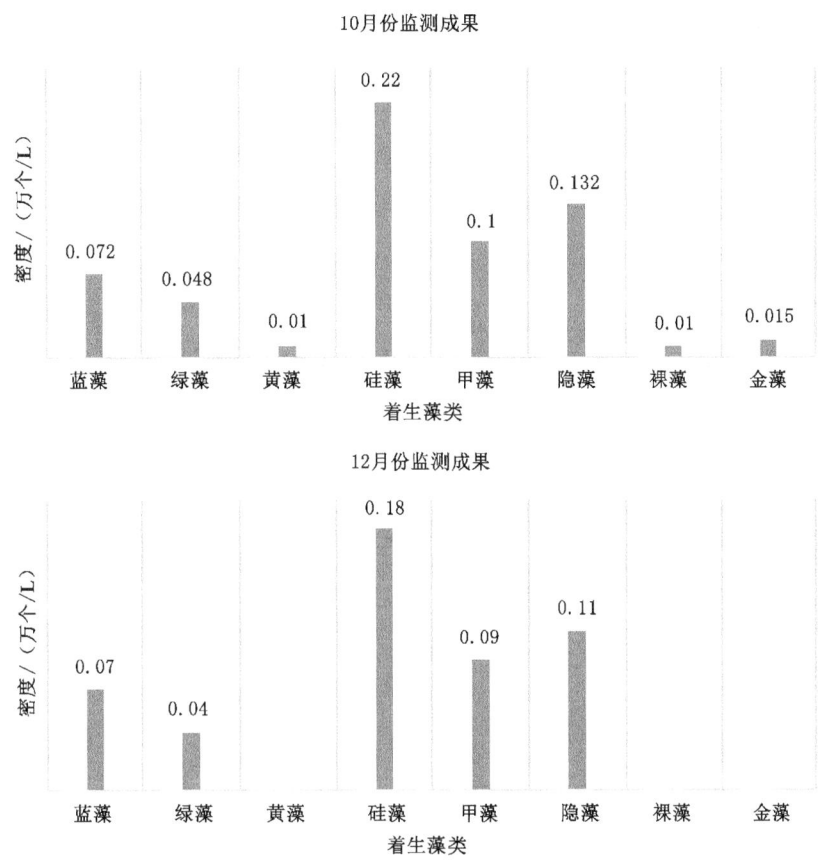

10月份监测成果

密度/（万个/L）

蓝藻 0.072
绿藻 0.048
黄藻 0.01
硅藻 0.22
甲藻 0.1
隐藻 0.132
裸藻 0.01
金藻 0.015

着生藻类

12月份监测成果

密度/（万个/L）

蓝藻 0.07
绿藻 0.04
硅藻 0.18
甲藻 0.09
隐藻 0.11

着生藻类

图 8-4 板浦浮游植物密度图

（四）东辛农场

监测结果显示：东辛农场监测断面黄藻、甲藻及金藻数量较低；蓝藻、绿藻、硅藻及裸藻数量大致相同，分别为 0.03 万/L、0.05 万/L、0.02 万/L、0.06 万/L；相比其他藻类而言，隐藻数量远超于其他藻类，为 0.6 万/L。东辛农场浮游植物密度见图 8-5。

（五）徐圩水厂

监测结果显示：徐圩水厂断面黄藻及金藻数量较少；蓝藻、绿藻及甲藻数量大致相同，分别为 0.06 万/L、0.04 万/L、0.06 万/L；相比其他藻类而言，硅藻、隐藻、裸藻数量远超于其他藻类，分别为 0.24 万/L、0.32 万/L、0.17 万/L。徐圩水厂浮游植物密度见图 8-6。

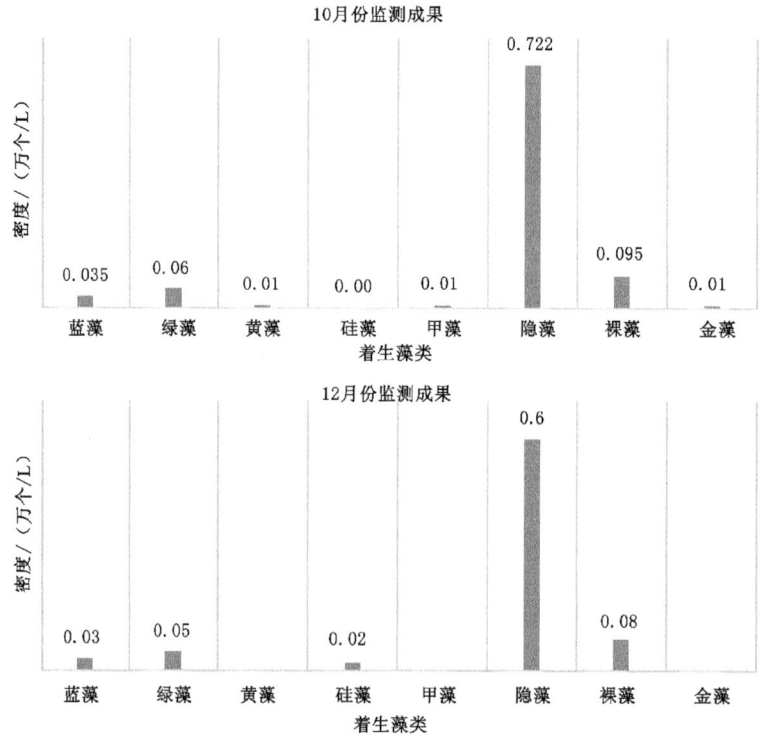

图 8-5 东辛农场浮游植物密度图

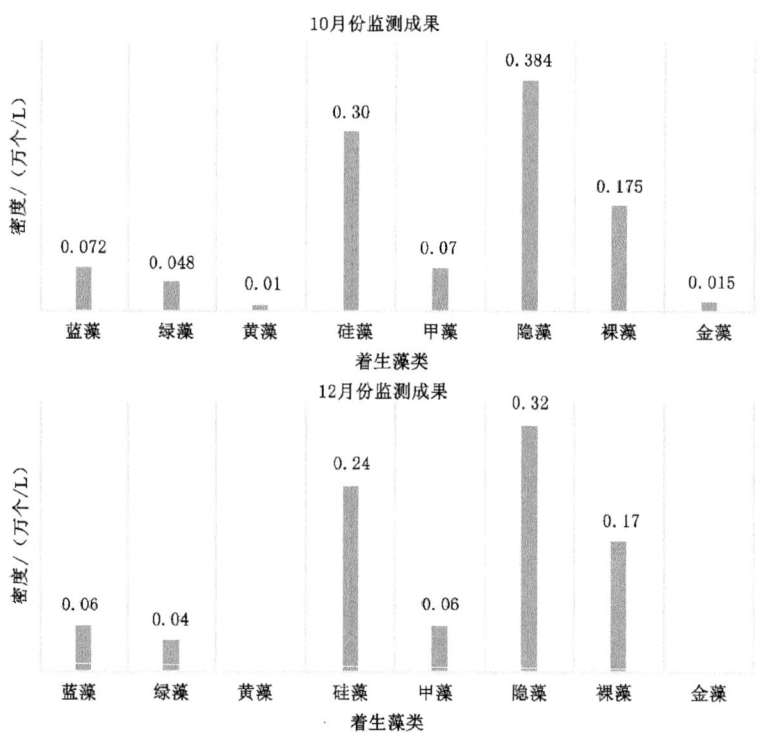

图 8-6 徐圩水厂浮游植物密度图

　　浮游植物监测小结:善后河各水生态监测断面 10 月份浮游植物密度趋势与 12 月份大致相同,但各种藻类数量均比 12 月份高,主要是由于天气变冷导致藻类数量减少。

二、着生藻类监测

（一）龙苴桥

　　监测结果显示:龙苴桥监测断面绿藻、黄藻、甲藻、隐藻、裸藻及金藻基本检测不出;蓝藻数量不高,为 0.018 8 万/cm²;硅藻在该断面含量最高,为 0.061 8 万/cm²。龙苴桥着生藻类含量见图 8-7。

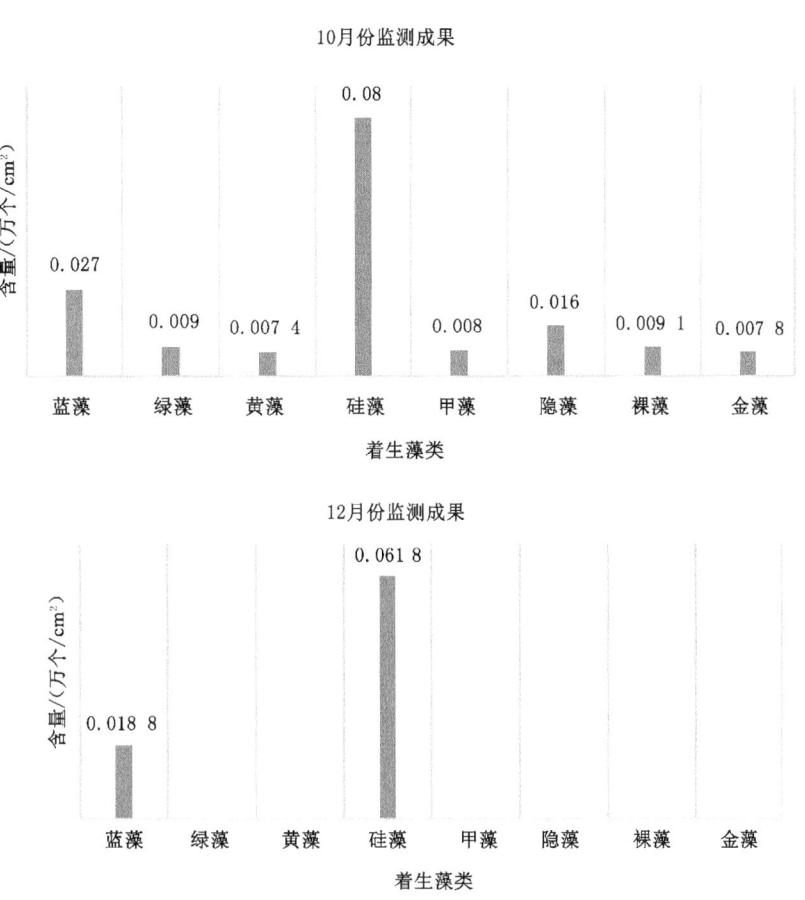

图 8-7　龙苴桥着生藻类含量

（二）善后河与叮当河交汇处下游 1 km

监测结果显示:善后河与叮当河交汇处下游 1 km 监测断面黄藻、金藻基本检测不出;蓝藻、绿藻、甲藻及裸藻数量均不高,分别为 0.004 万/cm²、0.001 8 万/cm²、0.013 万/cm²、0.053 万/cm²;硅藻含量最高,为 0.013 7 万/cm²。善后河与叮当河交汇处下游 1 km 处着生藻类含量见图 8-8。

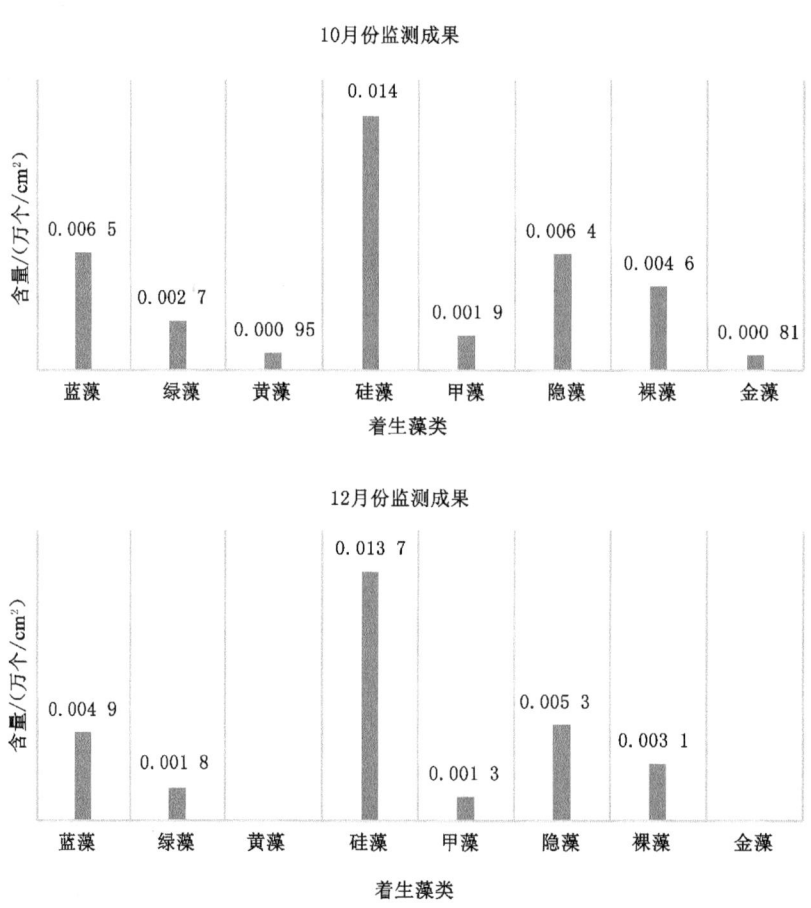

图 8-8　善后河与叮当河交汇处下游 1 km 处着生藻类含量

（三）板浦

监测结果显示:板浦监测断面甲藻、隐藻、裸藻和金藻基本检测不出;绿藻、黄藻含量均不高,分别为 0.001 8 万/cm² 和 0.001 3 万/cm²;蓝藻含量为 0.01 万/cm²;硅藻在该断面含量最高,为 0.03 万/cm²。板浦着生藻类含量见图 8-9。

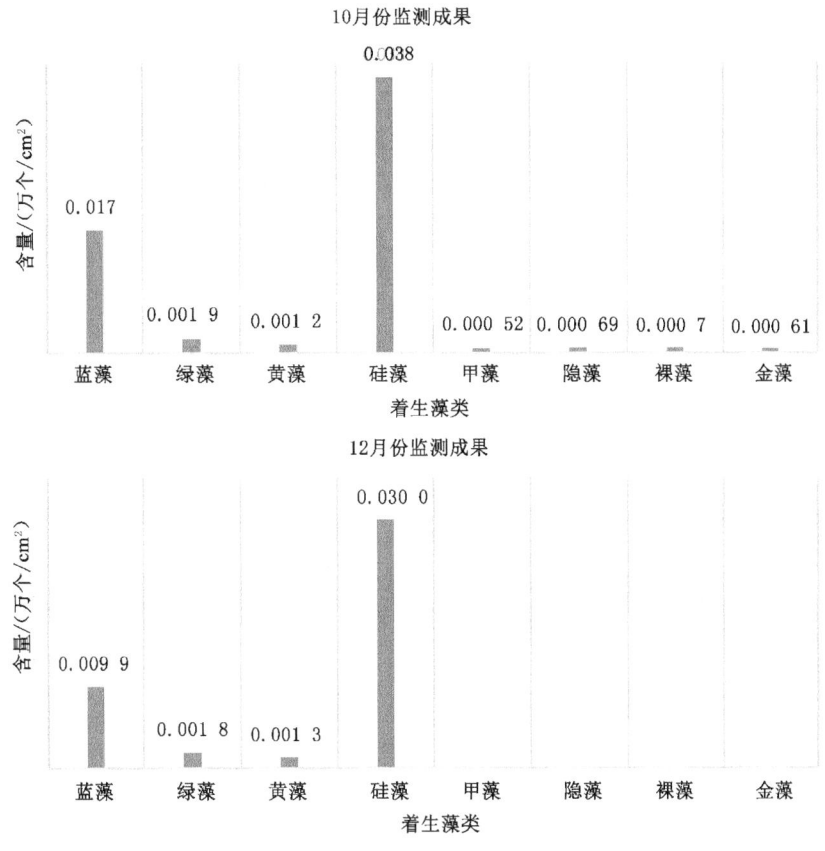

图 8-9　板浦着生藻类含量

（四）东辛农场

监测结果显示：东辛农场监测断面黄藻、隐藻、金藻基本检测不出；绿藻、甲藻及隐藻含量均不高，分别为：$0.000\ 4$ 万/cm^2、$0.000\ 8$ 万/cm^2、$0.000\ 4$ 万/cm^2；蓝藻含量为 $0.013\ 6$ 万/cm^2；硅藻含量最高，为 $0.014\ 3$ 万/cm^2。东辛农场着生藻类含量见图 8-10。

（五）徐圩水厂

监测结果显示：徐圩水厂监测断面黄藻、甲藻、隐藻、裸藻和金藻基本检测不出；蓝藻及绿藻含量均不高，分别为 $0.002\ 3$ 万/cm^2，$0.001\ 5$ 万/cm^2；硅藻含量最高，为 0.250 万/cm^2。徐圩水厂着生藻类含量见图 8-11。

着生藻类监测小结：善后河各水生态监测断面 10 月份着生藻类密度趋势与 12 月份大致相同，但各种藻类含量均比 12 月份高，主要是由于天气变冷导致藻类数量减少。

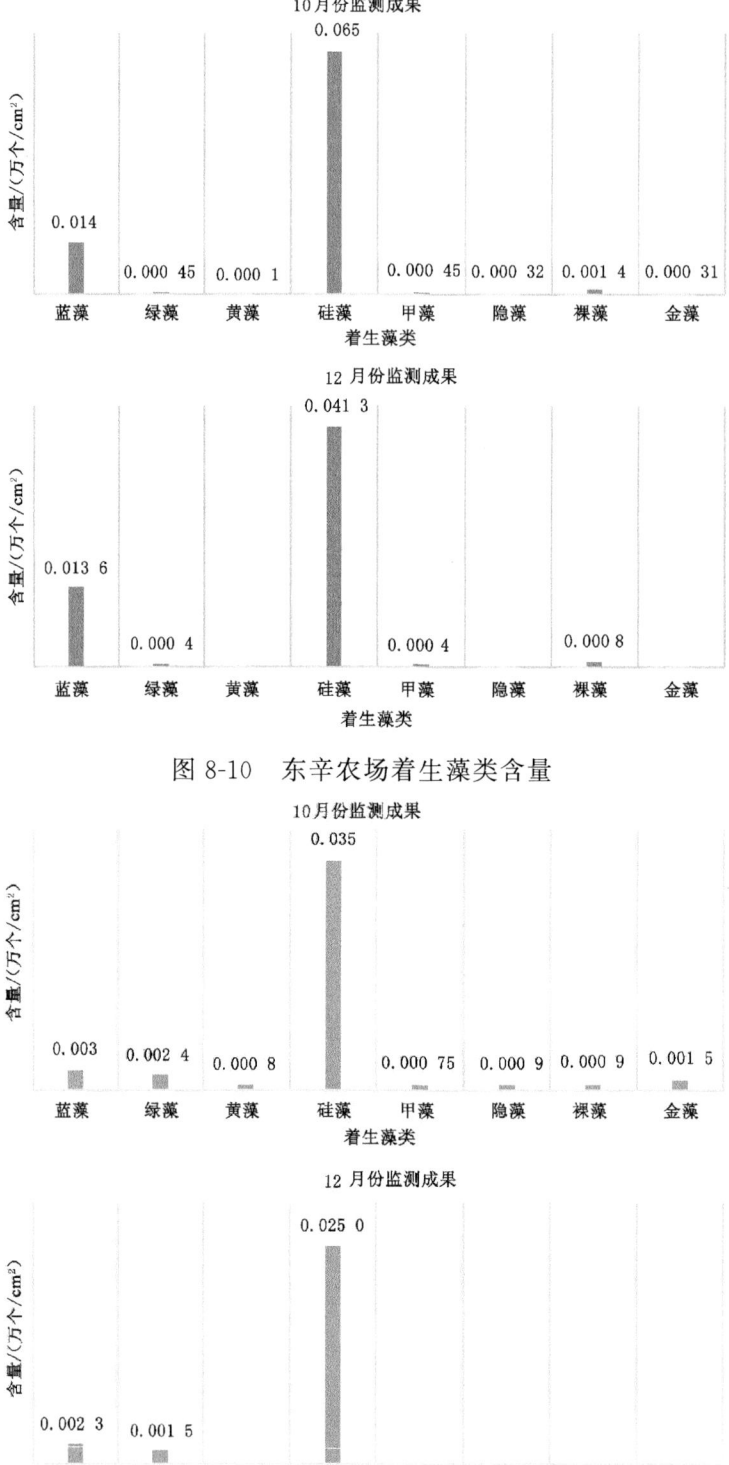

图 8-10　东辛农场着生藻类含量

图 8-11　徐圩水厂着生藻类含量

第三节　水生态监测评价

一、评价方法

以江苏省地方标准《生态河湖状况评价规范》为依据,对善后河水生生物的多样性进行评价。

（一）河流浮游植物多样性

河流浮游植物多样性指河流浮游植物群落结构的组成和多样性特征。采用 Shannon-Wiener 生物多样性指数计算,Shannon-Wiener 生物多样性指数按公式 (8-1)进行计算。指标数值结果对照的评分见表 8-2,赋分采用区间内线性插值。

$$H = -\sum_{i=1}^{s} p_i \ln p_i \tag{8-1}$$

式中　H ——Shannon-Wiener 生物多样性指数;

　　　s ——总的物种数;

　　　P_i ——第 i 个物种个体数占总个体数的百分比。

表 8-2　河流浮游植物多样性指数评分对照表

河流浮游植物多样性指数	[3.0,4.0]	[2.0,3.0)	[1.0,2.0)	[0,1.0)
对照评分	[85,100]	[65,85)	[40,65)	[0,40)

（二）着生藻类多样性

河流着生藻类多样性指河流着生藻类群落结构的组成和多样性特征。采用 Shannon-Wiener 生物多样性指数计算,Shannon-Wiener 生物多样性指数按公式(8-1)进行计算。指标数值结果对照的评分见表 8-3,赋分采用区间内线性插值。

表 8-3　河流着生藻类多样性指数评分对照表

河流着生藻类多样性指数	[3.0,4.0]	[2.0,3.0)	[1.0,2.0)	[0,1.0)
对照评分	[85,100]	[65,85)	[40,65)	[0,40)

二、评价结果

根据公式(8-1)进行浮游植物 Shannon-Wiener 生物多样性指数计算,结果见表 8-4。指标数值结果对照评分表 8-2,采用区间内线性插值进行计算,得分为 60.0。

根据公式(8-1),进行着生藻类 Shannon-Wiener 生物多样性指数计算,结果见表 8-5。指标数值结果对照评分表 8-3,采用区间内线性插值进行计算,得分为 73.0。

表 8-4 善后河浮游植物生物多样性指数计算结果

监测站点	龙苴桥	善后河与叮当河交汇处下游 1 km	板浦	东辛农场	徐圩水厂	平均值
10 月份	2.116 6	1.429 9	2.673 1	1.180 9	2.489 4	1.978 0
12 月份	1.733 5	1.171 1	2.189 3	0.967 1	2.038 8	1.619 9
综合评价						1.799 0

表 8-5 善后河着生藻类生物多样性指数计算结果

监测站点	龙苴桥	善后河与叮当河交汇处下游 1 km	板浦	东辛农场	徐圩水厂	平均值
10 月份	2.046 7	2.969 8	2.797 2	2.574 7	2.818 4	2.641 4
12 月份	1.673 5	2.428 3	2.276 5	2.105 2	2.296 0	2.155 9
综合评价						2.398 6

由此可见,善后河的浮游植物、着生藻类多样性指数均处于正常范围之间,着生藻类多样性指数高于浮游植物多样性指数。与 12 月的多样性指数相比,10 月的指数更高,但二者的大致趋势并未发生改变,主要是由于温度降低造成藻类数量有所下降。

监测评价结果反映出善后河水域生态较稳定,水体的生态自我修复能力处于正常范围,水质自我净化能力充足,通榆河调水未对善后河徐圩水源地水生态产生明显影响。

第九章　调水影响分析

第一节　水资源量影响分析

2019 年进入 5 月份以来,淮河流域降雨较常年同期偏少近 5 成,干旱程度为 60 a 一遇气象干旱。受流域范围内旱情及上游基本无外来水补给等枯水影响,苏北地区最重要水源地洪泽湖水位持续下降,至 7 月下旬水位甚至连续跌破死水位,水域面积缩小近一半,洪泽湖枯水预警一度由蓝色升级为黄色。在此背景下,5 月份以来,江淮水通过新沂河南偏泓向连云港市补给水量比往年大大减少,来水量无法满足区域用水需求。为有效缓解旱情,保障农业夏栽大用水和重要生产生活用水,省水利厅启动通榆河北延送水工程向连云港市应急供水,不仅确保了通榆河北延送水工程沿线基本生态用水,更确保了连云港市人民群众生活生产不受影响,确保了连云港市有旱情但不形成旱灾的目标。

通榆河北延送水工程应急调水项目认真执行了省防指用水调度计划,严格落实水量分配方案,坚持节流与开源并举,切实加强节约用水工作,做到一切节水先行,在节水优先的基础上合理配置水源供水,做到空间均衡。同时在调水期间,水利部门加强了对各口门的管理,做好水量监测、供水补给工作的同时强化了水利工程巡查防守,加派巡查力量,配足巡查装备,对重要河段要实行 24 h 不间断巡查,确保险情能够第一时间发现,充分保障供补水的顺畅,优化了水资源量的配置,满足水量分配方案的要求。

第二节　河道水位影响分析

通榆河北延送水工程应急调水期间,通榆河灌北泵站至新沂河南堤段水位上涨显著,较常水位上涨了 0.5～1.0 m;新沂河南堤至刘顶段水位较常水位略有上涨。通过严格落实应急水量调度方案和强化用水管理,通榆河北延送水工程连云港段河道水位在洪泽湖来水不足和气象灾害等不利因素影响期间,河道水位较往常相比不仅没下降,还略有增加,不仅满足生态水位要求,也满足用水取水需求,也充分体现了通榆河北延送水工程应急调水的显著成效。

第三节　水质影响分析

一、对水源地水质影响分析

（一）通榆河田楼水源地简介

灌南县通榆河田楼水源地位于通榆河北延灌南段（灌北泵站—新沂河南堤涵洞）,该段为通榆河北延工程新开挖的河道,河口宽约 50.0 m,河底宽约 20.0 m,河底高程－1.10 m。西堤顶高程 3.80 m,宽度 6.4 m,东堤顶高程 3.61 m,堤顶宽度 7.8 m,河道边坡比 1∶3。

水源地的配套供水工程为田楼水厂,厂址位于灌南县以东,田楼镇西北头图村,204 国道与通榆运河之间,并紧靠与 204 国道平行的新盘大沟,距县城约 32 km。田楼水厂取水口位于通榆河东岸,北距新沂河南堤涵洞约 2 150 m,坐标为东经 119°31′49.21″,北纬 34°14′35.35″,见图 9-1。在通榆河北延送水工程正式启用前,田楼水厂由新沂河南堤涵洞引新沂河南偏泓水作为其水源水。

（二）影响分析

根据田楼水厂监测断面监测成果分析,田楼水厂第一阶段调水共监测 20 次,水质综合评价为Ⅲ～Ⅴ类,达标率为 10.0%,主要超标项目为高锰酸盐指数、氨氮和总磷;第二阶段调水共监测 9 次,水质综合评价为Ⅲ～劣Ⅴ类,达标

图 9-1　灌南县通榆河田楼水源地位置示意图

率为 22.2%,主要超标项目为高锰酸盐指数、氨氮和总磷;第三阶段调水共监测 18 次,水质综合评价为Ⅲ类,达标率为 100.0%。

1. 第一阶段调水水质特征指标单项分析

(1)高锰酸盐指数:调水期间高锰酸盐指数呈升高趋势,浓度值由 5.7 mg/ L 上升到 8.0 mg/L,2019 年 7 月 7—11 日停止调水,高锰酸盐指数浓度值开始下降,7 月 11 日恢复调水后,至月末,高锰酸盐指数波动上升后保持稳定。第一阶段调水高锰酸盐指数变化过程线见图 9-2。

(2)氨氮:7 月 2—7 日调水期间,氨氮值升高,浓度值由 0.27 mg/L 上升到 1.14 mg/L,7 月 7—11 日停止调水,氨氮浓度值开始下降,7 月 11—27 日恢复调水后,氨氮波动上升然后基本保持不变,7 月 27 日停止调水后,氨氮急剧下降。第一阶段调水氨氮变化过程线见图 9-3。

(3)总磷:7 月 2 日开始调水至 7 月 27 日,总磷浓度值上升,浓度值由 0.100 mg/L 上升到 0.236 mg/L,7 月 27 日停止调水后,总磷浓度值开始下降。第一阶段调水总磷变化过程线见图 9-4。

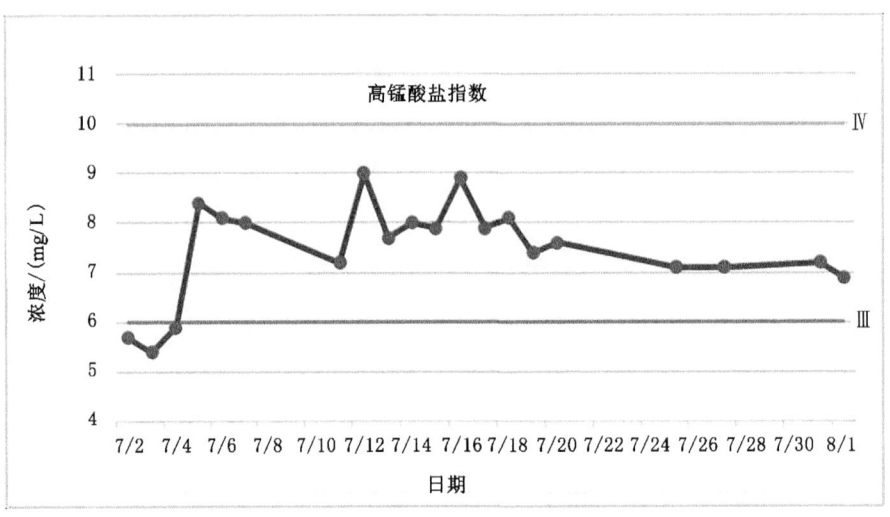

图 9-2 第一阶段调水田楼水厂高锰酸盐指数变化过程线

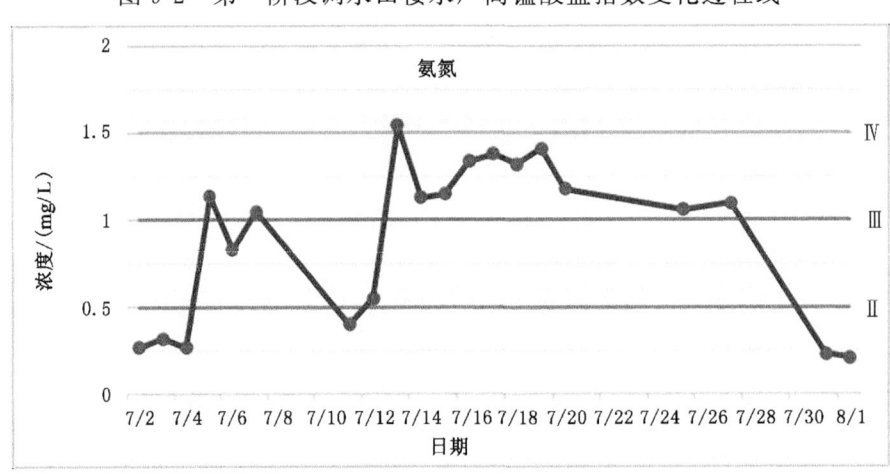

图 9-3 第一阶段调水田楼水厂氨氮变化过程线

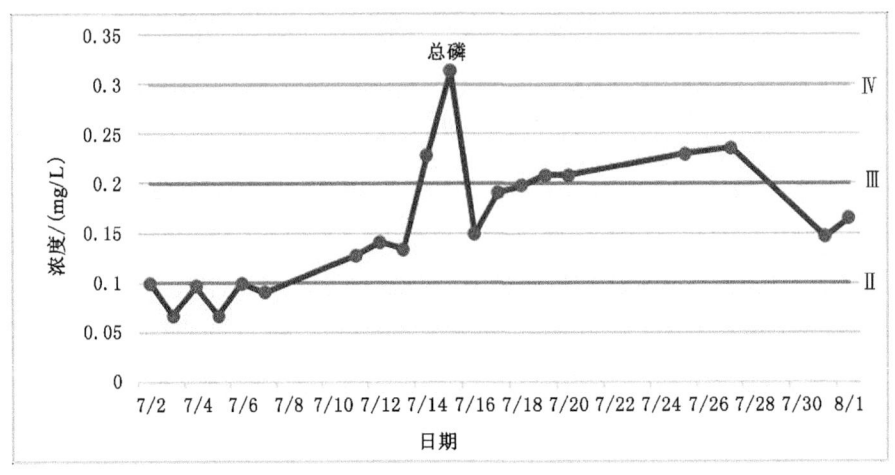

图 9-4 第一阶段调水田楼水厂总磷变化过程线

因通榆河上游来水水质基本维持在Ⅳ类（主要超标项目为高锰酸盐指数、氨氮和总磷），调水期间田楼水厂水质总体呈下降趋势，主要超标项目为高锰酸盐指数、氨氮和总磷。

2. 第二阶段调水水质特征指标单项分析

（1）高锰酸盐指数：9月19—30日调水期间高锰酸盐指数呈升高趋势，浓度值由4.3 mg/L上升到7.6 mg/L，之后浓度维持在6 mg/L以上。9月29日，高锰酸盐指数浓度值达到最大值8.7 mg/L，这与上游来水此时浓度也达最大值有关。第二阶段调水高锰酸盐指数变化过程线见图9-5。

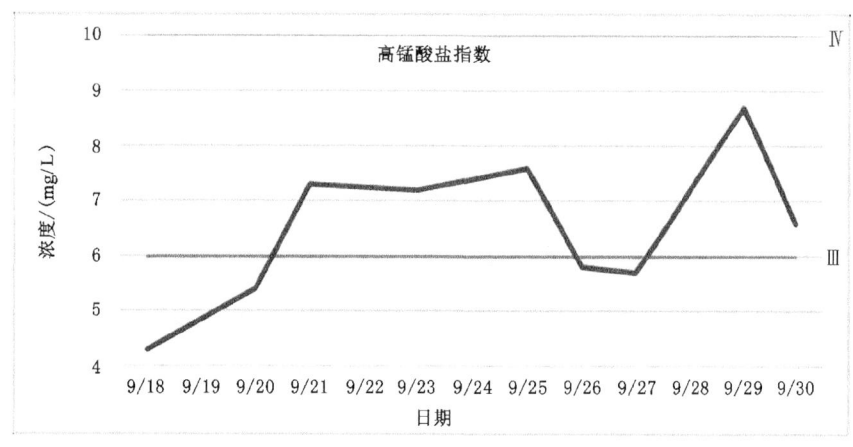

图9-5　第二阶段调水田楼水厂高锰酸盐指数变化过程线

（2）氨氮：9月19—30日调水期间氨氮总体呈升高趋势，浓度值由0.34 mg/L上升到0.76 mg/L，9月23日氨氮浓度值达到最大值1.07 mg/L，之后浓度维持在0.6～0.8 mg/L。第二阶段调水氨氮变化过程线见图9-6。

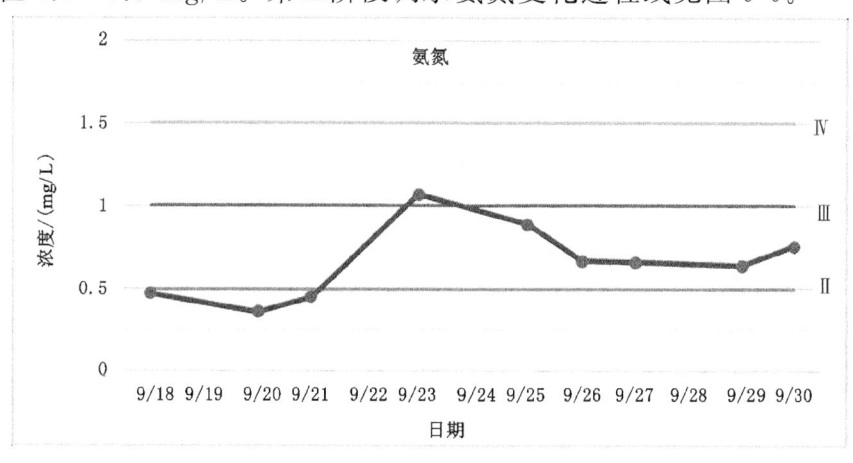

图9-6　第二阶段调水田楼水厂氨氮变化过程线

（3）总磷：9 月 19—30 日调水期间，总磷浓度值波动上升，浓度值由 0.101 mg/L 上升到 0.278 mg/L。第二阶段调水总磷变化过程线见图 9-7。

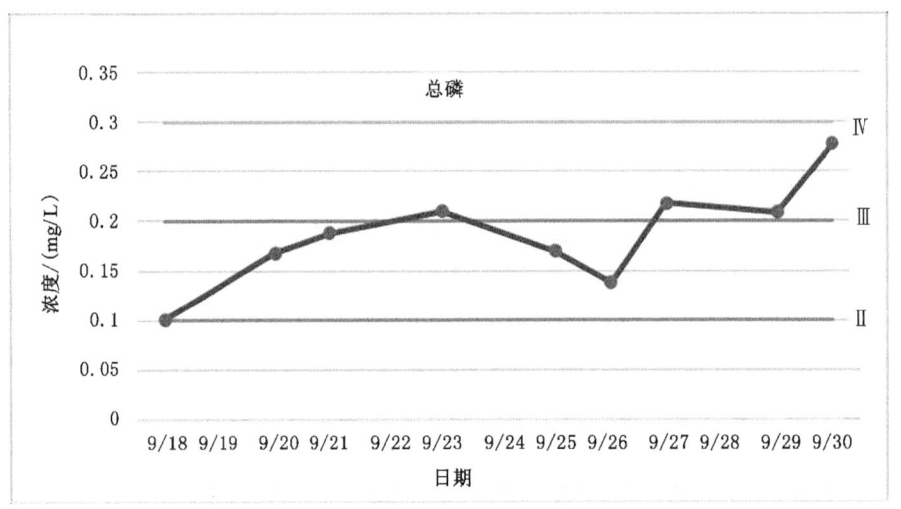

图 9-7　第二阶段调水田楼水厂总磷变化过程线

因通榆河上游来水水质基本维持在 Ⅳ 类（主要超标项目为高锰酸盐指数、氨氮和总磷），调水期间田楼水厂水质总体呈下降趋势，主要超标项目为高锰酸盐指数、氨氮和总磷。

3. 第三阶段调水水质特征指标单项分析

（1）高锰酸盐指数：11 月 25 日开始调水后，高锰酸盐指数浓度值上升，由 4.3 mg/L 上升到 5.7 mg/L，11 月 26 日—12 月 17 日调水期间浓度维持在 5.0～6.0 mg/L 之间。第三阶段调水高锰酸盐指数变化过程线见图 9-8。

（2）氨氮：11 月 25 日—12 月 17 日调水期间氨氮总体呈升高趋势，浓度值由 0.18 mg/L 上升到 0.87 mg/L。第三阶段调水氨氮变化过程线见图 9-9。

（3）总磷：11 月 25 日—12 月 17 日调水期间，总磷浓度值在 0.100～0.200 mg/L 之间波动变化。11 月 25 日—12 月 2 日总磷浓度值波动性下降，由 0.115 mg/L 下降到 0.101 mg/L，之后波动上升，由 0.122 mg/L 上升到 0.130 mg/L。第三阶段调水总磷变化过程线见图 9-10。

第三次调水期间，田楼水厂污染物浓度有所上升，水质总体有所下降，维持在 Ⅲ 类。

图 9-8　第三阶段调水田楼水厂高锰酸盐指数变化过程线

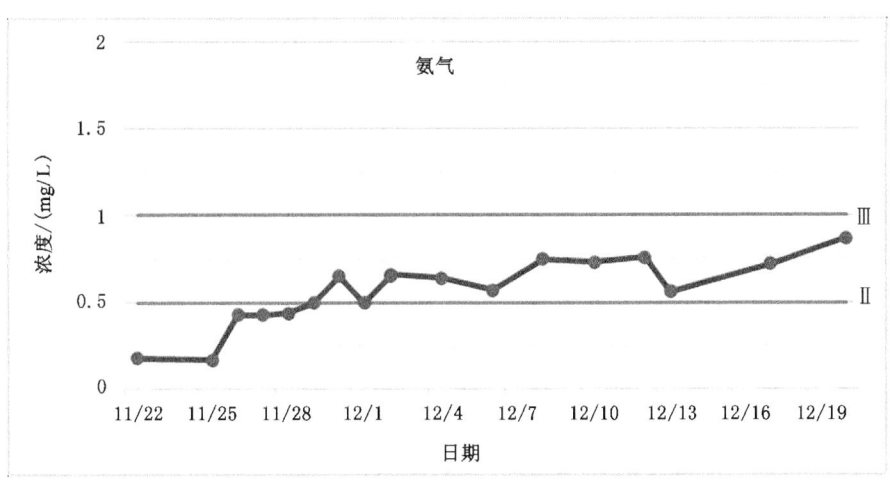

图 9-9　第三阶段调水田楼水厂氨氮变化过程线

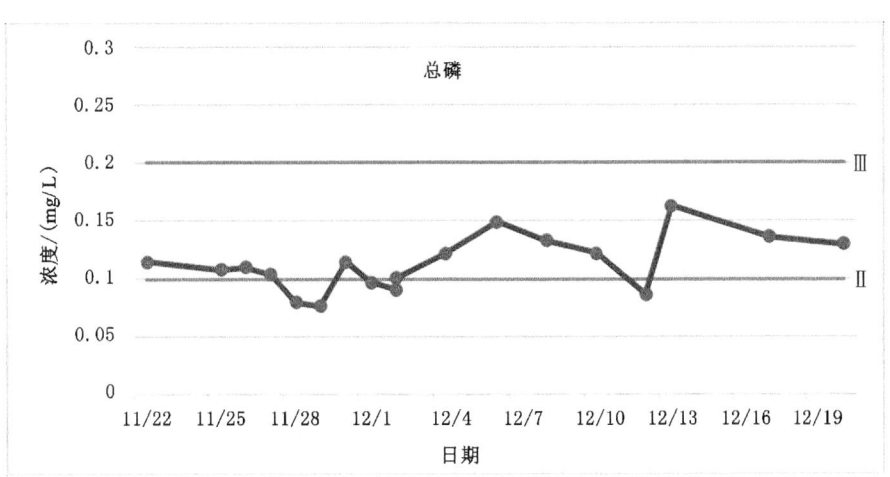

图 9-10　第三阶段调水田楼水厂总磷变化过程线

二、对控制节点水质影响分析

（一）新沂河南堤涵洞（进水侧）

新沂河南堤涵洞第一阶段调水共监测 18 次，水质综合评价为Ⅳ～劣Ⅴ类，达标率为 0％，超标项目为高锰酸盐指数、氨氮和总磷；第二阶段调水共监测 6 次，水质综合评价为Ⅱ～Ⅳ类，达标率为 33.3％，超标项目为高锰酸盐指数、氨氮和总磷；第三阶段调水共监测 14 次，水质综合评价为Ⅲ～Ⅳ类，达标率为 92.9％，超标项目为高锰酸盐指数。

1. 第一阶段调水水质特征指标单项分析

（1）高锰酸盐指数：7 月 2—7 日调水期间高锰酸盐指数先升高，后稳定在 8.0 mg/L 左右。7 月 11 日至月末调水期间，高锰酸盐指数浓度值先下降，后稳定在 8.0 mg/L 左右。这与上游来水水质有关，上游田楼水厂站点高锰酸盐指数监测浓度在 8.0 mg/L 左右。第一阶段调水高锰酸盐指数变化过程线见图 9-11，总体先升后降，后期平稳，基本维持在Ⅳ类。

图 9-11 第一阶段调水新沂河南堤涵洞高锰酸盐指数变化过程线

（2）氨氮：7 月 2—7 日调水期间，氨氮值升高，7 月 7—11 日停止调水，氨氮浓度值开始下降，7 月 11—27 日恢复调水后，氨氮波动上升然后基本保持不变，7 月 27 日停止调水后，氨氮急剧下降。第一阶段调水氨氮变化过程线见图 9-12，升降波动较大，整体在Ⅱ～Ⅳ类之间。

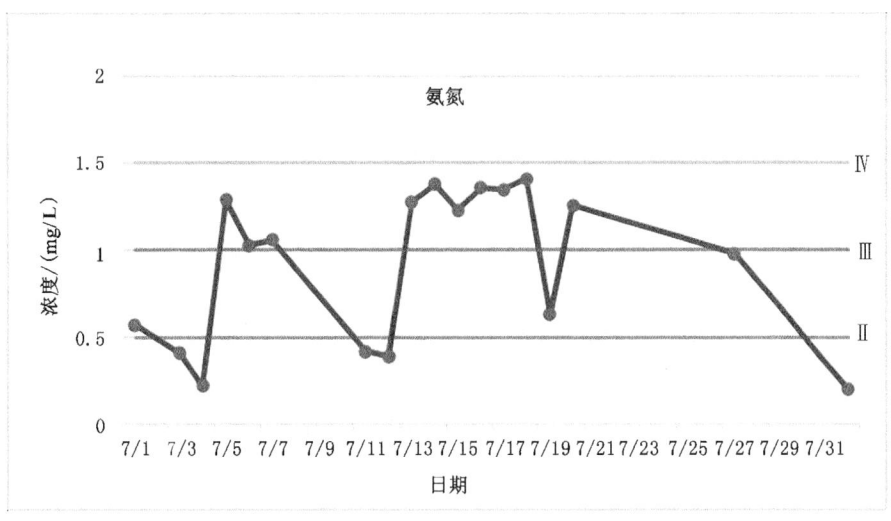

图 9-12 第一阶段调水新沂河南堤涵洞氨氮变化过程线

（3）总磷：调水期间，总磷浓度值先下降到 0.171 mg/L，后缓慢上升，最后稳定在 0.300 mg/L 左右。与 7 月 1 日本底值对比，调水后总磷浓度是下降的。这与上游来水水质有关，上游田楼水厂站点总磷监测浓度在 0.200 mg/L 左右。第一阶段调水总磷变化过程线见图 9-13，前期陡降，后期平稳略有上升，整体在Ⅲ～Ⅳ类之间。

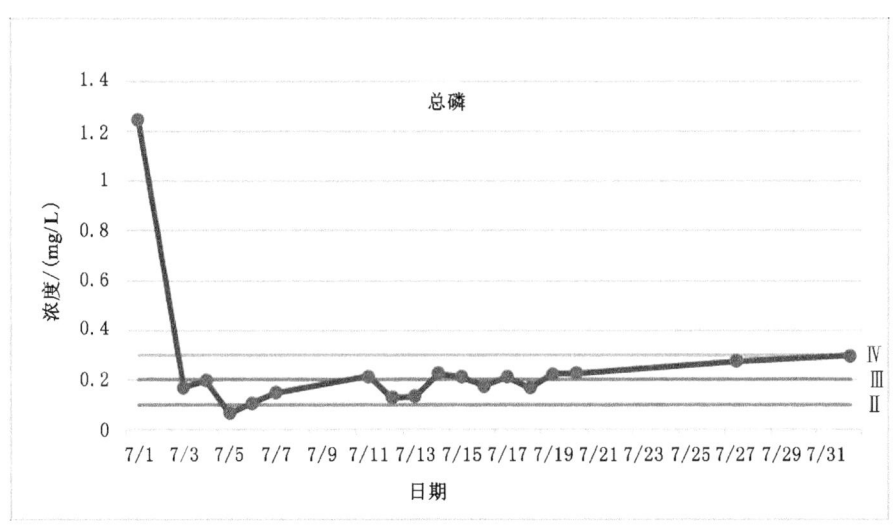

图 9-13 第一阶段调水新沂河南堤涵洞总磷变化过程线

2. 第二阶段调水水质特征指标单项分析

（1）高锰酸盐指数：9 月 19—30 日调水期间高锰酸盐指数呈升高趋势，浓度值由 4.6 mg/L 上升到 8.1 mg/L，之后浓度维持在 6.0 mg/L，过程线见图 9-14，总体先升后降，基本维持在Ⅲ～Ⅳ类。

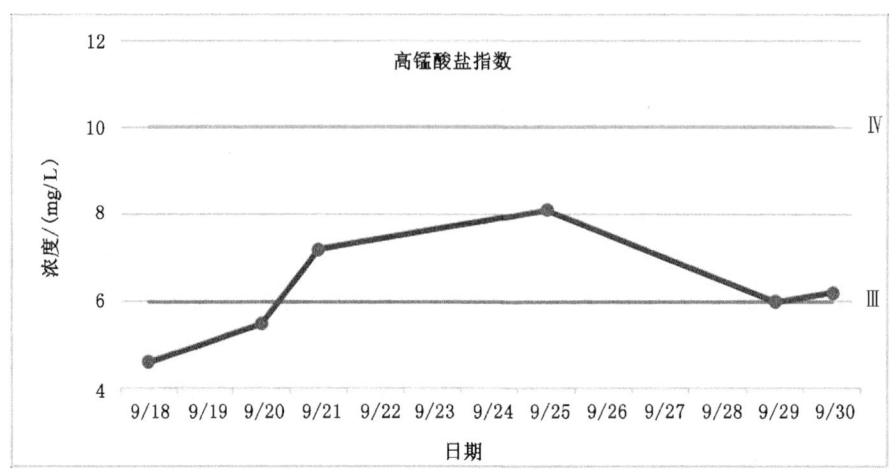

图 9-14　第二阶段调水新沂河南堤涵洞高锰酸盐指数变化过程线

（2）氨氮：9 月 19—30 日调水期间氨氮总体呈波动性升高趋势，浓度值由 0.53 mg/L 上升到 0.67 mg/L。氨氮变化过程线见图 9-15，总体先升后降，基本维持在Ⅱ～Ⅲ类。

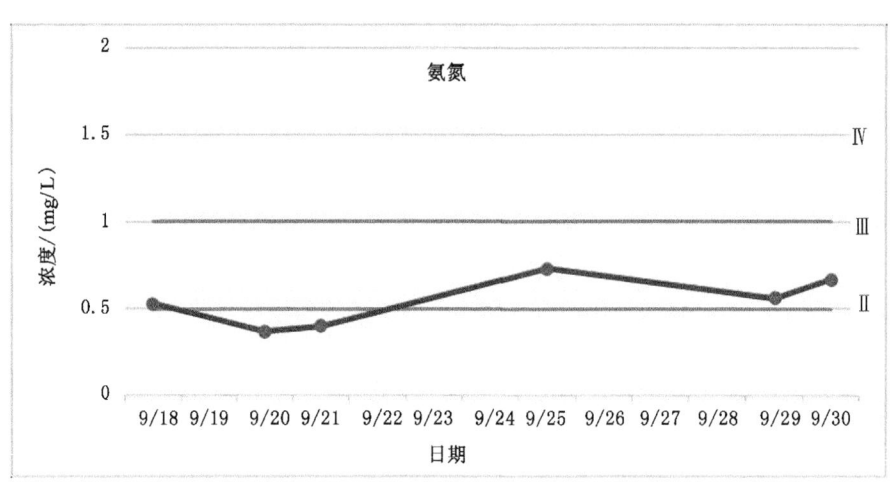

图 9-15　第二阶段调水新沂河南堤涵洞氨氮变化过程线

（3）总磷：9 月 19—30 日调水期间,总磷浓度值波动上升,浓度值由 0.167 mg/L 上升到 0.251 mg/L。总磷变化过程线见图 9-16,前期平稳,基本维持在Ⅲ～Ⅳ类。

第二阶段调水期间,新沂河南堤涵洞水质总体呈下降趋势,主要超标项目为高锰酸盐指数、氨氮和总磷。

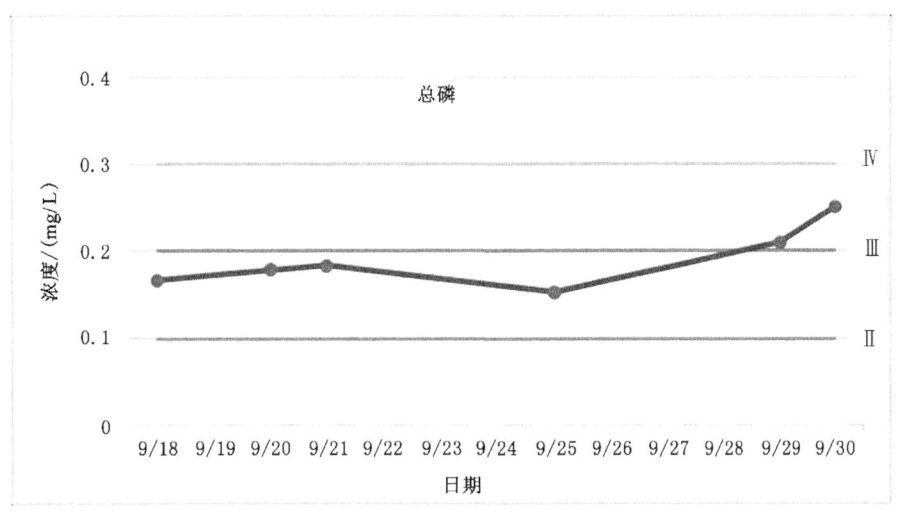

图 9-16　第二阶段调水新沂河南堤涵洞总磷变化过程线

3. 第三阶段调水水质特征指标单项分析

（1）高锰酸盐指数：11 月 25 日开始调水后,高锰酸盐指数浓度值上升,由 4.8 mg/L 上升到 5.8 mg/L,11 月 26 日—12 月 17 日调水期间浓度维持在 5.0～6.0 mg/L 之间。第三阶段调水高锰酸盐指数变化过程线见图 9-17,总体先升后降,基本维持在Ⅲ类。

（2）氨氮：11 月 25 日—12 月 17 日调水期间氨氮总体呈升高趋势,浓度值由 0.26 mg/L 上升到 0.82 mg/L。第三阶段调水氨氮变化过程线见图 9-18,总体略有上升,基本维持在Ⅱ～Ⅲ类。

（3）总磷：11 月 25 日开始调水后,总磷浓度值上升,由 0.072 mg/L 上升到 0.111 mg/L,11 月 26 日—12 月 2 日调水期间浓度在 0.100～0.110 mg/L 之间波动,之后浓度上升并维持在 0.124～0.145 mg/L 之间。第三阶段调水总磷变化过程线见图 9-19,总体略有上升,基本维持在Ⅱ～Ⅲ类。

因新沂河南堤涵洞上游来水水质基本维持在Ⅲ类,调水期间新沂河南堤涵洞水质总体也维持在Ⅲ类。

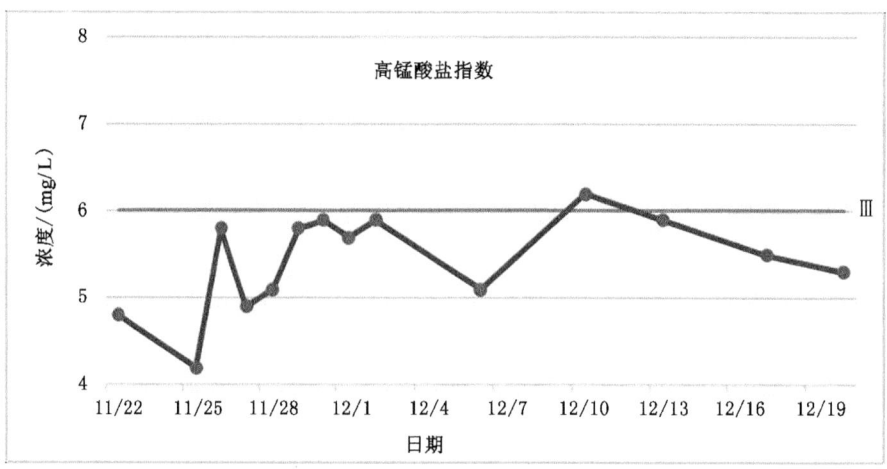

图 9-17　第三阶段调水新沂河南堤涵洞高锰酸盐指数变化过程线

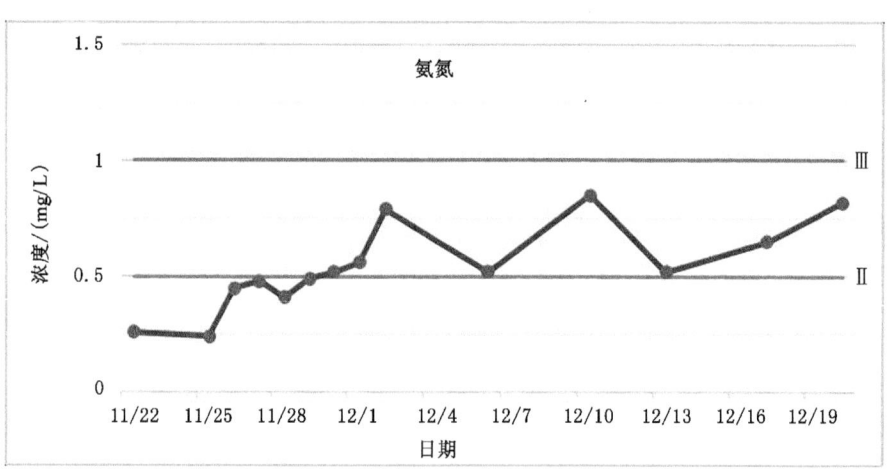

图 9-18　第三阶段调水新沂河南堤涵洞氨氮变化过程线

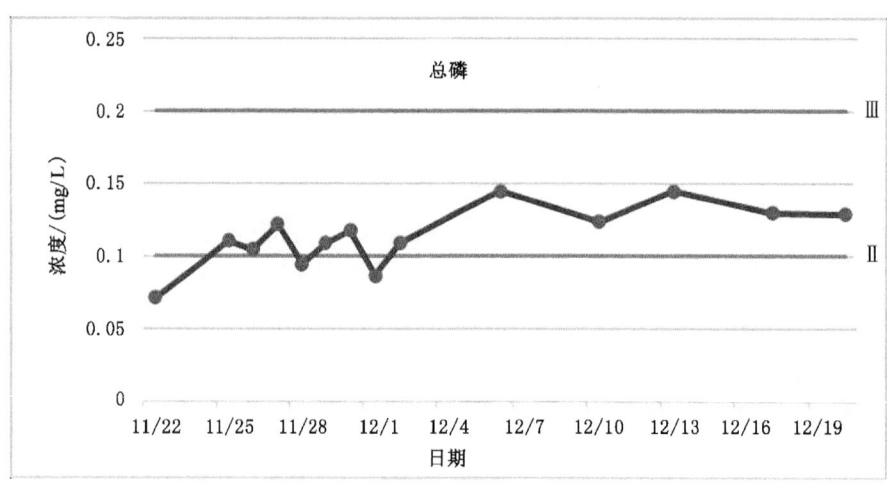

图 9-19　第三阶段调水新沂河南堤涵洞总磷变化过程线

（二）新沂河北堤涵洞（出水侧）

新沂河北堤涵洞第一阶段调水共监测 19 次,水质综合评价为Ⅲ～劣Ⅴ类,达标率为 47.4％,超标项目为高锰酸盐指数、氨氮和总磷;第二阶段调水共监测 9 次,水质综合评价为Ⅲ～Ⅳ类,达标率为 33.3％,超标项目为高锰酸盐指数、氨氮和总磷。第三阶段调水共监测 14 次,水质综合评价为Ⅱ～Ⅲ类,达标率为 100.0％。

1. 第一阶段调水水质特征指标单项分析

（1）高锰酸盐指数:7 月 3—7 日调水期间高锰酸盐指数缓慢上升,浓度在 6 mg/L 以下,7 月 8—11 日停止调水期间,浓度升高到 8 mg/L 以上,7 月 12—23 日调水,高锰酸盐指数下降到 6 mg/L 左右,24 日停止调水,之后浓度又上升到 8 mg/L 以上。第一阶段调水高锰酸盐指数变化过程线见图 9-20。

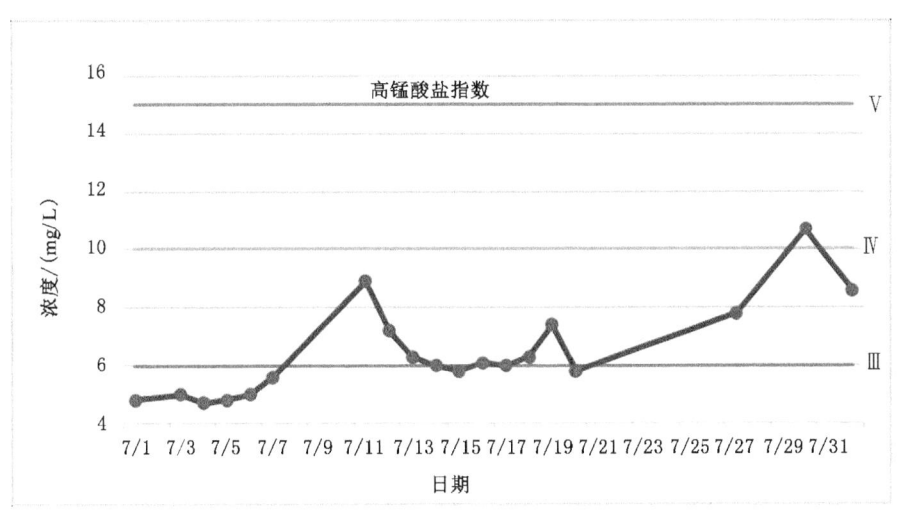

图 9-20　第一阶段调水新沂河北堤涵洞高锰酸盐指数变化过程线

（2）氨氮:调水期间,氨氮呈波动性变化,与本底值比较,总体呈上升趋势,但浓度值大部分在 0.5 mg/L 以下。第一阶段调水氨氮变化过程线见图 9-21。

（3）总磷:调水期间总磷总体呈下降趋势,浓度值由 1.700 mg/L 下降到 0.385 mg/L。第一阶段调水总磷变化过程线见图 9-22。

第一阶段调水期间新沂河北堤涵洞污染物浓度总体波动上升,水质维持在Ⅲ～Ⅳ类。

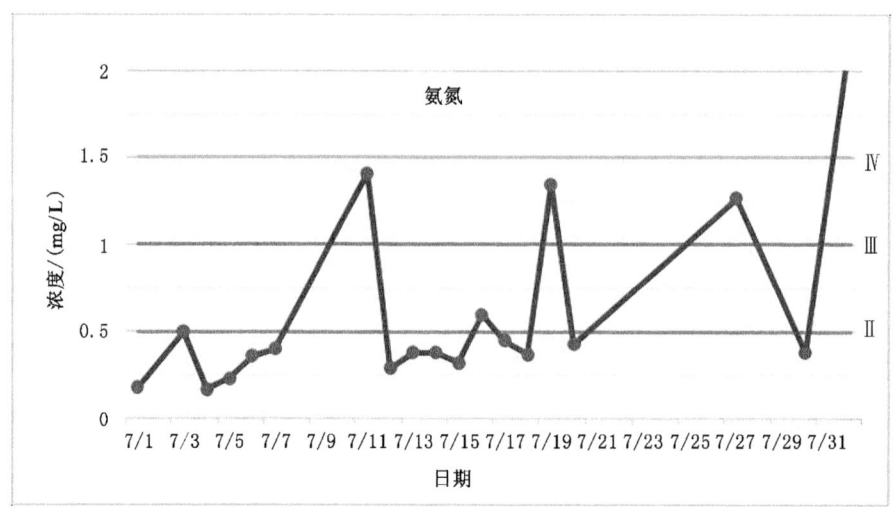

图 9-21　第一阶段调水新沂河北堤涵洞氨氮变化过程线

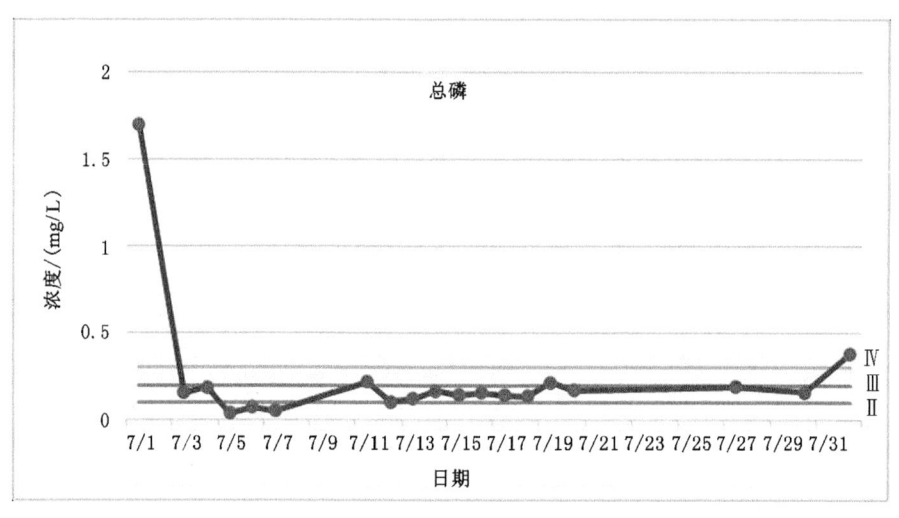

图 9-22　第一阶段调水新沂河北堤涵洞总磷变化过程线

2. 第二阶段调水水质特征指标单项分析

（1）高锰酸盐指数：9 月 20—30 日调水期间高锰酸盐指数呈升高趋势，浓度值由 5.4 mg/L 上升到 6.6 mg/L，之后浓度维持在 6.0 mg/L 左右。第二阶段调水高锰酸盐指数变化过程线见图 9-23。

（2）氨氮：9 月 20—30 日调水期间氨氮总体呈下降趋势，浓度值由 0.79 mg/L 下降到 0.42 mg/L。第二阶段调水氨氮变化过程线见图 9-24。

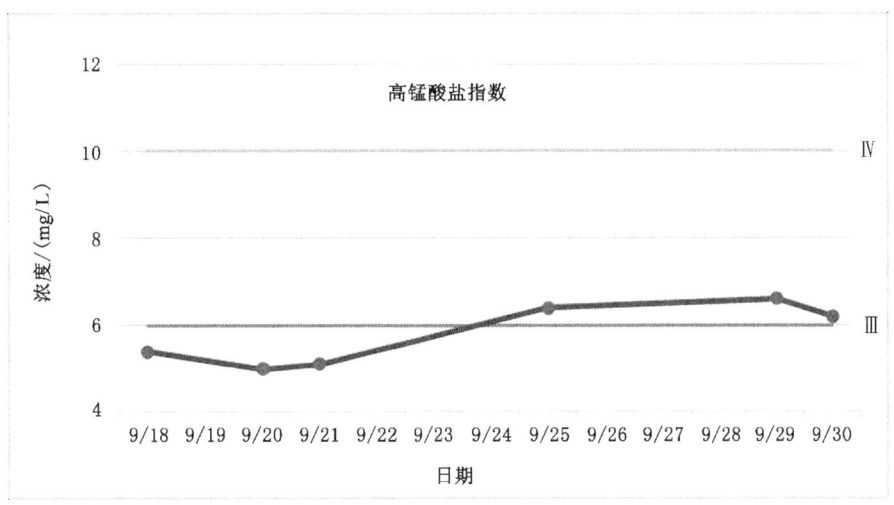

图 9-23　第二阶段调水新沂河北堤涵洞高锰酸盐指数变化过程线

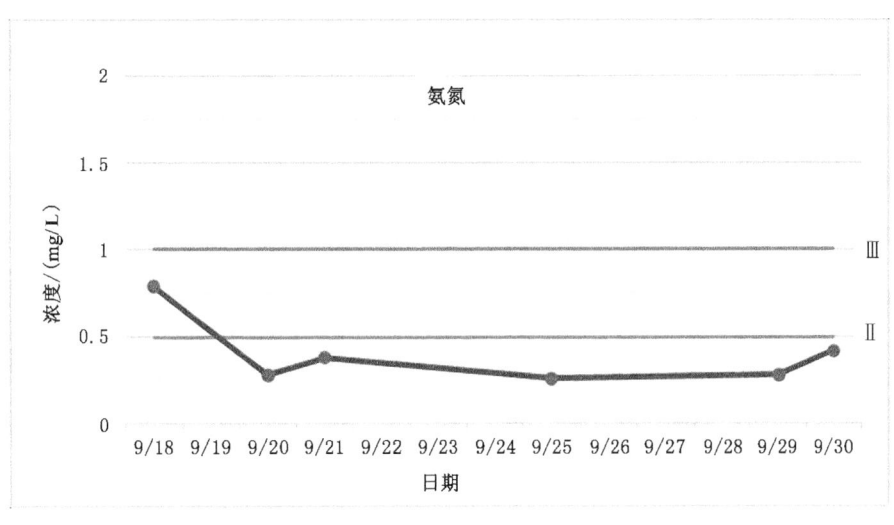

图 9-24　第二阶段调水新沂河北堤涵洞氨氮变化过程线

（3）总磷：9 月 20—30 日调水期间，总磷浓度值先下降，后波动上升，浓度值由 0.212 mg/L 下降到 0.094 mg/L，之后又上升到 0.224 mg/L。第二阶段调水总磷变化过程线见图 9-25。

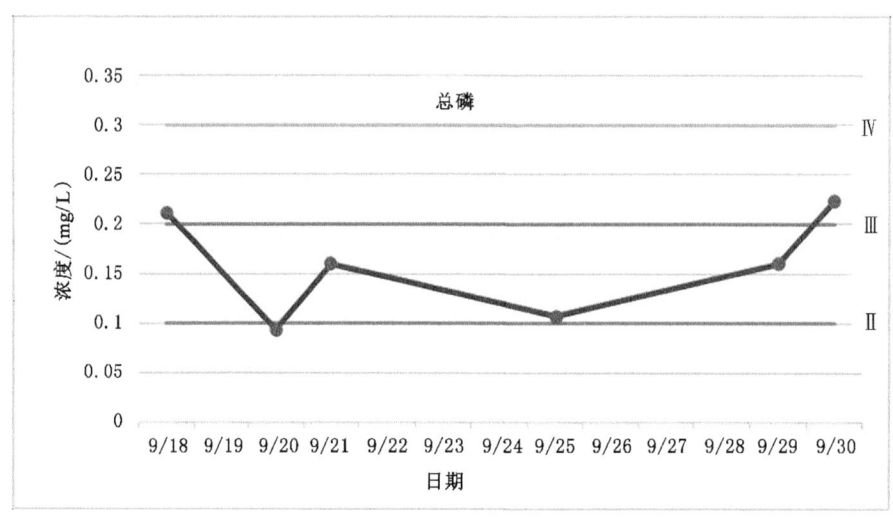

图 9-25　第二阶段调水新沂河北堤涵洞总磷变化过程线

3. 第三阶段调水水质特征指标单项分析

（1）高锰酸盐指数：11 月 28 日—12 月 17 日调水期间高锰酸盐指数呈下降趋势，浓度值由 4.1 mg/L 下降到 3.9 mg/L，之后浓度维持在 3.8 mg/L 左右。第三阶段调水高锰酸盐指数变化过程线见图 9-26。

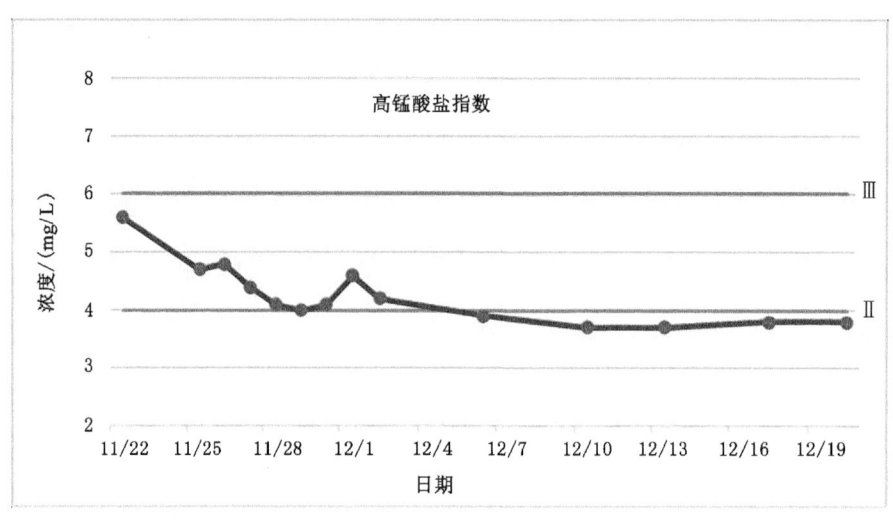

图 9-26　第三阶段调水新沂河北堤涵洞高锰酸盐指数变化过程线

（2）氨氮：11 月 28 日—12 月 17 日调水期间氨氮波动性变化，浓度值在 0.23～0.16 mg/L 之间波动，其中 12 月 10 日浓度最大，达到 0.38 mg/L。第三阶段调水氨氮变化过程线见图 9-27。

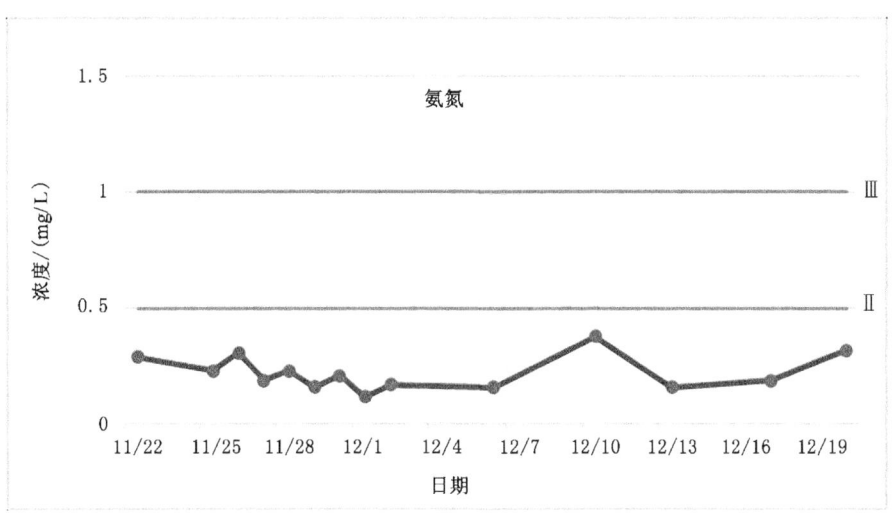

图 9-27　第三阶段调水新沂河北堤涵洞氨氮变化过程线

（3）总磷：11 月 28 日开始调水后，总磷浓度值下降，由调水前的 0.076 mg/L 下降到 0.044 mg/L，之后上升并维持在 0.060 mg/L 左右，停止调水后浓度维持在 0.119 mg/L。第三阶段调水总磷变化过程线见图 9-28。

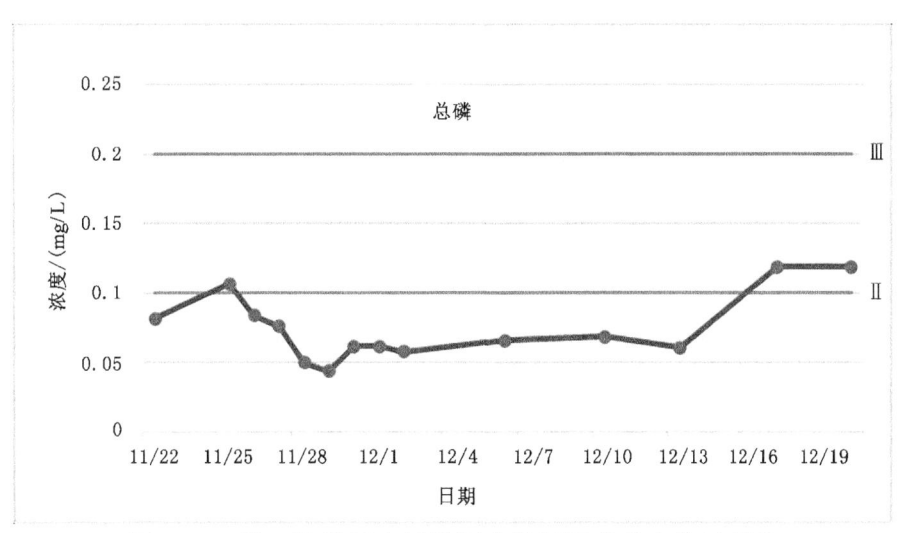

图 9-28　第三阶段调水新沂河北堤涵洞总磷变化过程线

（三）盐河灌云县城段（灌云水位站）

盐河灌云县城段（水位站）第一阶段调水共监测 20 次，水质综合评价为Ⅲ～劣Ⅴ类，达标率为 25%，超标项目为高锰酸盐指数、氨氮和总磷；第二阶段调水共监测 6 次，水质综合评价为Ⅲ～劣Ⅴ类，达标率为 33.3%，超标项目为高锰酸盐指数、氨氮和总磷；第三阶段调水共监测 14 次，水质综合评价为Ⅲ～劣Ⅴ类，达标率为 85.7%，超标项目为高锰酸盐指数、氨氮和总磷。

1. 第一阶段调水水质特征指标单项分析

（1）高锰酸盐指数：7 月 3 日开始调水后，高锰酸盐指数呈升高趋势，浓度值由 5.1 mg/L 上升到 9.0 mg/L。第一阶段调水高锰酸盐指数变化过程线见图 9-29。

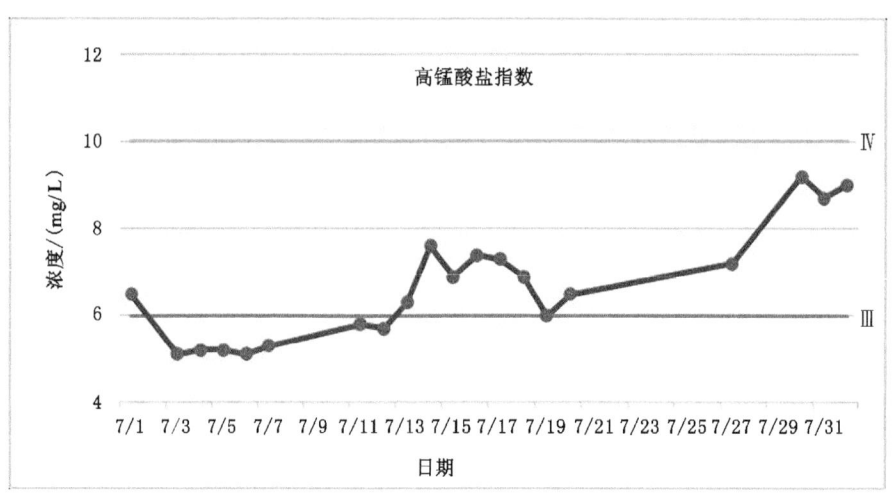

图 9-29　第一阶段调水盐河灌云县城段高锰酸盐指数变化过程线

（2）氨氮：7 月 3—7 日调水期间氨氮浓度在 0.5 mg/L 左右，7 月 8—11 日停止调水期间，浓度升高到 1.45 mg/L，7 月 12—23 日调水，氨氮下降到 0.5 mg/L 左右，24 日停止调水，之后浓度又上升到 2.0 mg/L 以上。第一阶段调水氨氮变化过程线见图 9-30。

（3）总磷：7 月 3—7 日调水期间总磷浓度下降到 0.200 mg/L 以下，7 月 8—11 日停止调水期间，浓度升高到 0.300 mg/L，7 月 12—23 日调水，总磷浓度下降到 0.170 mg/L 左右，24 日停止调水，之后浓度又上升到 0.300 mg/L 以上，变化过程线见图 9-31。

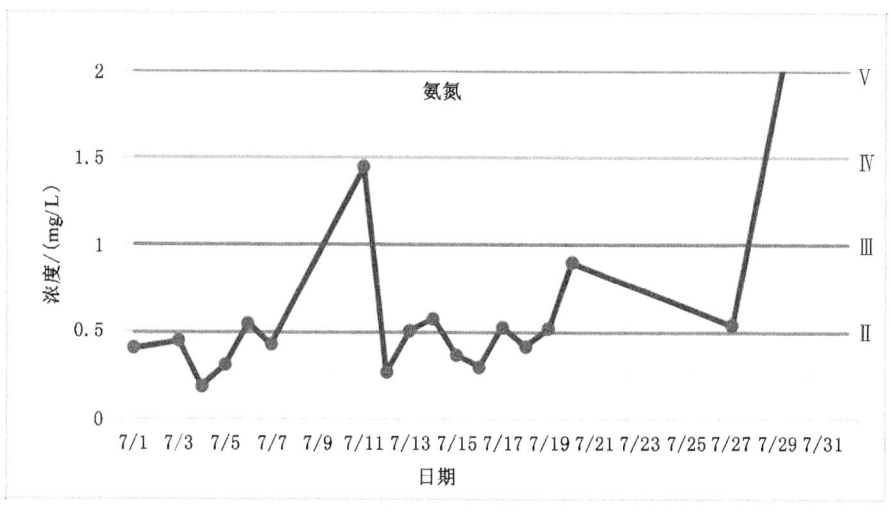

图 9-30　第一阶段调水盐河灌云县城段氨氮变化过程线

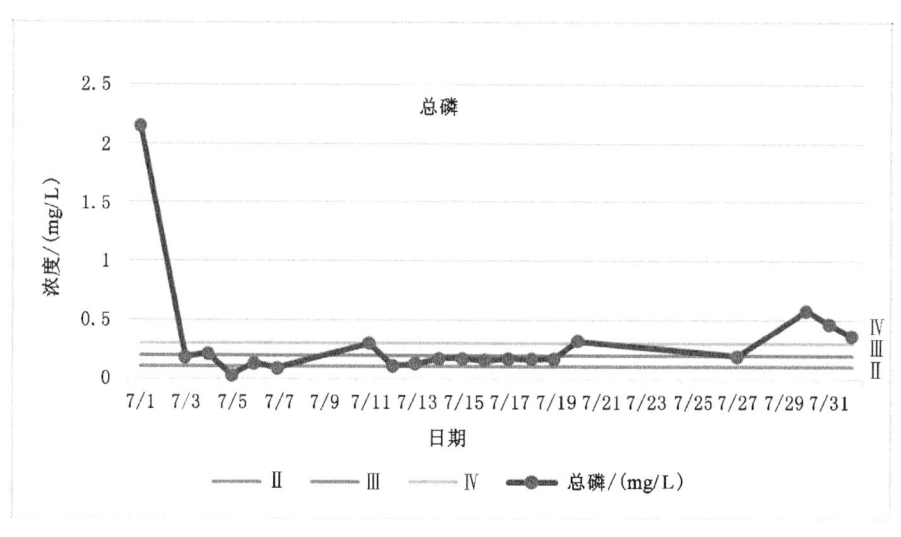

图 9-31　第一阶段调水盐河灌云县城段总磷变化过程线

2. 第二阶段调水水质特征指标单项分析

（1）高锰酸盐指数：9 月 20 日调水，高锰酸盐指数先降低，浓度值由 7.0 mg/L 下降到 5.6 mg/L，之后浓度维持在 7.0 mg/L 以上。第二阶段调水高锰酸盐指数变化过程线见图 9-32。

（2）氨氮：9 月 20 日开始调水，氨氮浓度先下降，之后在 0.2～0.5 mg/L 之间波动。第二阶段调水氨氮变化过程线见图 9-33。

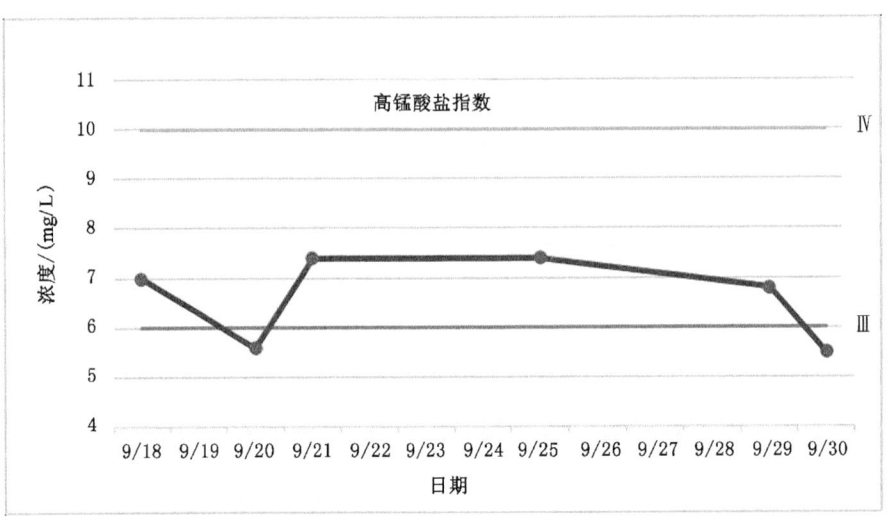

图 9-32　第二阶段调水盐河灌云县城段高锰酸盐指数变化过程线

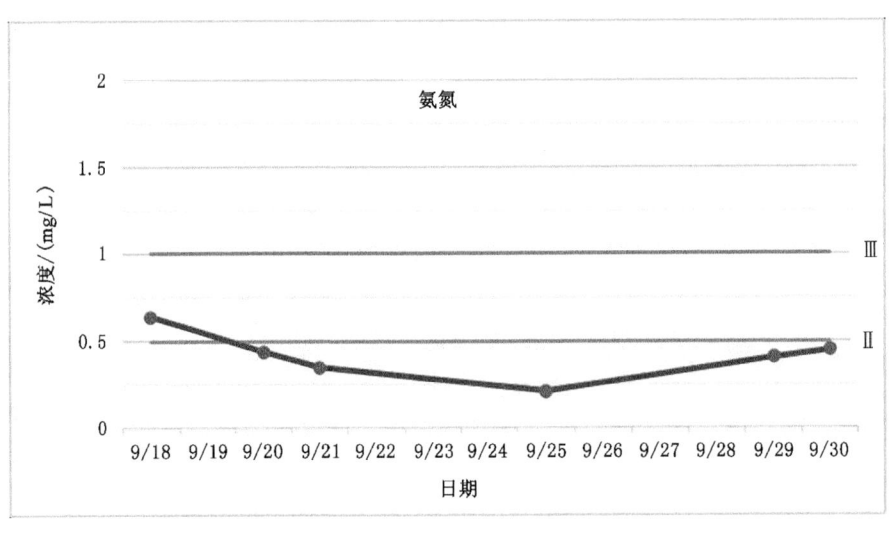

图 9-33　第二阶段调水盐河灌云县城段氨氮变化过程线

（3）总磷：9 月 20 开始调水后，总磷浓度值先下降，之后在 0.120～0.180 mg/L 之间波动。第二阶段调水总磷变化过程线见图 9-34。

第二阶段调水期间，盐河灌云县城段水质基本维持在Ⅲ～Ⅳ类。

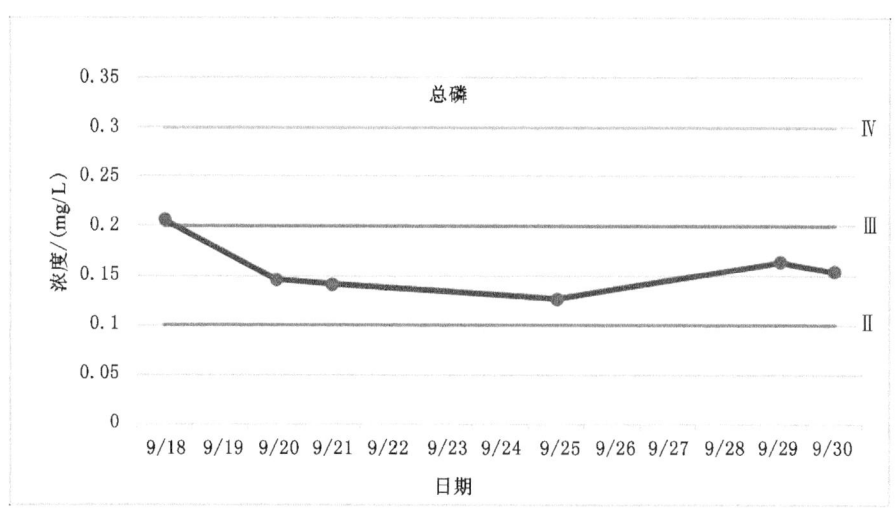

图 9-34　第二阶段调水盐河灌云县城段总磷变化过程线

3. 第三阶段调水水质特征指标单项分析

（1）高锰酸盐指数：11 月 28 日开始调水后，高锰酸盐指数浓度下降后维持在 4.0～5.0 mg/L 之间。第三阶段调水高锰酸盐指数变化过程线见图 9-35。

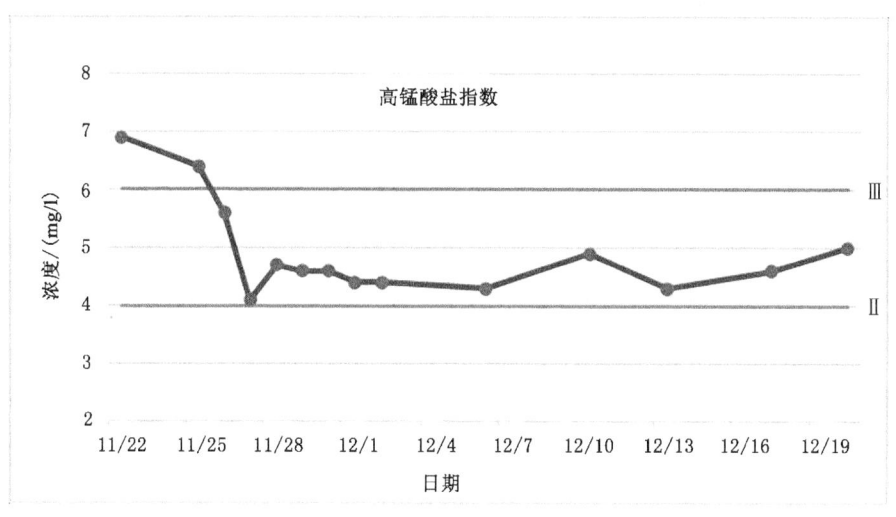

图 9-35　第三阶段调水盐河灌云县城段高锰酸盐指数变化过程线

（2）氨氮：11 月 28 日开始调水后，氨氮浓度下降，之后在 0.1～0.6 mg/L 之间波动。第三阶段调水氨氮变化过程线见图 9-36。

（3）总磷：11 月 28 开始调水后，总磷浓度值下降，之后在 0.071～0.174 mg/L 之间波动。第三阶段调水总磷变化过程线见图 9-37。

第三阶段调水期间，盐河灌云县城段高锰酸盐指数基本维持在Ⅲ类，氨氮、总磷浓度后期略有上升，维持在Ⅱ～Ⅲ类。

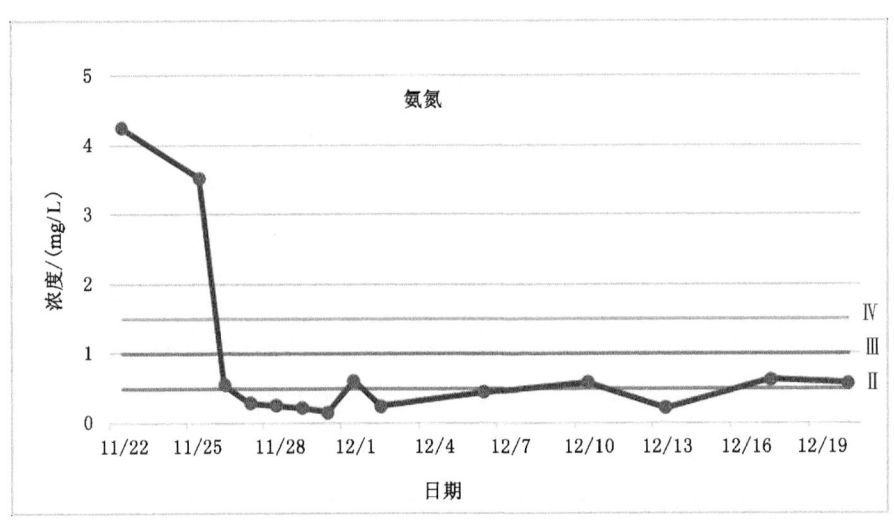

图 9-36　第三阶段调水盐河灌云县城段氨氮变化过程线

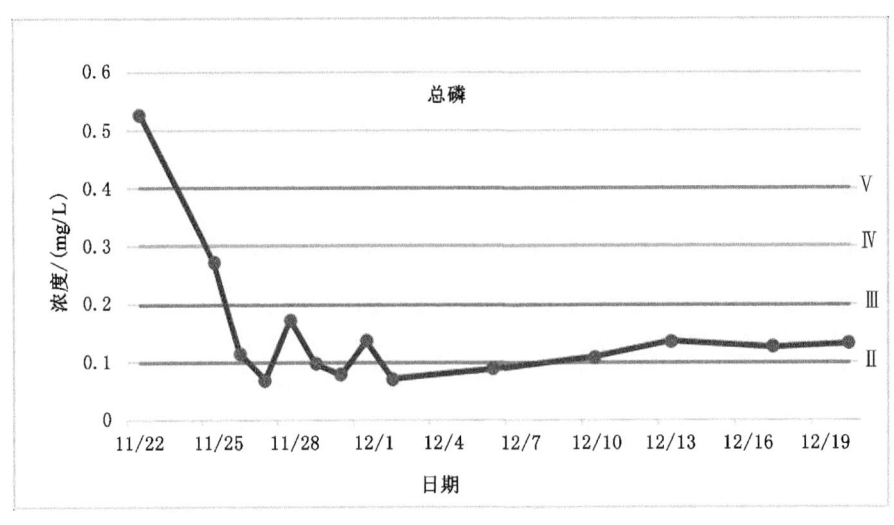

图 9-37　第三阶段调水盐河灌云县城段总磷变化过程线

（四）善后河南泵站

善后河南泵站第一阶段调水共监测 19 次,水质综合评价为Ⅲ～劣Ⅴ类,达标率为 5.3％,超标项目为高锰酸盐指数、氨氮和总磷;第二阶段调水共监测 6 次,水质综合评价为Ⅲ～劣Ⅴ类,达标率为 33.3％,超标项目为高锰酸盐指数、氨氮和总磷;第三阶段调水共监测 14 次,水质综合评价为Ⅲ～劣Ⅴ类,达标率为 85.7％,超标项目为高锰酸盐指数、氨氮和总磷。

1. 第一阶段调水水质特征指标单项分析

（1）高锰酸盐指数:7 月 12 日善后河南泵站开启,调水期间高锰酸盐指数波动变化,除 7 月 18 日、7 月 30 日浓度值在 10.0 mg/L 以上外,其余时间在 8.0 mg/L 以下。第一阶段调水高锰酸盐指数变化过程线见图 9-38。

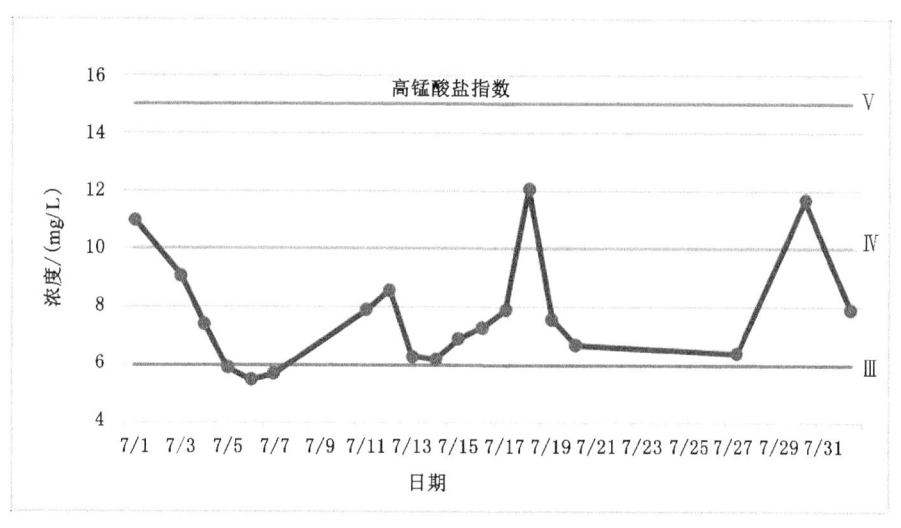

图 9-38　第一阶段调水善后河南泵站高锰酸盐指数变化过程线

（2）氨氮:7 月 12 日善后河南泵站开启,调水期间氨氮波动变化,除 7 月 12 日、7 月 18 日、7 月 30 日和 8 月 1 日浓度值在 1.5 mg/L 以上,其余时间在 1.5 mg/L 以下。第一阶段调水氨氮变化过程线见图 9-39。

（3）总磷:总磷总体呈下降趋势,浓度值由 3.97 mg/L 下降到 0.541 mg/L。第一阶段调水总磷变化过程线见图 9-40。

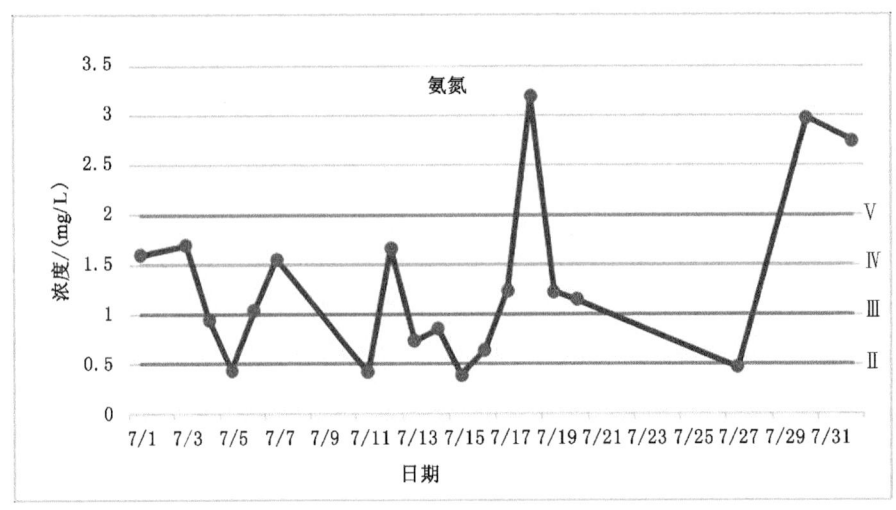

图 9-39　第一阶段调水善后河南泵站氨氮变化过程线

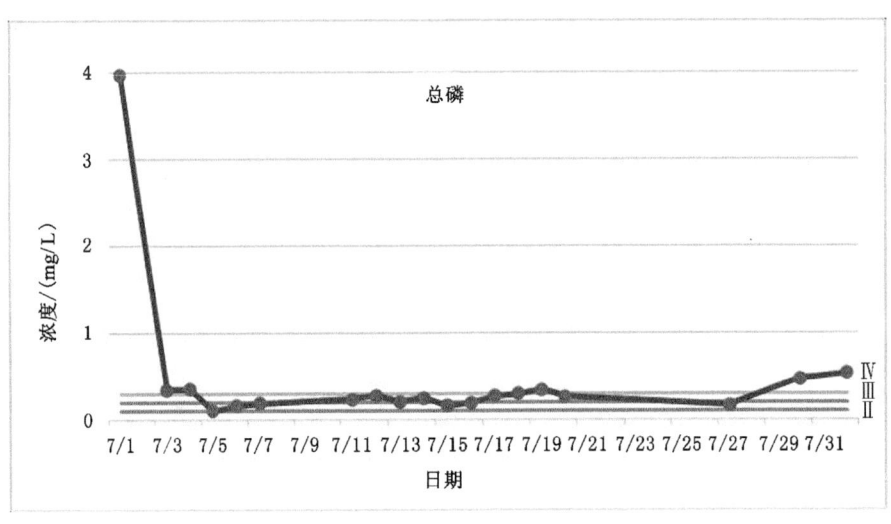

图 9-40　第一阶段调水善后河南泵站总磷变化过程线

2. 第二阶段水质特征指标单项分析

（1）高锰酸盐指数：9 月 19—30 日期间善后河南泵站未开启，高锰酸盐指数浓度值在 4.0～10.0 mg/L 之间波动，水质类别维持在Ⅲ～Ⅳ类。第二阶段善后河南泵站未开启，高锰酸盐指数变化过程线见图 9-41。

图 9-41 第二阶段善后河南泵站高锰酸盐指数变化过程线

（2）氨氮：9 月 19—30 日期间善后河南泵站未开启，氨氮浓度值由 0.61 mg/L 下降到 0.20 mg/L，之后浓度维持在 0.2～0.4 mg/L，水质类别为 Ⅱ 类。第二阶段善后河南泵站未开启，氨氮变化过程线见图 9-42。

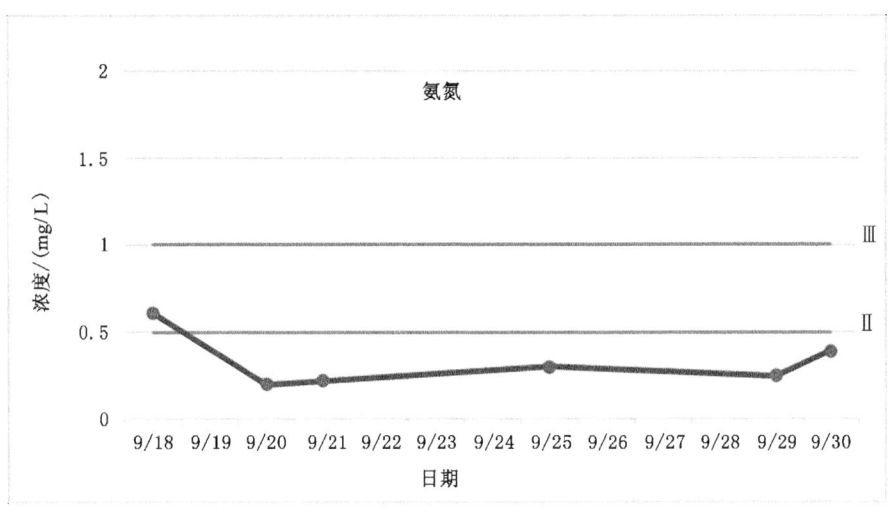

图 9-42 第二阶段善后河南泵站氨氮变化过程线

（3）总磷：9 月 19—30 日期间善后河南泵站未开启，总磷浓度值总体下降，浓度值由 0.257 mg/L 下降到 0.200 mg/L 以下。第二阶段善后河南泵站未开启，总磷变化过程线见图 9-43。

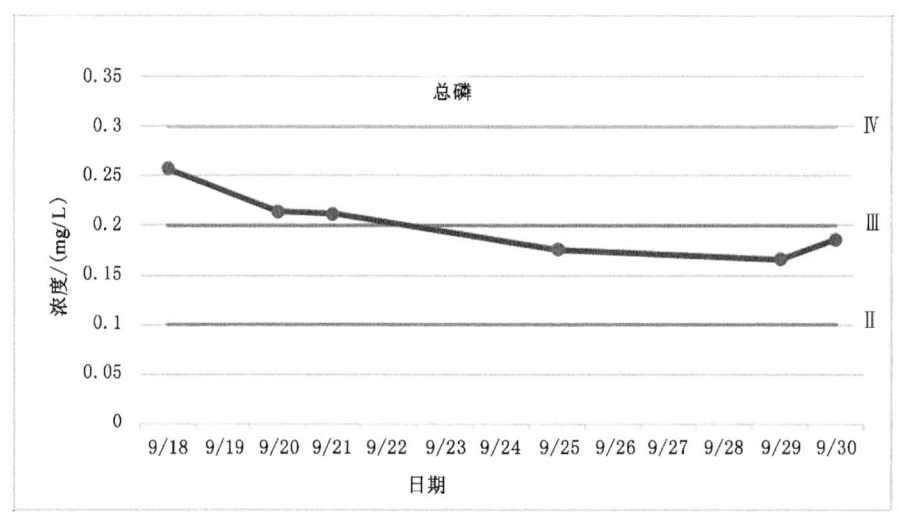

图 9-43　第二阶段善后河南泵站总磷变化过程线

3. 第三阶段水质特征指标单项分析

（1）高锰酸盐指数：9 月 29 日善后河南泵站开启，高锰酸盐指数浓度值升高至 6.6 mg/L，随后下降并维持在 5.0 mg/L 左右，水质类别维持在Ⅲ类。第三阶段善后河南泵站高锰酸盐指数变化过程线见图 9-44。

图 9-44　第三阶段善后河南泵站高锰酸盐指数变化过程线

（2）氨氮：9 月 29 日善后河南泵站开启，氨氮浓度值升高至 1.33 mg/L，随后下降并维持在 0.8 mg/L 以下，水质类别维持在Ⅲ～Ⅳ类。第三阶段善后河南泵站氨氮变化过程线见图 9-45。

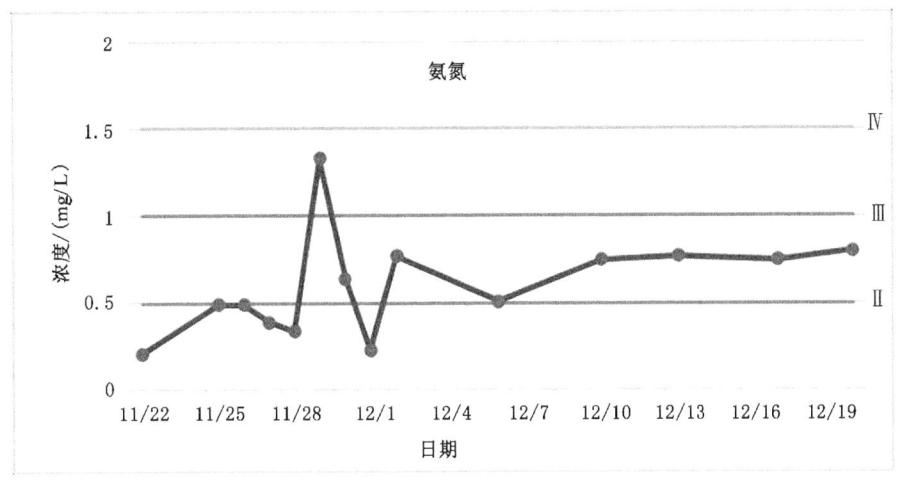

图 9-45　第三阶段善后河南泵站氨氮变化过程线

（3）总磷:9 月 29 日善后河南泵站开启,总磷浓度值升高至 0.515 mg/L,随后下降并维持在 0.100～0.200 mg/L 之间,水质类别维持在Ⅳ类。第三阶段善后河南泵站总磷变化过程线见图 9-46。

第三阶段调水期间,善后河南泵站前期水质波动,后期稳定,总体基本维持在Ⅱ～Ⅲ类。

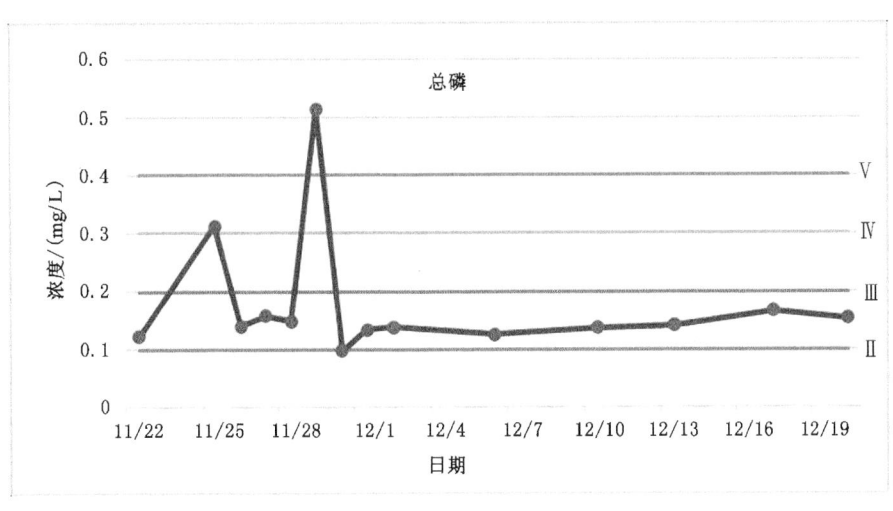

图 9-46　第三阶段善后河南泵站总磷变化过程线

（五）蔷薇河南堤涵洞

蔷薇河南堤涵洞第一阶段调水共监测 19 次,水质综合评价为Ⅳ～劣Ⅴ类,达标率为 0%,超标项目为高锰酸盐指数、氨氮和总磷;第二阶段调水共监测 6次,水质综合评价为Ⅳ～劣Ⅴ类,达标率为 0%,超标项目为高锰酸盐指数和氨氮;第三阶段调水共监测 14 次,水质综合评价为Ⅲ类,达标率为 100.0%。

1.第一阶段调水水质特征指标单项分析

（1）高锰酸盐指数:7 月 14—23 日之间蔷薇河南堤涵洞不连续开启,高锰酸盐指数值呈下降趋势,之后上升至调水前浓度水平。第一阶段调水高锰酸盐指数变化过程线见图 9-47。

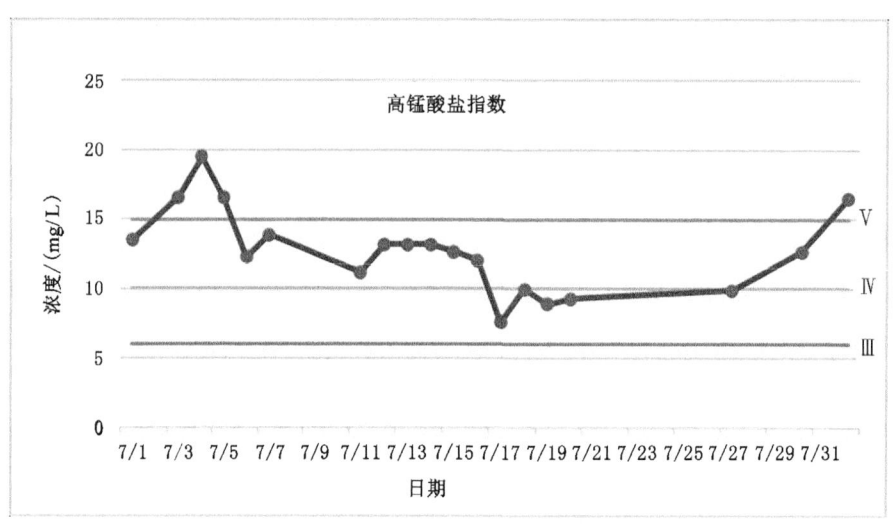

图 9-47　第一阶段调水蔷薇河南堤涵洞高锰酸盐指数变化过程线

（2）氨氮:7 月 14—23 日之间蔷薇河南堤涵洞不连续开启,氨氮浓度值在0.50～2.09 mg/L 之间波动,其余时间氨氮浓度值在 0.24～2.02 mg/L 之间波动。第一阶段调水氨氮变化过程线见图 9-48。

（3）总磷:7 月 14—23 日之间蔷薇河南堤涵洞不连续开启,总磷浓度值在0.250～0.543 mg/L 之间波动,其余时间总磷浓度值在 0.231～0.516 mg/L 之间波动。第一阶段调水总磷变化过程线见图 9-49。

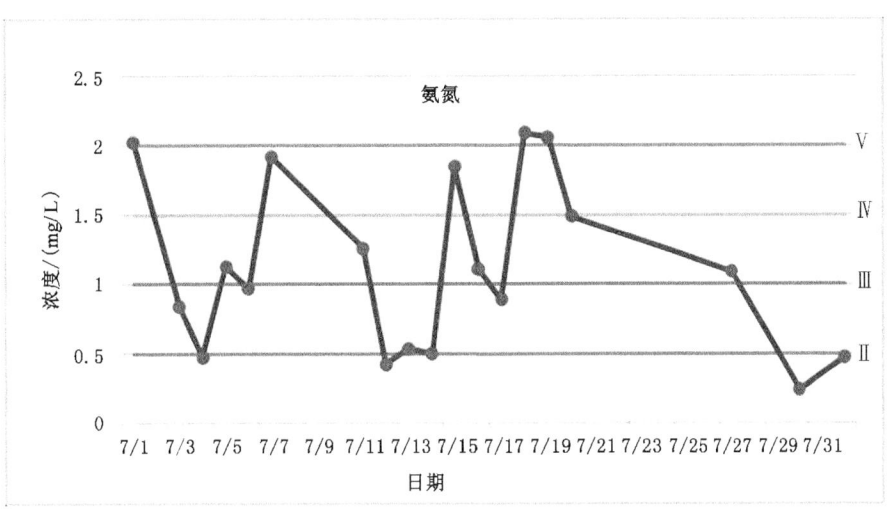

图 9-48　第一阶段调水蔷薇河南堤涵洞氨氮变化过程线

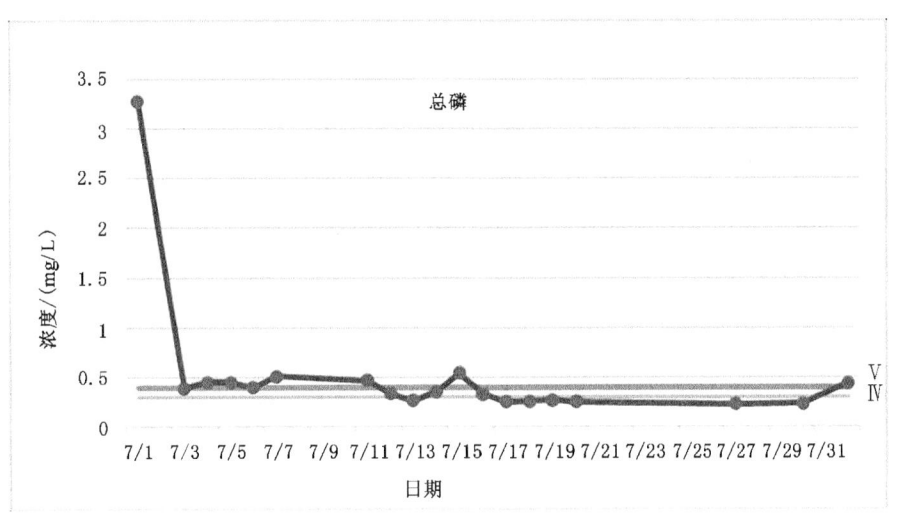

图 9-49　第一阶段调水蔷薇河南堤涵洞总磷变化过程线

2. 第二阶段水质特征指标单项分析

（1）高锰酸盐指数：9 月 19—30 日期间蔷薇河南堤涵洞未开启，高锰酸盐指数浓度值在 6.0～10.0 mg/L 之间波动，水质类别维持在Ⅳ类。高锰酸盐指数变化过程线见图 9-50。

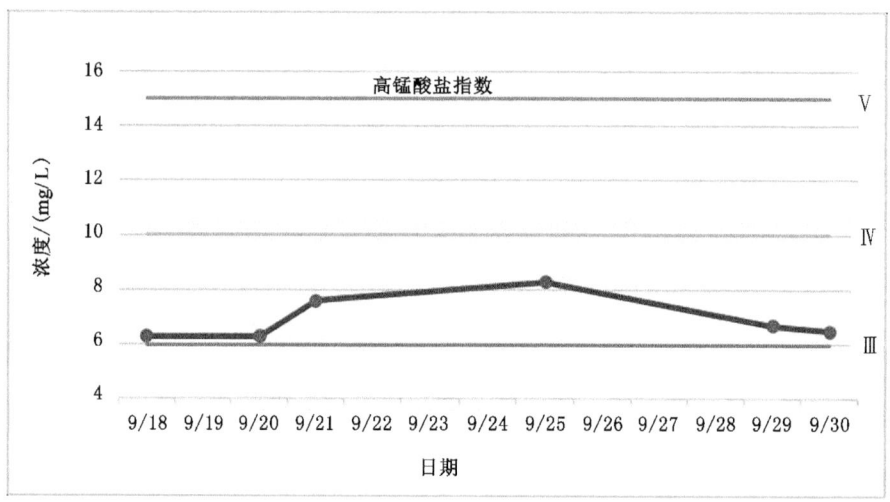

图 9-50　第二阶段蔷薇河南堤涵洞高锰酸盐指数变化过程线

（2）氨氮：浓度由 0.61 mg/L 下降到 0.39 mg/L，之后浓度在 0.2～0.5 mg/L 之间波动，水质类别为Ⅱ类。氨氮变化过程线见图 9-51。

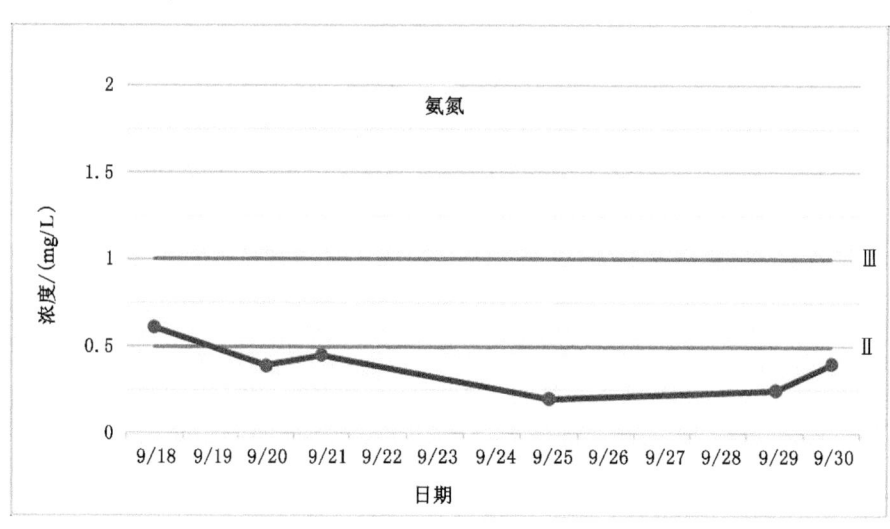

图 9-51　第二阶段蔷薇河南堤涵洞氨氮变化过程线

（3）总磷：浓度值在 0.100～0.200 mg/L 之间波动，水质类别维持在Ⅲ类。总磷变化过程线见图 9-52。

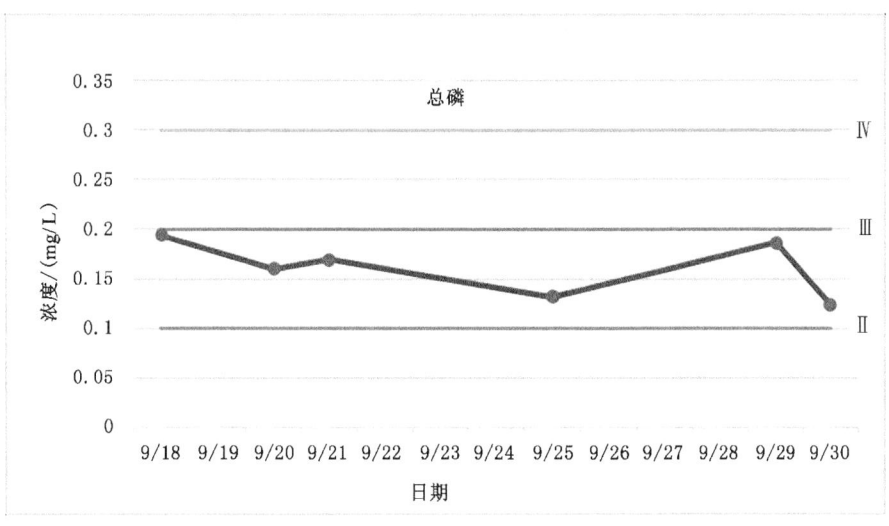

图 9-52　第二阶段蔷薇河南堤涵洞总磷变化过程线

3. 第三阶段水质特征指标单项分析

（1）高锰酸盐指数：12 月 6 日蔷薇河南堤涵洞开启，高锰酸盐指数浓度值由 4.4 mg/L 升高到 5.1 mg/L，之后下降并维持在 4.8 mg/L 左右，水质类别维持在Ⅲ类。第三阶段蔷薇河南堤涵洞高锰酸盐指数变化过程线见图 9-53。

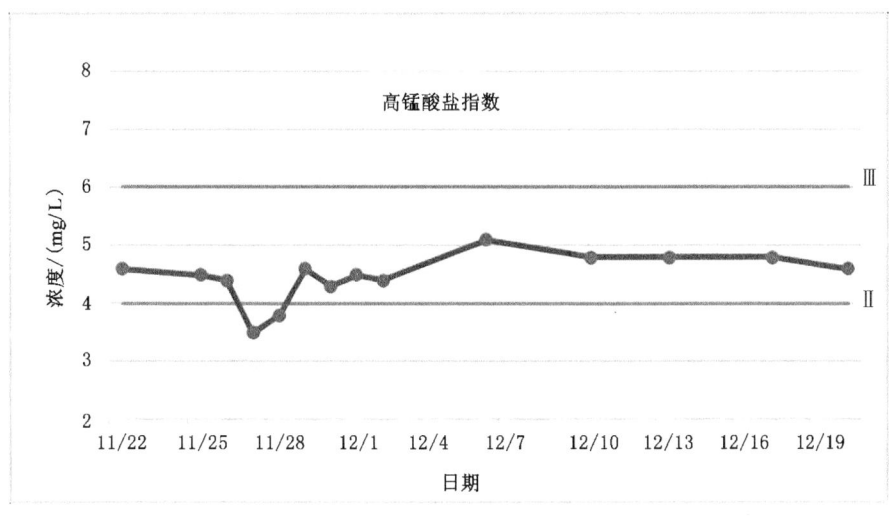

图 9-53　第三阶段蔷薇河南堤涵洞高锰酸盐指数变化过程线

（2）氨氮：12 月 6 日蔷薇河南堤涵洞开启，氨氮浓度值由 0.29 mg/L 上升到 0.73 mg/L，之后浓度维持在 0.70 mg/L 左右，17 日停止调水后，浓度下降到调水之前的水平。第三阶段蔷薇河南堤涵洞氨氮变化过程线见图 9-54。

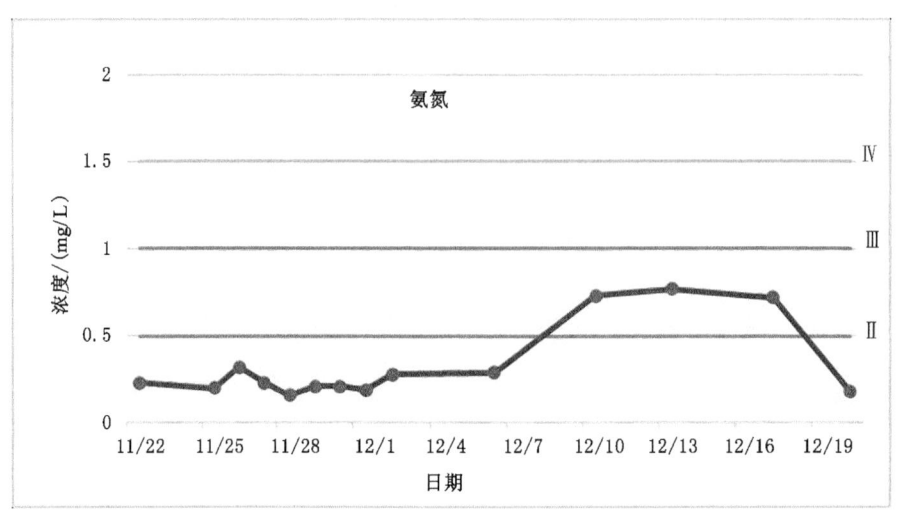

图 9-54　第三阶段蔷薇河南堤涵洞氨氮变化过程线

（3）总磷：12 月 6 日蔷薇河南堤涵洞开启，总磷浓度值由 0.089 mg/L 上升到 0.133 mg/L，之后浓度维持在 0.133 mg/L 左右，17 日停止调水后，浓度下降到调水之前的水平。第三阶段蔷薇河南堤涵洞总磷变化过程线见图 9-55。

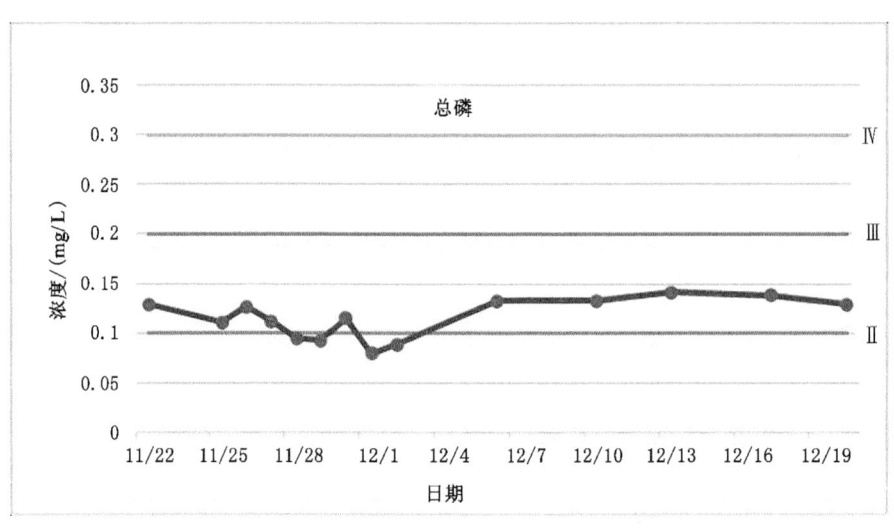

图 9-55　第三阶段蔷薇河南堤涵洞总磷变化过程线

三、调水期间水质与本底水质比对分析

分别对三个阶段调水期间高锰酸盐指数、氨氮和总磷的监测结果与本底水质进行比对分析。

第一次调水期间高锰酸盐指数、氨氮、总磷与本底比对分析见图 9-56～图 9-58；第二次调水期间高锰酸盐指数、氨氮、总磷与本底比对分析见图 9-59～图 9-61；第三次调水期间高锰酸盐指数、氨氮、总磷与本底比对分析见图 9-62～图 9-64。

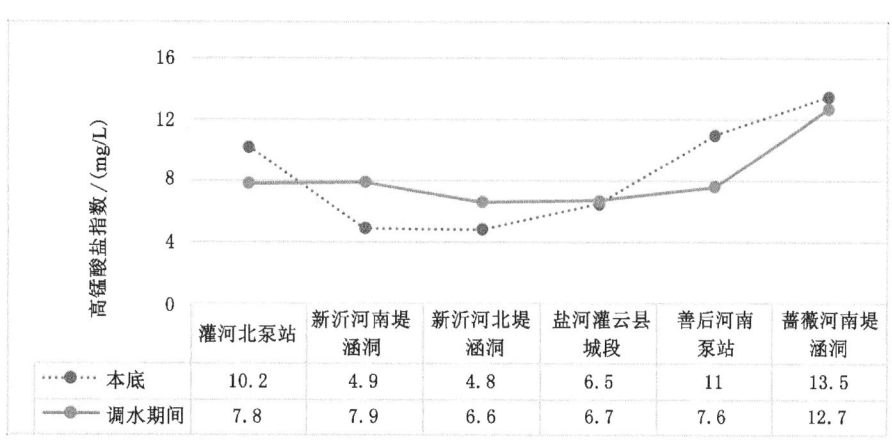

	灌河北泵站	新沂河南堤涵洞	新沂河北堤涵洞	盐河灌云县城段	善后河南泵站	蔷薇河南堤涵洞
本底	10.2	4.9	4.8	6.5	11	13.5
调水期间	7.8	7.9	6.6	6.7	7.6	12.7

图 9-56　第一次调水期间高锰酸盐指数与本底比对分析

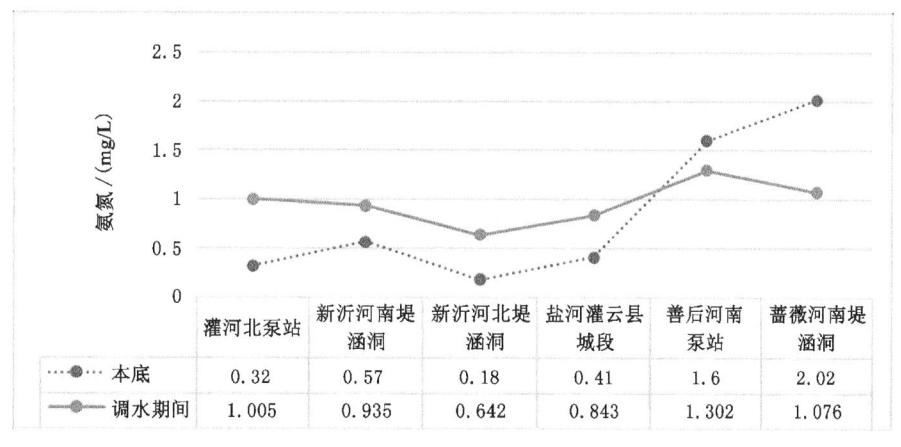

	灌河北泵站	新沂河南堤涵洞	新沂河北堤涵洞	盐河灌云县城段	善后河南泵站	蔷薇河南堤涵洞
本底	0.32	0.57	0.18	0.41	1.6	2.02
调水期间	1.005	0.935	0.642	0.843	1.302	1.076

图 9-57　第一次调水期间氨氮与本底比对分析

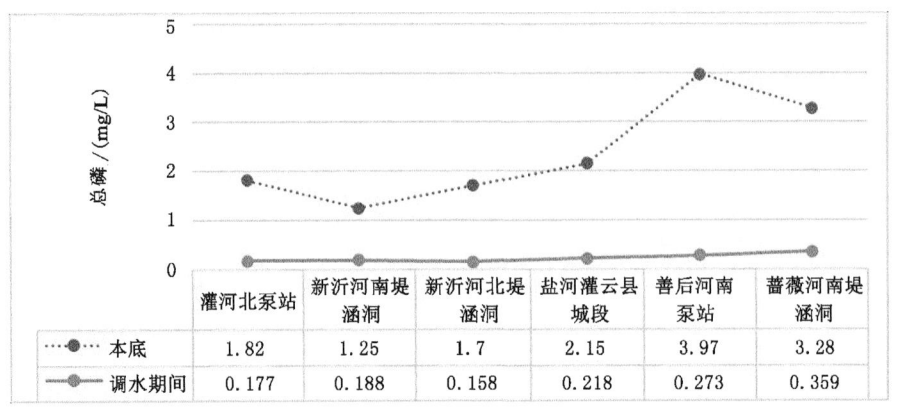

	灌河北泵站	新沂河南堤涵洞	新沂河北堤涵洞	盐河灌云县城段	善后河南泵站	蔷薇河南堤涵洞
本底	1.82	1.25	1.7	2.15	3.97	3.28
调水期间	0.177	0.188	0.158	0.218	0.273	0.359

图 9-58 第一次调水期间总磷与本底比对分析

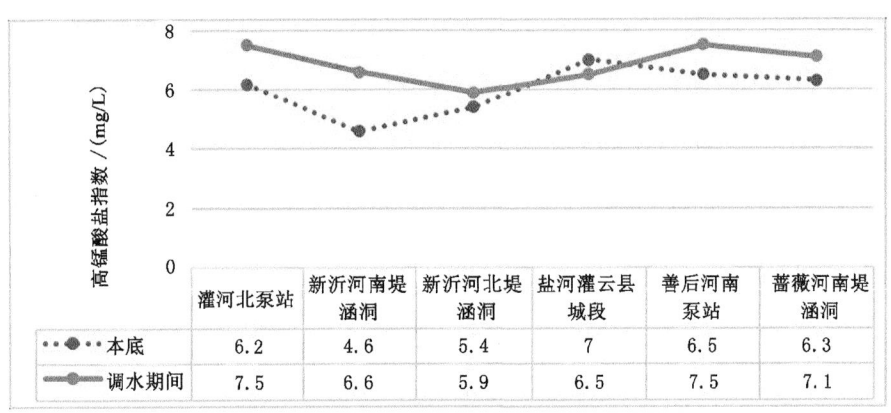

	灌河北泵站	新沂河南堤涵洞	新沂河北堤涵洞	盐河灌云县城段	善后河南泵站	蔷薇河南堤涵洞
本底	6.2	4.6	5.4	7	6.5	6.3
调水期间	7.5	6.6	5.9	6.5	7.5	7.1

图 9-59 第二次调水期间高锰酸盐指数与本底比对分析

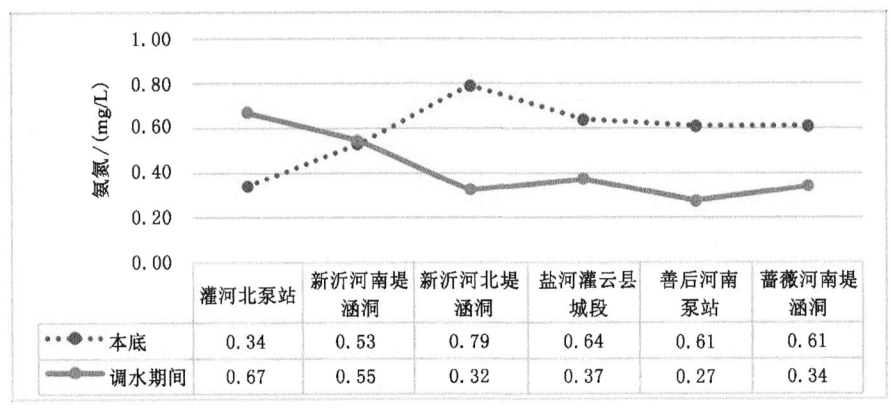

	灌河北泵站	新沂河南堤涵洞	新沂河北堤涵洞	盐河灌云县城段	善后河南泵站	蔷薇河南堤涵洞
本底	0.34	0.53	0.79	0.64	0.61	0.61
调水期间	0.67	0.55	0.32	0.37	0.27	0.34

图 9-60 第二次调水期间氨氮与本底比对分析

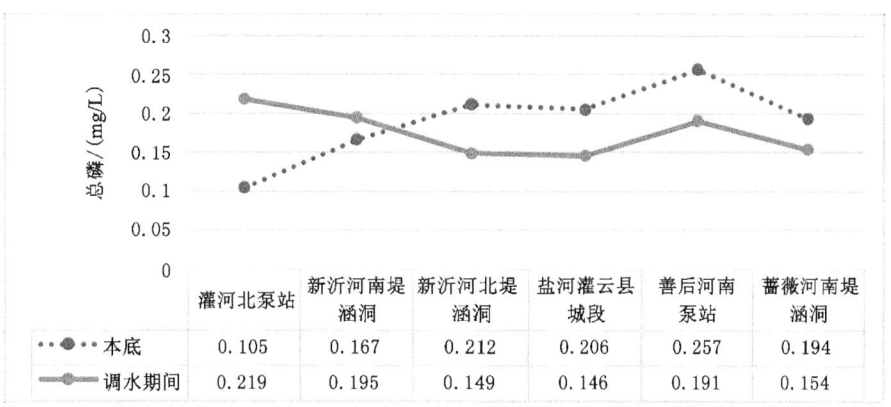

图 9-61　第二次调水期间总磷与本底比对分析

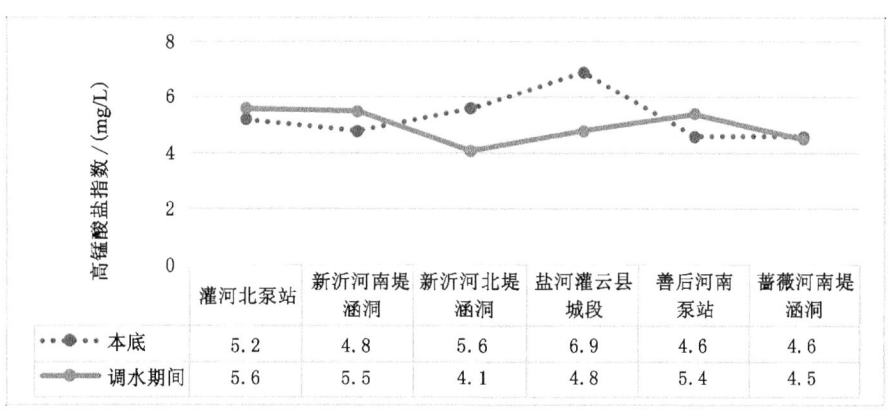

图 9-62　第三次调水期间高锰酸盐指数与本底比对分析

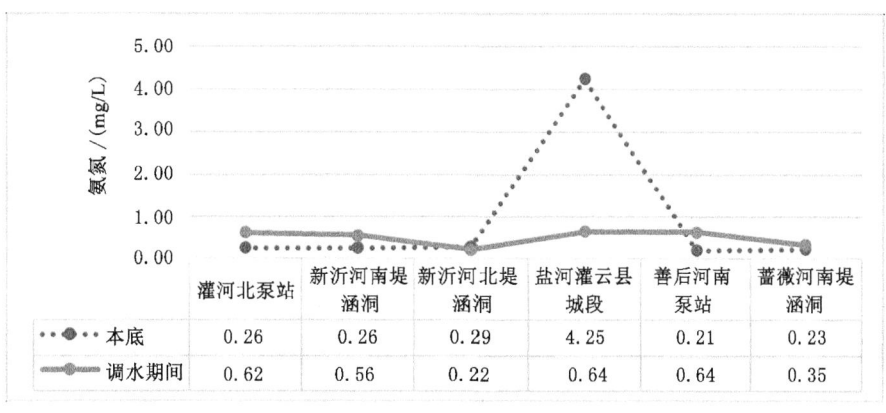

图 9-63　第三次调水期间氨氮与本底比对分析

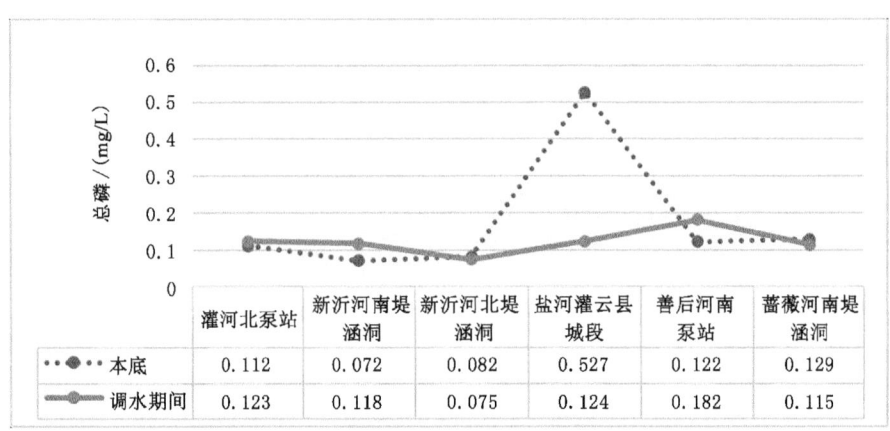

图 9-64　第三次调水期间总磷与本底比对分析

　　第一次调水期间,首末端灌河北泵站、善后河南泵站、蔷薇河南堤涵洞三个断面的高锰酸盐指数浓度较本底值降低,线路中段新沂河南堤涵洞、新沂河北堤涵洞和盐河灌云县城段的高锰酸盐指数浓度较本底值升高;线路前段灌河北泵站至盐河灌云县城段的氨氮浓度较本底值升高,线路末端善后河南泵站和蔷薇河南堤涵洞氨氮浓度较本底值降低;总磷 6 个监测站点的浓度较本底值均降低。

　　第二次调水期间,除盐河灌云县城段高锰酸盐指数浓度较本底值降低外,其余 5 个监测站点的浓度较本底值均升高;灌河北泵站、新沂河南堤涵洞氨氮浓度较本底值升高,线路中段三个监测断面新沂河北堤涵洞、盐河灌云县城段、善后河南泵站和线路末端蔷薇河南堤涵洞监测断面氨氮浓度较本底值降低;总磷浓度的变化情况与氨氮一致。

　　第三次调水期间,线路前段灌河北泵站、新沂河南堤涵洞两断面的高锰酸盐指数、氨氮和总磷浓度较本底值略有上升;线路中段三个监测断面较本底值升高,特别是盐河灌云县城段,水质明显好转;线路后端善后河南泵站三个指标浓度较本底值有所上升,末端蔷薇河南堤涵洞监测断面的高锰酸盐指数和总磷较本底值略有下降,但氨氮有所上升。

四、调水线路沿程水质变化趋势分析

（一）第一阶段调水

第一阶段调水时间为 7 月 2 日—8 月 1 日，调水期间水质监测项目为高锰酸盐指数、氨氮、总磷、pH 值、溶解氧。对各个监测站点进行测次评价，并计算各个站点水质优于Ⅲ类的达标率，分析第一阶段调水对沿程的水质的影响。

第一阶段调水线路沿程水质变化趋势图见图 9-65。

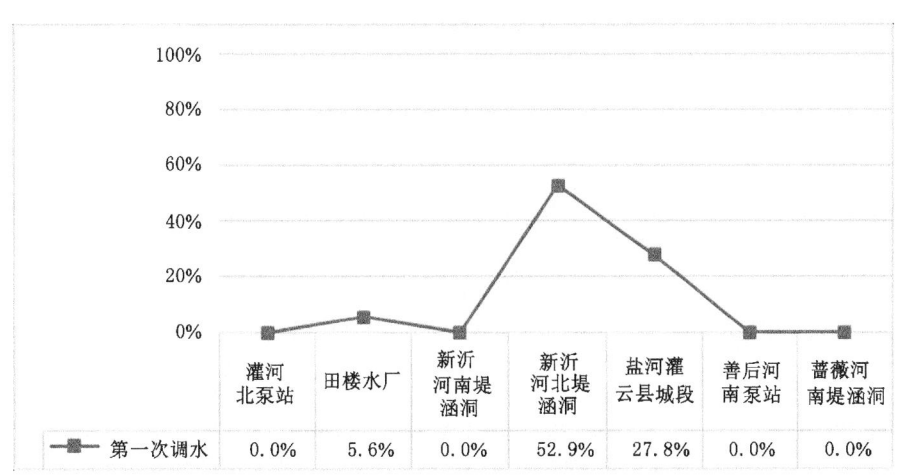

图 9-65　第一阶段调水线路沿程水质变化趋势图

由图 9-65 可以看出，灌河北泵站（出水侧）至新沂河南堤涵洞段水质总体变化不大；新沂河南堤涵洞至新沂河北堤涵洞段水质提升较明显；新沂河北堤涵洞至善后河南泵站段水质明显变差；善后河南泵站至蔷薇河南堤涵洞段水质变化较小。

（二）第二阶段调水

第二阶段调水时间为 9 月 20—30 日，调水期间水质监测项目为高锰酸盐指数、氨氮、总磷、pH 值、溶解氧。对各个监测站点进行测次评价，并计算各个站点水质优于Ⅲ类的达标率，分析第二阶段调水对沿程的水质的影响。

第二阶段调水线路沿程水质变化趋势图见图 9-66。

由图 9-66 可以看出，灌河北泵站（出水侧）至新沂河南堤涵洞段水质稍有提升；新沂河南堤涵洞至新沂河北堤涵洞段水质转好；新沂河北堤涵洞至善后河

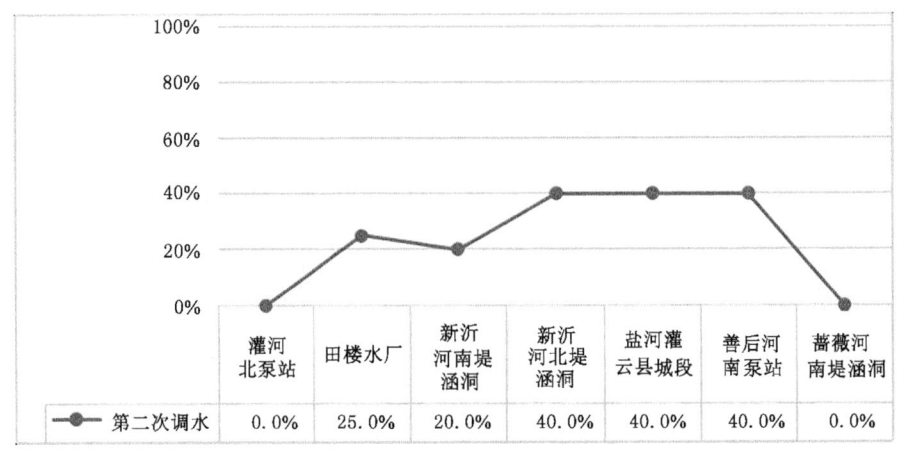

图 9-66　第二阶段调水线路沿程水质变化趋势图

南泵站段水质无明显变化;善后河南泵站至蔷薇河南堤涵洞段水质呈下降趋势。

（三）第三阶段调水

第三阶段调水时间为 11 月 25 日—12 月 20 日,调水期间水质监测项目为高锰酸盐指数、氨氮、总磷、pH 值、溶解氧。对各个监测站点进行测次评价,并计算各个站点水质优于Ⅲ类的达标率,分析第三阶段调水对沿程的水质的影响。

第三阶段调水线路沿程水质变化趋势图见图 9-67。

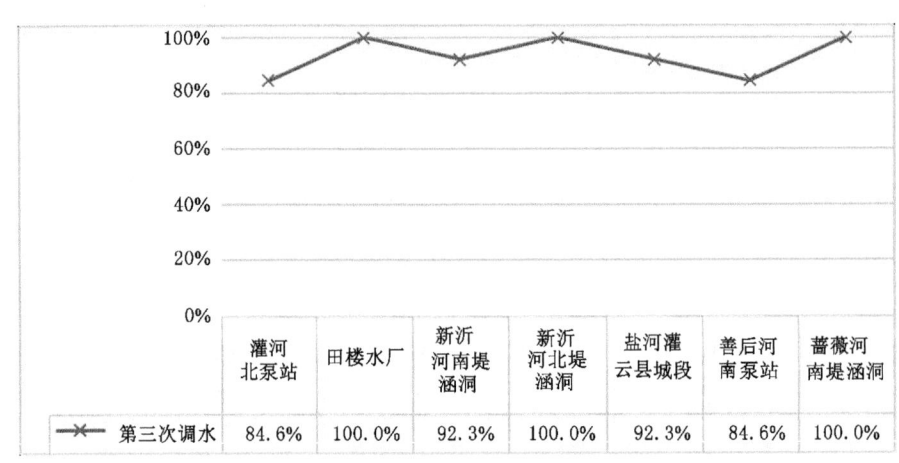

图 9-67　第三阶段调水线路沿程水质变化趋势图

由图 9-67 可以看出,灌河北泵站(出水侧)至新沂河南堤涵洞段水质稍有提升;新沂河南堤涵洞至新沂河北堤涵洞段水质渐好;新沂河北堤涵洞至善后河南泵站段水质呈下降趋势;善后河南泵站至蔷薇河南堤涵洞段水质稍有提升。

(四)原因分析

由图 9-68 可以看出,三个调水阶段各控制节点水质变化总体趋势基本一致。灌河北泵站至新沂河南堤涵洞段因涉及饮用水源保护区,全线封闭,河道内无入河排污口,基本无污染源汇入,水质总体变化不大,水质优劣程度主要受来水水源水质影响;新沂河南堤涵洞至新沂河北堤涵洞段因调水水源与新沂河南偏泓优质水混合,水质提升较明显;新沂河北堤涵洞至善后河南泵站段因灌云县城段雨污分流系统尚未建成、入河排污口较多,点源、面源污染物持续汇入,水质下降趋势较明显;善后河南泵站至蔷薇河南堤涵洞段第一、第二阶段因调水时间较短,蔷薇河南堤涵洞开启时间较晚,本底水质较差,调水影响有限,水质未发生变化,第三阶段调水水质较好,调水时间较长,调水影响明显,蔷薇河南堤涵洞处水质显著提升。

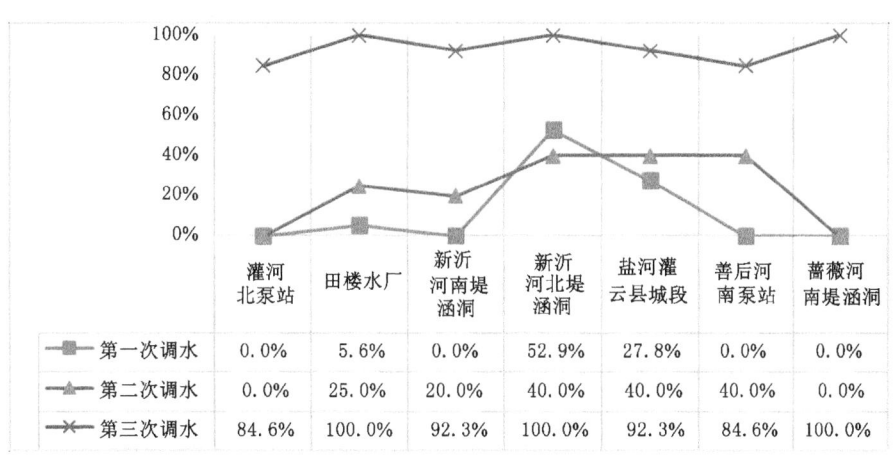

图 9-68 三阶段调水线路沿程水质变化对比图

五、各调水阶段水质影响比对分析

分别对三个阶段调水期间高锰酸盐指数、氨氮和总磷的监测结果进行均值计算,对比分析各阶段调水对水质的影响。三阶段调水高锰酸盐指数影响比对

分析见图 9-69;三阶段调水氨氮影响比对分析见图 9-70;三阶段调水总磷影响
比对分析见图 9-71。

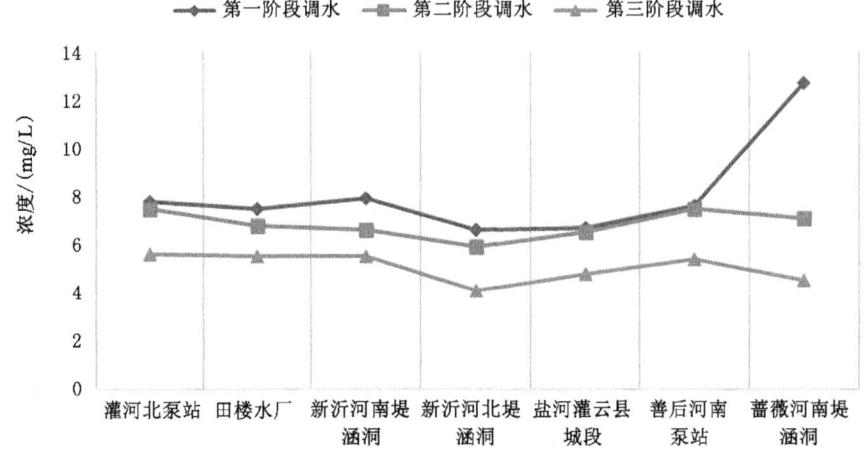

图 9-69　三阶段调水高锰酸盐指数影响比对分析

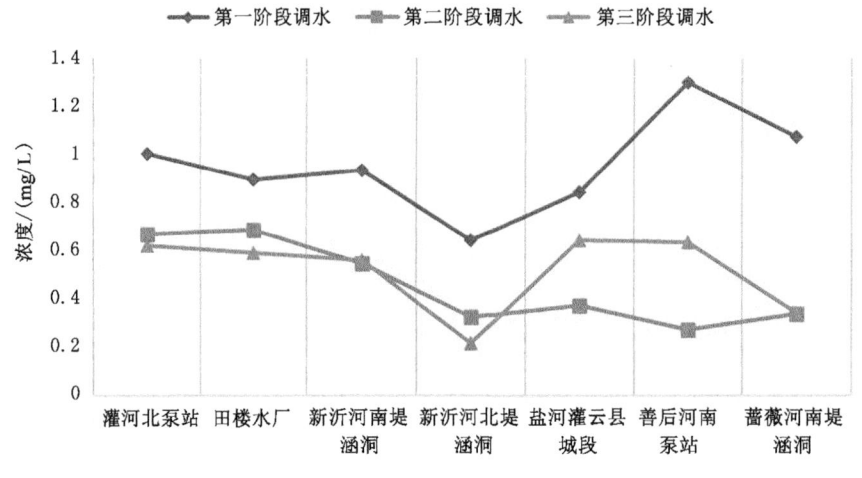

图 9-70　三阶段调水氨氮影响比对分析

由图 9-69～图 9-71 可以看出,三阶段调水对高锰酸盐、氨氮、总磷的影响基
本一致,第三阶段水质优于第二阶段,第二阶段水质优于第一阶段,这与来水水
质和调水时间有关。

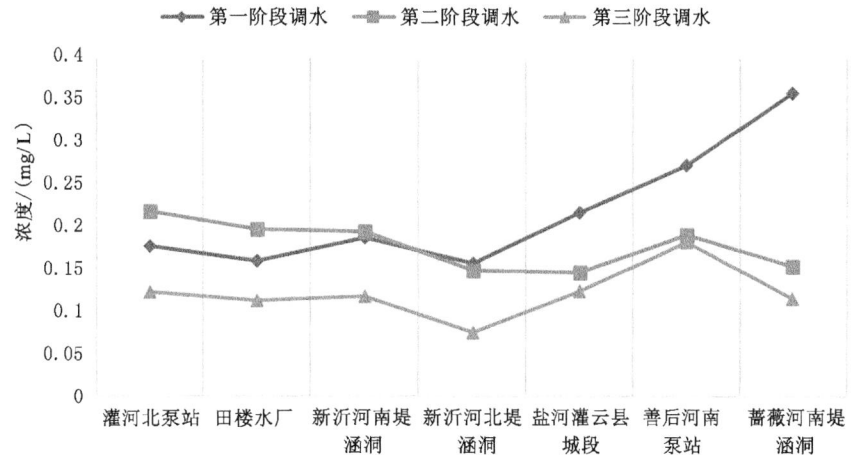

图 9-71 三阶段调水总磷影响比对分析

六、调水首末端水质比对分析

分别对三个阶段调水首末端高锰酸盐指数、氨氮和总磷监测结果进行评价分析，对比分析各阶段调水首末端水质变化情况。三阶段调水首末端高锰酸盐指数影响比对分析见图 9-72；三阶段调水首末端氨氮影响比对分析见图 9-73；三阶段调水首末端总磷影响比对分析见图 9-74。

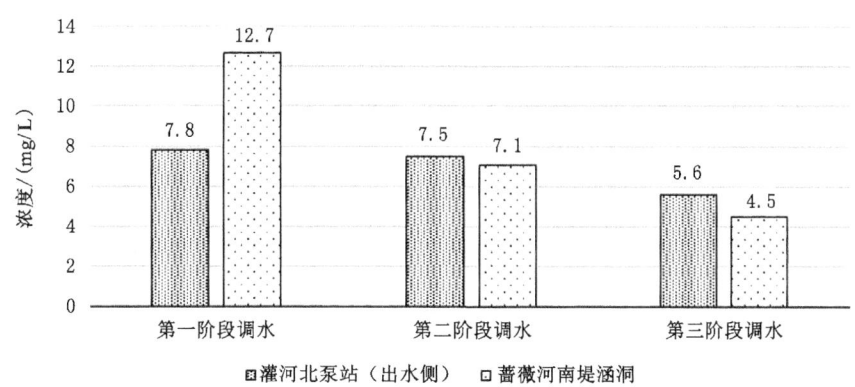

图 9-72 三阶段调水首末端高锰酸盐指数影响比对分析

由图 9-72～图 9-74 可以得出，三阶段调水对首末端高锰酸盐、氨氮、总磷的影响基本一致。第一阶段因调水时间较短，蔷薇河南堤涵洞开启较晚，调水影响程度有限，末端水质未有改善；第二阶段和第三阶段调水时间相对较长，调水效益显现，末端水质有所提升。

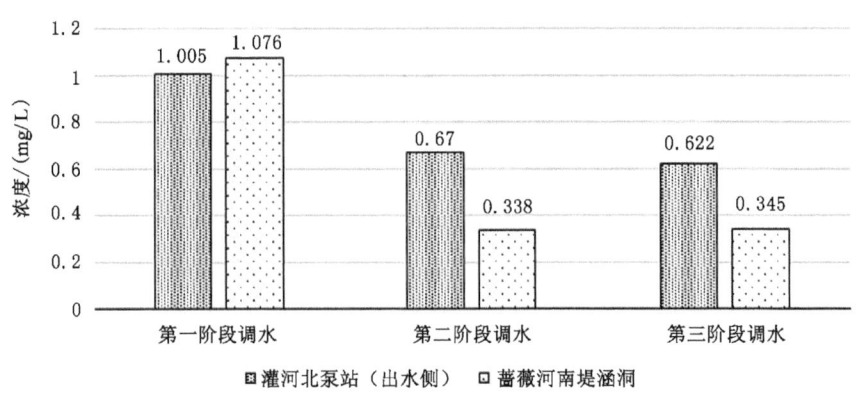

图 9-73 三阶段调水首末端氨氮影响比对分析

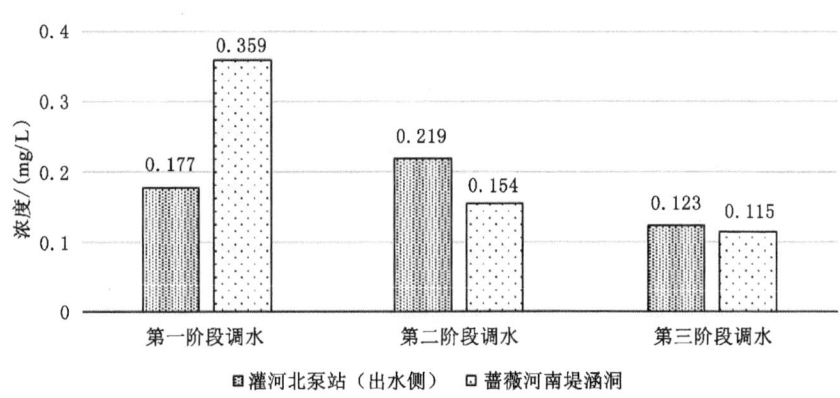

图 9-74 三阶段调水首末端总磷影响比对分析

第四节 地下水影响分析

连云港市共布设有 39 眼深层地下水监测井,其中连云区 1 眼、海州区 1 眼、赣榆区 6 眼、东海县 8 眼、灌云县 9 眼、灌南县 14 眼。深层地下水监测井主要以居民生活用水井为主,部分监测井为工业用水井。灌南县、灌云县深层地下水监测井监测层位主要为(Ⅱ＋Ⅲ)混合承压水,东海县监测井监测层位为裂隙水,赣榆区监测井监测层位以基岩裂隙水为主。

连云港市基岩裂隙水主要分布在西北部的东海—赣榆的中西部低山丘陵

区,全市布设有 12 眼基岩裂隙水监测井,其中 11 眼位于西北部低山丘陵区。第四季度全市 12 眼基岩裂隙水监测井地下水平均埋深为 6.05 m,环比上升 0.5 m,同比上升 0.27 m,其中东海县 7 眼监测井平均埋深 4.83 m,环比上升 0.58 m,同比上升 0.37 m;赣榆区 4 眼监测井平均埋深 8.22 m,环比上升 0.42 m,同比上升 0.13 m,水位上升。

受水文地质条件影响,连云港市 Ⅰ 承压孔隙水水质较差,开发利用程度较低。海头、罗阳等沿海部分区域浅层承压孔隙水开发利用量大,地下水埋深变化大。全市共布设 Ⅰ 承压孔隙水监测井 3 眼,本季度 Ⅰ 承压孔隙水监测井地下水埋深基本稳定。

连云港市 Ⅱ、Ⅲ 承压孔隙水主要分布在灌云南部和灌南全境,地下水开发利用程度较高,是全市深层地下水监测重点。全市(Ⅱ+Ⅲ)混合承压孔隙水监测井共计 24 眼,其中,灌云县 8 眼、灌南县 14 眼。灌云县(Ⅱ+Ⅲ)混合承压孔隙水监测井地下水平均埋深 20.15 m、平均水位 -17.42 m,环比上升 0.06 m,同比上升 2.28 m。灌南县(Ⅱ+Ⅲ)混合承压孔隙监测井地下水平均埋深 28.43 m,平均水位 -24.76 m,环比上升 0.83 m,同比上升 3.18 m。超采区地下水位呈持续上升态势。

连云港市地下水监测井分布图见附图 8。

第十章　调水效益分析

2019 年江苏省水利厅、江苏省水文水资源勘测局连云港分局深入学习贯彻习近平生态文明思想和新时代"节水优先、空间均衡、系统治理、两手发力"治水方针,以习近平新时代中国特色社会主义思想为指导,全力保障经济社会全面发展。认真履行部门职责,关注民生,服务三农。在做好农村饮水安全、防汛等工作的同时,开展了抗旱生态补水工作。

2019 年 7—12 月份通榆河累计调水 1.58 亿 m³,提高了通榆河沿线河道水位,降低了农民灌溉成本,增加了农民收入。同时节约了地下水资源,改善了生态环境,保障了连云港市粮食安全以及地区工农业、生活、生态用水,优化了水资源配置,促进了水资源的可持续利用。通榆河调水取得了显著的社会效益、生态环境效益以及经济效益,也为通榆河北延送水工程常态化运行提供了重要技术支撑。

第一节　社　会　效　益

一、体现了党中央"全心全意为人民服务"的宗旨

十八大以来,党中央国务院高度重视民生建设、生态环境建设,真正体现了党中央"全心全意为人民服务的宗旨"。不忘初心,方得始终。习近平总书记指出:"守初心,就是要牢记全心全意为人民服务的根本宗旨,以坚定的理想信念坚守初心,牢记人民对美好生活的向往就是我们的奋斗目标。"

人民立场是我们党的根本立场,人民群众是我们党最可靠的力量源泉。省水利厅、水文局紧紧围绕党中央的统一部署履职尽职,自觉践行党的根本宗旨,

树牢群众观点,坚持群众路线,时刻不忘我们党来自人民、根植人民,全心全意解决群众所急所需。

二、有效缓解干旱,保障了连云港地区经济可持续发展

通榆河抗旱调水,可有效缓解连云港地区旱情,改善连云港地区生产、生活、生态用水困难的状况,提高连云港地区供水保证率,解决缺水给工业生产和人民群众生活带来的不利影响,对于保障当地经济的可持续发展、稳定当地群众心态、保持社会安定也起到了积极的作用。

三、体现了水利、水文部门"以人为本"的工作理念

水利、水文部门工作的出发点和落脚点就是把群众最关心的民生水利工作开展好,抗旱调水既能缓解水资源供需矛盾,又能促进水资源可持续利用;既能降低农业生产成本,又能提高农民收入;既能保障工业、生态用水,又能改善水生态环境,可以说是最直接、最现实的民生水利、民生水文。

四、扩大了水文影响,树立了水文职工良好形象

通过此次抗旱调水,使全社会对水文的重要作用有了更加深刻的认识,进一步增强了人们对水资源短缺的危机意识。同时水文人在此次工作中出色的组织协调能力以及吃苦耐劳的精神得到了充分展示,锻炼了水文监测队伍,积累了抗旱调水的宝贵经验,再一次证明了水文部门在水资源配置管理中具有不可替代的重要作用。

第二节　工　程　效　益

一、全面掌握调水过程水质、水量、水生态状况,取得宝贵的水文监测一手资料

通榆河北延送水工程自 2013 年竣工验收后,基本未启动向连云港段正式供水,尚未实现向连云港市的常态供水,缺乏必要的实测水文资料。在省水文局统一部署下,连云港水文分局承担了通榆河北延送水工程连云港段的水文监

测任务。

连云港水文分局第一时间成立水文监测领导小组,由局长任组长,负责总体协调;分管副局长任副组长,负责工作部署;由业务科室牵头成立水文监测小组,包括三个水位流量测验小组和三个水质采样小组,并配置报讯组、分析测试组、后勤保障组等,全方位投入到水文监测任务中,全面实时掌握了调水过程中的水量、水质、水生态状况,并存留下宝贵的第一手资料,为后续分析研究工作打下了牢固的基础。

二、保障了区域用水需求

通榆河北延送水工程连云港段供水线路畅通,水利工程设施及管理较为完善,供水期间河道水位稳定,抗旱期间共调水约 1.58 亿 m^3,不仅满足了通榆河沿线河道生态水位要求,保障了连云港用水取水需求,同时也通过翻水站抽水至石安河解决东海县相关区域的抗旱用水,充分发挥了调水工程效益。

三、为通榆河常态供水提供了科学的技术支撑

实施通榆河抗旱应急调水工程,既是立足解决当前抗旱的实际需要,又是结合水利总体规划,着眼提高农业抗旱减灾能力整体目标的长远之计,是人民群众得实惠、惠及率最高的民心工程。借鉴本次调水建设取得的经验,可为通榆河实施常态供水提供科学技术支撑。

四、优化区域水资源配置

通榆河抗旱应急调水工程的实施,积累了大量翔实的水质水量监测数据,为通榆河沿线水环境污染防治提供了科学依据,与此同时也为连云港地区水资源优化配置、水资源合理利用、调查评价、管理和科学调度提供了可靠的支撑。

五、稳定了河道水位,保障了盐河通航需求

通榆河应急调水期间,通榆河盐河段水位略有上涨,弥补受干旱影响引起的河道水位下降,保障了正常通航需求。

六、指引全市节水工作

在本次应对旱情的过程中,除了注重调水期间的节水工作外,也为今后全市节水工作提供了指引,包括更加注重节水的重要性和紧迫性;更利于加快推进由粗放用水方式向集约用水方式的根本性转变,尤其是节水灌溉方式的转变。

第二节　环　境　效　益

一、改善了通榆河盐河段水质

根据通榆河盐河段历年水质评价结果,通榆河盐河段水功能区水质达标率较低,因区域污染,甚至出现Ⅴ类、劣Ⅴ类水,水环境状况不容乐观,通榆河调水实施后,Ⅳ类水达标率为100%,Ⅲ类水达标率达到40%,有效改善了该段水质。

二、减少地下水开发,促进地下水位回升

调水灌溉可以减少地下水的开采,有利于地表水、土壤水和地下水的入渗、下渗、毛管上升和潜流排泄等循环,有利于水土保持,防止地面沉降。实施通榆河抗旱调水后,增加了连云港地区水资源总量,使连云港地区对地下水资源的需求量下降,地下水开采量随之下降,同时区域地表水量的增加会对地下水资源量进行很好的补给。所以调水对缓解地下水资源量下降、防止地面沉降、减少地质灾害的发生有显著的效益。

三、促进调水沿线节水、治污工作,改善区域水环境质量

通榆河抗旱调水工程的实施,进一步推进通榆河沿线地区开展节水、治污和生态环境保护工作,促进连云港地区水生态环境状况的改善,对保障经济社会健康可持续发展具有较好的推进作用。

2019年度通榆河北延送水工程三次调水抗旱工作是成功的,成果是丰硕的,主要包括有效缓解了连云港市旱情,实现了有灾无害,改善了民生,提高百

姓幸福指数;通榆河北延送水工程竣工验收以来多年未运行,本年度调水工作对改善沿线水环境,保障河道生态用水和生态水位均起到积极作用,也为今后通榆河北延送水工程常态供水提供重要支撑;本年度调水工作让各地更加认识到节水工作的重要性,为今后如何落实"坚持节水优先,建设幸福河湖"工作提供有力抓手和着力点,有利于全面提高连云港市整体节水工作。总体而言,本书通过对本年度调水工作过程中水量、水质、水生态监测分析,形成的成果对今后抗旱工作、调水工作以及节水工作等均有重要的积极指导作用。

第十一章 结论及建议

第一节 结 论

一、调水实施情况总结

2019年,淮北地区降雨明显偏少,淮河干流来水持续偏少,淮北地区主要水源地"三湖一库"水位持续下降。洪泽湖水位一度跌破死水位,枯水预警由蓝色升级为黄色。针对江苏省苏北地区严峻旱情,江苏省委省政府高度重视,多次召开抗旱工作专题会议,统筹研究部署,精准施策,监督指导;江苏省水利厅厅长、省防指副指挥陈杰严格落实省委省政府的抗旱决策,组织全省水利系统人员积极投入抗旱工作中,并赴现场指导苏北抗旱工作。连云港市位于淮河流域最下游,旱情尤为严重,地方政府启动了抗旱Ⅳ级响应。基于此,江苏省水利厅分别于2019年7月2日—8月1日、9月19—30日、11月25日—12月17日三次启用通榆河北延送水工程滨海站,向连云港市抗旱调水,三次调水共计水量约1.58亿 m³,其中新沂河南堤涵洞输水量约1.46亿 m³、新沂河北堤涵洞输水量约0.46亿 m³、善后河南泵站输水量约0.50亿 m³,有力保障了农业灌溉用水需求,实现了连云港市"有旱情但无旱灾"的目标,实现了通榆河北延送水工程既定目标,圆满了完成了抗旱工作。

二、监测实施情况总结

针对江苏省委省政府以及江苏省水利厅有关抗旱的部署要求,江苏省水文水资源勘测局积极投身至抗旱工作中,并充分发挥自身业务优势,对通榆河北延送水工程整个抗旱调水过程进行全程水量、水位、水质、水生态全要素水文监测。在通榆河沿线闸门、泵站、涵洞进出口共布设流量监测断面 7 处、水位监测断面 11 处、水质监测断面 7 处、水生态监测断面 5 处,监测流量、水位、水质、水生态及调水进度。调水期间共完成通榆河水位、水量同步监测 191 次、水质监测 40 次、水生态监测 2 次,全面实时掌握了调水过程中的水量、水质、水生态状况,为通榆河实施常态供水提供科学技术支撑。

三、输水监测成果分析结论

（一）水位监测分析成果

整个调水期间,通榆河重要节点水位变化过程符合水流运动规律和通榆河的河道特性,调水稳定期,上、下游水位相关性非常好,水位成果合理。灌北泵站与新沂河南堤涵洞水位变化相关性较好;新沂河北堤涵洞与新沂河南堤涵洞调水初期水位相关性不明显,调水稳定期水位相关性逐渐变好;新沂河北堤涵洞与新沂河南堤涵洞水位相关呈现滞后性;善南泵站与新沂河北堤涵洞水位相关性不明显。

（二）水量监测分析成果

整个调水期间,通榆河重要节点流量变化过程符合水流运动规律和通榆河的河道特性,流量成果合理。灌北泵站与新沂河南堤涵洞的测流断面流量相关性较好;新沂河南堤涵洞流量略小于灌北泵站流量;新沂河北堤涵洞与新沂河南堤涵洞流量相关性不明显,北堤涵洞流量明显小于南堤涵洞流量;善南泵站与新沂河北堤涵洞流量相关性不明显;蔷薇河地涵与善南泵站流量相关性不明显,蔷薇河地涵流量明显小于善南泵站流量。

（三）水质监测分析成果

（1）第一、第二阶段调水水源水质总体较差,均未达到Ⅲ类水标准,影响了灌南县通榆河田楼水源地供水安全;汛期后,第三阶段调水水质提升明显,优Ⅲ比例达到 80%,调水水质安全保障程度提升较大。

（2）通榆河沿线控制节点除新沂河南堤涵洞、北堤涵洞本底水质达到Ⅲ类水标准外,其余控制节点本底水质总体较差,第三次调水时的本底水质总体优于前两次。

（3）第一、第二次调水期间通榆河沿线控制节点水质较本底未有明显提升,第三次调水各控制节点水质较本底提升明显。

（4）三个阶段调水各控制节点水质第三阶段总体优于第二阶段、第一阶段。新沂河南堤涵洞第一阶段至第三阶段，优Ⅲ比例分别为0.0%、33.3%、82.9%；新沂河北堤涵洞第一阶段至第三阶段，优Ⅲ比例分别为47.7%、33.3%、100%；盐河灌云县城段（水位站）第一阶段至第三阶段，优Ⅲ比例分别为25.0%、33.3%、85.7%；善后河南泵站第一阶段至第三阶段，优Ⅲ比例分别为5.3%、33.3%、85.7%；蔷薇河南堤涵洞第一阶段至第三阶段，优Ⅲ比例分别为0%、0%、100%。

（5）三个调水阶段沿程水质变化总体趋势基本一致。灌河泵站至新沂河南堤涵洞段水质总体变化不大；新沂河南堤涵洞至新沂河北堤涵洞段水质提升较明显；新沂河北堤涵洞至善后河南泵站段水质下降趋势较明显；善后河南泵站至蔷薇河南堤涵洞段第一、第二阶段水质未发生明显变化，第三阶段水质显著提升。

（四）水生态监测分析成果

通榆河北延送水工程调水期间，受调水影响的善后河徐圩饮用水源地水域水生态较稳定，水体的生态自我修复能力处于正常范围，通榆河调水未对善后河徐圩水源地水生态产生明显影响。

第二节 存在问题

一、工程效益未完全发挥

本年度调水是为抗旱服务，主要解决了农业灌溉用水和必要的生态用水，三次调水的水量只供至蔷薇河，延供至东海县，未向赣榆区供水，也未供给城市生活、港口及临港产业区用水，对研究通榆河北延送水工程的全线效果还不够完善，没有完全体现出通榆河北延送水工程效益。

二、沿程输水线路较长，存在水量耗损

通榆河北延送水工程输水线路较长，除了自然水量损失外，也有因航道通

航需要船闸开启而损耗的水量,同时沿线水利工程较多,往往涉及省、市、县三级管理,在用水紧张期难免出现不必要的用水纠纷。

三、调水水源水质达标率不高

根据调水期间监测成果,灌北泵站监测断面Ⅲ类水达标率总体不高,虽然本次调水主要目的为抗旱,但调水沿线设有田楼水厂取水口,调水水质不达标会对田楼水厂取水产生一定影响。

四、通榆河沿线污染问题

通榆河盐河段沿线部分老城区城镇污水治理措施相对滞后,管网覆盖不全,雨污分流尚未完全建成,生活污水收集率不高,部分河段 BOD_5、COD 等指标严重超标,且由于雨水冲刷和农田浇灌水的渗透形成面源污染,汇集到通榆河中,使得水质进一步恶化。通榆河部分河段兼有航道功能,但船舶几乎都没有油水分离装置,沿线也未配套完善船舶航运污染收集处理系统,因此航运污染也是通榆河水污染的来源之一。

五、不同行业部门调度管理问题

除灌北泵站及善南泵站等调水主要控制性枢纽由水利部门直接调度外,通榆河部分河道兼有航道功能,盐河南闸、北闸及善后河南闸、北闸均由交通部门管理,统一调度难以有效实施,水量存在一定程度损耗;盐河南闸开启时,沂南小河的污水会由盐河进入新沂河南偏泓,从而影响调水水质。

六、农业用水效率问题

连云港市处于江苏省水源供水末梢,尤其是农业用水紧张问题时常发生。据统计,中华人民共和国成立后的 55 a 中,发生 25 次严重干旱,影响极为深远,甚至危及生态环境。连云港市每年因干旱经济损失轻者数千万元,重者数亿元。实施高效节水灌溉,为解决工农业用水不足问题找到了最有效的解决办法。经测算,实施高效节水灌溉的地区,灌溉水利用系数由 0.5 提高至 0.85 以上,比传统灌溉节水 20%～50%。高效节水灌溉能有效减少面源污染,保住土壤肥力,减少农药散逸。传统大水漫灌造成农田深层渗漏,甚至田间排水,耕作土层农药、肥料会随流水进入支、干河流,最终汇入骨干河流。相比漫灌,高效节水灌溉,尤其是滴灌,可降低污染排放。实施高效节水灌溉,节水同时降低污染排放,可进一步提高农业生产抵御干旱等自然灾害的能力。

第三节　建　　议

一、调整供水方式,提供稳态供水

通榆河北延送水工程旨在作为连云港城市供水的应急备用水源,提供连云港市经济社会发展所需增供水量,保证疏港航道通航水位和适当补充农业灌溉缺水。通榆河北延送水工程连云港境内 71.2 km,调水线路、周期长,但调水效益明显。本次调水提高了通航水位和通航能力,改善了河道水质,满足了城市用水需求。为保障通榆河北延送水工程稳定发挥效益,建议进一步论证,调整相机供水方式为稳态供水,进一步改良河道水质,补充用水不足,改善生态环境。

二、强化水源地水质监测

田楼水厂常规取水水源地为新沂河南偏泓来水,水质稳定,保障程度较高。调水工程实施后,取水水源为通榆河来水,水质保障程度降低。建议进一步加强取水水源水质监测,及时启用灌北泵站自动站,实现实时连续监测,水质不达标及时预警,便于水厂及时启动应急预案,保障区域供水安全。

三、开展区域污染源调查与治理

根据通榆河沿线历年水功能区监测数据,受通榆河盐河段两岸污水的影响,盐河段水质达标率较低,建议在完善工程调控措施的同时,仍需要大力加强两岸地区污染源调查与治理,继续推进通榆河沿线截污导流工程的实施,同时加大船舶污染源管控,确保通榆河供水线路水质安全,充分发挥通榆河调水工程效益,实现调水工程效益最大化。

（一）加快城镇生活污染治理基础设施建设

1．提升城镇污水处理能力

根据污水收集处理负荷、处理工艺技术水平以及有关要求，全面完成城镇污水处理设施建设或改造工作，并达到相应排放标准或再生利用要求。水体水质达不到地表水Ⅳ类标准的城区，其新建的城市生活污水处理设施应执行一级A排放标准（县、区级以上地区）。加强城镇污水管网清查，建立并完善污水管网资料。

完成乡镇生活污水处理设施全覆盖。推行乡镇生活污水治理 PPP 投融资模式改革，积极推进采用政府购买服务实施水环境污染第三方治理的方案。合理确定污水处理设施建设规模和建设标准，因地制宜选取处理效果有保证、运行管理易实施的污水处理技术。已建乡镇生活污水处理设施要根据污水收集处理负荷、处理工艺技术水平以及有关要求，全面完成污水处理设施改造或管网配套建设。理顺乡镇生活污水处理设施运行管理机制，强化日常监管。

2．全面加强配套管网建设

强化老旧城区和城乡接合部污水的截流、收集。现有合流制排水系统应加快实施雨污分流改造，难以改造的应采取截流、调蓄和治理等措施。新建污水处理设施的配套管网应同步设计、同步建设、同步投运。城镇新区建设均应实行雨污分流，有条件的地区要推进初期雨水收集、处理和资源化利用。加强已建污水管网运行维护，完善接入市政管网的污水排放口设置，加强污水预处理设施和水质、水量检测设施建设的指导和监督。

3．加强雨污分流和初期雨水处理

着力推进雨污分流管网建设，避免雨污合流溢流造成的水体污染。建设初期雨水调蓄池或专门的初期雨水处理设施，加强初期雨水处理。

4．加强污水处理厂的运行监管

加快现有污水处理厂技术改造，所有污水处理厂安装自动在线监控装置，实现对污水处理厂运行和排放的实时、动态监督，确保污水排放基本达到城镇污水处理厂污染物排放标准。严格实施城市排水许可制度，对不符合纳管标准的企业坚决取消排水资格。

5．增强船舶水污染和码头污染防治能力

码头建设配套的污水存储、垃圾以及固体废物、散装货物残余接收暂存设施,完善区域污水管网、垃圾转运服务体系,提高含油污水、化学品洗舱水等接收处置能力及污染事故应急能力。码头接收的含油污水、化学品洗舱水要进行无害化处理,避免造成二次污染。码头、装卸站的经营人应配置事故应急设备和器材,制订防止船舶及其有关活动污染水环境的应急计划。

(二)加强工业企业污染治理

加强工业园区污水处理设施建设,强化经济技术开发区、高新技术产业开发区等工业集聚区污染治理,集聚区内的工业废水必须经预处理达到有关指标要求后,方可进入污水集中处理设施。新建、升级工业集聚区应同步规划建设污水和垃圾集中处理设施。所有工业园区均要建设处理能力配套的污水处理厂,优化污水处理工艺,完善配套管网。通榆河沿线涉及的工业园区应按规定建成污水集中处理设施,并安装自动在线监控装置。加强分散企业的废水收集和处理。完善污水处理厂集中收集和处理设施,对规模较小的分散排污企业原则上向园区集中,不能集中的企业,将废水接入污水处理厂进行集中收集和处理。加强企业废水预处理和排水管理。严格执行污水处理厂接管标准,保证污水厂稳定运行。加强污水处理厂尾水利用设施建设,配套出台相应鼓励政策,加强科技攻关和示范工程,提高尾水利用率。

提高工业企业的清洁生产水平和中水回用率。以通榆河涉及的排污企业为重点,定期对不能稳定达标排放的工业企业实施强制性清洁生产审核。制订清洁生产审核计划、推进企业清洁生产实施,优先实施无费、低费方案,稳步实施中、高费方案。严格标准、规范清洁生产审核行为,加强督促检查,全面提高方案范围内工业企业清洁生产水平。制订重污染行业专项治理方案。全面开展重点工业企业标准化达标工作,实施清洁化生产,督促企业配套建设与污染物排放量相匹配的水污染防治措施。对上述行业的新建、改建和扩建项目实行污染物等量置换或减量置换。

针对企业的综合污水,鼓励开展中水回用工程,提高重点行业中水回用率,采用倒逼机制,加大中水回用力度,严格控制年度控水指标,并要求重点企业制订水量倒排计划。

(三)推进农业面源污染治理

1.加快推进种植业污染治理

针对通榆河涉及的区域范围内城镇化率较低,农村、农业的比重较大,乡镇村生活污水、养殖业污染物直排以及种植业化肥、农药过量施用导致面源污染突出,导致农田水土流失量大,营养物质流失率高带来的环境问题,应全面推广测土配方施肥,推广绿色、无公害、有机农产品基地建设,加快推广节水灌溉,积极改进耕作方式,加大防治农业面源污染的宣传力度。

2. 实施畜禽养殖业污染源治理

针对畜禽养殖量大,养殖废水没有得到及时有效的处理和资源化利用,污染物处理不彻底等带来的环境问题,应当严格畜禽养殖环境管理,推进畜禽养殖污染治理,加强畜禽生态养殖技术推广应用、加强畜禽养殖废弃物综合利用。

(四)开展农村生活污染源综合治理

针对通榆河沿线农村污水及垃圾未进行收集处理,随意排放造成的污染问题,加快推进厕所革命、农村生活污水治理,完善垃圾处理体系,清理陈腐垃圾。

1. 加快推进厕所革命

加快完成农村改厕工作任务。进一步提高农村改厕工作的规范性。严格规范农村改厕技术要求,加强日常监督和指导,从严项目验收。

2. 因地制宜积极推进农村生活污水治理

合理选择就近接入城镇污水处理厂统一处理、就地建设小型设施相对集中处理以及分散处理等治理方式,推进农村污水处理工作。实施农村生活污水处理设施统一规划、统一建设、统一管理,加快城镇集中式污水处理厂收集系统的延伸。城镇污水管网规划建设涉及的村庄,其生活污水要优先纳入城镇污水处理设施进行集中处理;其他不具备接管条件的村庄按照因地制宜、分类处理的原则,采取微动力、少管网、低成本、易维护的生态处理模式,积极建设农村污水分散式处理站,有条件的农村地区要开展集中式生活污水处理或做到截污纳管。

积极推进农村环境连片整治,重点解决集中聚居点生活污水处理,完善农村污水处理设施,推进乡镇污水处理厂及配套管网建设,推进县域农村新村一体化设备污水处理站建设,不断提高农村生活污水处理率,全面改善农村水环境质量。

3. 完善垃圾处理体系

对农村生活垃圾,积极推行"户三包、村收集、镇中转、县处理"的垃圾收集处理模式;对城乡接合部垃圾实施重点管理,切实改变脏、乱、差的现象,确保乡村垃圾不污染周围水体,建立农村环境污染治理设施长效运管机制。

4. 清理陈腐垃圾

鉴于通榆河涉及范围内存在垃圾收运体系的不完善及垃圾随意丢弃的情况,实施老垃圾堆清理工程,彻底清除陈腐垃圾,有效消除影响水质的隐患。

（五）实施河道生态环境综合整治

针对通榆河流域范围内存在河道淤积、水系流通不畅、河道水面积减少、排泄能力不足、河水发黑发臭等问题,落实河道清淤疏浚、水体综合整治、支流综合整治、河岸沿线生态修复等措施。

四、进一步加强不同部门间统一调度

调水工程涉及面较广,需要不同地区、不同部门、不同行业通力合作。以河长制为抓手,充分发挥水利、环境、航道、农业农村等部门协同作用,构建责任明确、协调有序、监管严格、保障有力的调水管水用水的保护机制,有利于在统筹供水安全与通航需求的基础上,实现不同行业部门间统一调度,确保通榆河调水工程长效运行。

五、大力发展高效节水灌溉,增强自身抗御自然灾害的能力

农业是用水大户,近年来农业用水量约占经济社会用水总量的62%,农业用水效率不高,节水潜力很大。大力发展农业节水,建设高标准农田,增加高效节水灌溉面积,将高标准农田建设纳入全省高质量发展监测评价指标体系、省政府激励考核事项可有效促进节水灌溉的实施。以水资源高效利用为核心,严格水资源管理,优化农业生产布局,转变农业用水方式,完善农业节水机制,着力加强农业节水的综合措施,着力强化农业节水的科技支撑,着力创新农业节水工程管理体制,着力健全基层水利服务和农技推广体系,以水资源的可持续利用保障农业和经济社会的可持续发展。

六、推进水量分配研究,优化水资源配置

优化合理配置水资源,加快推进开展水量分配研究,制订并落实监管措施,在满足生态用水基本需求的前提下,明确各用水权益,保障淮沭新河线路和通榆河北延送水工程的统筹协调,充分落实空间均衡要求。

七、落实"节水优先"理念,大力推行节水型社会建设

连云港地处淮河流域供水末端,水资源供给受工程调水影响较大,在优化水资源配置的同时,需大力推行节水型社会建设,加快制定完善节水标准定额体系,以制度保障节水工作,同时加大宣传力度,增加公众的节水意识,提高水资源利用效率和效益,谋求经济社会全面协调可持续发展。通过节水调整经济结构和经济增长方式,彻底摒弃高耗水行业,完善用水总量控制与定额管理相结合的水环境保护机制。

八、实施抗旱水源工程建设,增加河道水库蓄水能力

尽快恢复已除险加固病险水库的蓄水能力,对有条件的塘坝继续进行清淤加固,增强河道水库调蓄水源的能力。

附　　录

附录一　抗旱工作剪影

2019年4月25日,省防汛防旱指挥部召开全体会议,省委常委、常务副省长、省防指指挥樊金龙主持会议并讲话。省水利厅厅长、省防指副指挥陈杰汇报了全省防汛防旱工作情况

2019年4月30日,省防指召开全省防汛防旱工作视频会,省防指副指挥、省政府副秘书长徐莹参加会议

2019 年 6 月省防办组织开展全省抗旱工作总结交流

2019 年 7 月淮委副总工夏成宁指导省防汛防旱抢险中心抗旱工作

2019 年 7 月 27 日陈杰厅长现场指导省防汛防旱抢险中心苏北抗旱工作

2019 年 7 月 28 日郑在洲副主任现场指导省防汛防旱抢险中心苏北抗旱工作

连云港市水利局局长宋波调研通榆河北延送水工程抗旱应急调水工作

连云港市领导吴海云检查指导通榆河调水运行工作

连云港水文局刘沂轩局长部署抗旱工作并现场检查指导通榆河调水运行工作

江苏省水文局孙永远副局长检查指导通榆河调水运行工作

江苏省水文局孙永远副局长慰问抗旱调水一线职工

连云港水文局开展通榆河应急调水测流工作

连云港水文局开展通榆河应急调水水质采样工作

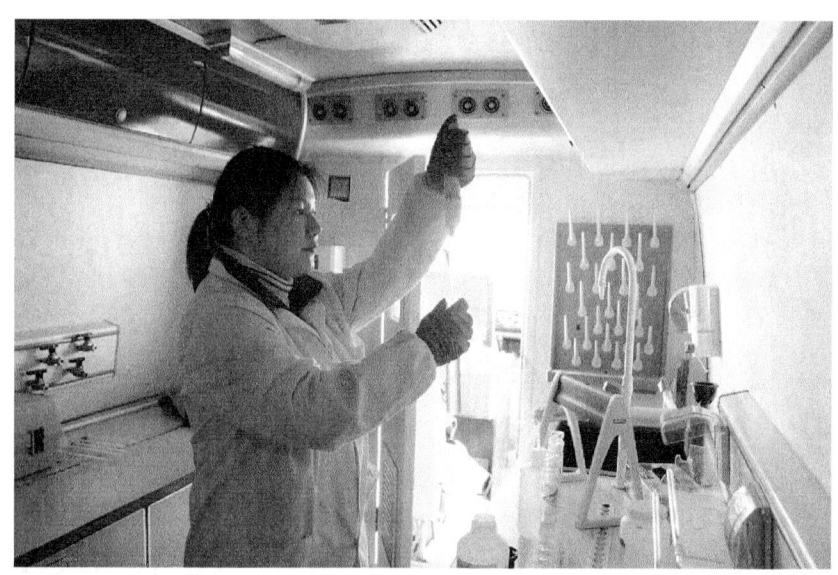

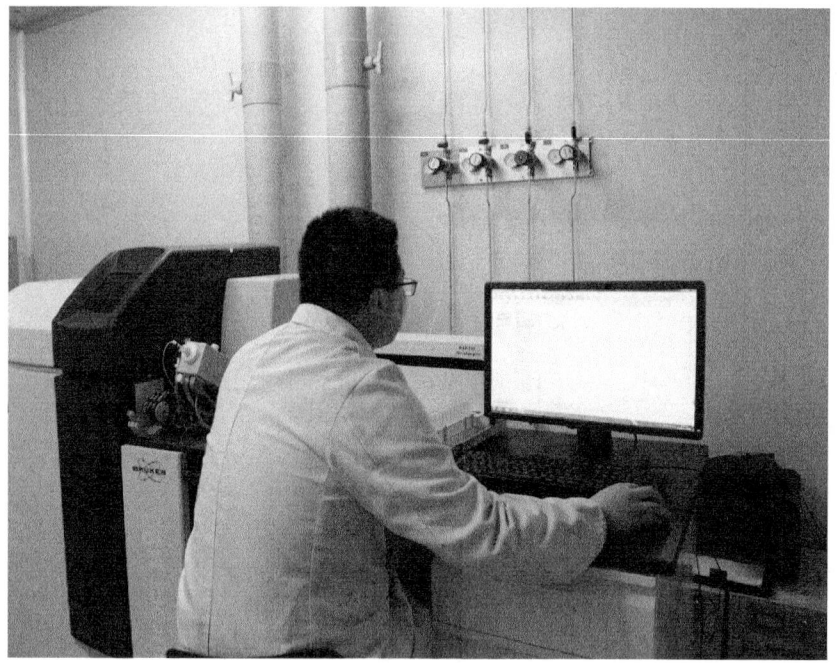

连云港水文局开展通榆河应急调水水质分析工作

附录二　附　　表

附表 1　通榆河灌南工业农业用水区田楼水厂断面历年水质评价结果(双指标)

日期	现状水质	水质目标	达标情况	超标项目(超标倍数)
2017-1-4	Ⅲ	Ⅲ	达标	
2017-1-7	Ⅱ	Ⅲ	达标	
2017-1-20	Ⅲ	Ⅲ	达标	
2017-2-6	Ⅲ	Ⅲ	达标	
2017-2-17	Ⅲ	Ⅲ	达标	
2017-2-23	Ⅲ	Ⅲ	达标	
2017-3-2	Ⅲ	Ⅲ	达标	
2017-3-9	Ⅲ	Ⅲ	达标	
2017-3-23	Ⅳ	Ⅲ	不达标	高锰酸盐指数(0.2)
2017-4-5	Ⅳ	Ⅲ	不达标	高锰酸盐指数(0.0)
2017-4-7	Ⅲ	Ⅲ	达标	
2017-4-24	Ⅲ	Ⅲ	达标	
2017-5-2	Ⅳ	Ⅲ	不达标	高锰酸盐指数(0.2)
2017-5-10	Ⅳ	Ⅲ	不达标	高锰酸盐指数(0.2)
2017-5-23	Ⅲ	Ⅲ	达标	
2017-6-5	Ⅲ	Ⅲ	达标	
2017-6-6	Ⅲ	Ⅲ	达标	
2017-6-22	Ⅲ	Ⅲ	达标	
2017-7-4	Ⅱ	Ⅲ	达标	
2017-7-6	Ⅱ	Ⅲ	达标	
2017-7-24	Ⅲ	Ⅲ	达标	
2017-8-1	Ⅳ	Ⅲ	不达标	高锰酸盐指数(0.1)
2017-8-2	Ⅲ	Ⅲ	达标	
2017-8-22	Ⅲ	Ⅲ	达标	
2017-9-4	Ⅲ	Ⅲ	达标	
2017-9-7	Ⅲ	Ⅲ	达标	
2017-9-21	Ⅲ	Ⅲ	达标	
2017-10-9	Ⅳ	Ⅲ	不达标	高锰酸盐指数(0.1)

日期	现状水质	水质目标	达标情况	超标项目（超标倍数）
2017-10-11	Ⅲ	Ⅲ	达标	
2017-10-23	Ⅲ	Ⅲ	达标	
2017-11-2	Ⅲ	Ⅲ	达标	
2017-11-7	Ⅲ	Ⅲ	达标	
2017-11-22	Ⅲ	Ⅲ	达标	
2017-12-4	Ⅲ	Ⅲ	达标	
2017-12-5	Ⅲ	Ⅲ	达标	
2017-12-22	Ⅲ	Ⅲ	达标	
2018-1-9	Ⅲ	Ⅲ	达标	
2018-2-3	Ⅲ	Ⅲ	达标	
2018-3-6	Ⅲ	Ⅲ	达标	
2018-4-4	Ⅲ	Ⅲ	达标	
2018-5-7	Ⅲ	Ⅲ	达标	
2018-6-6	Ⅲ	Ⅲ	达标	
2018-7-5	Ⅲ	Ⅲ	达标	
2018-8-8	Ⅲ	Ⅲ	达标	
2018-9-10	Ⅲ	Ⅲ	达标	
2018-10-11	Ⅲ	Ⅲ	达标	
2018-11-14	Ⅲ	Ⅲ	达标	
2018-12-6	Ⅲ	Ⅲ	达标	

附表 2　通榆河灌南工业农业用水区田楼水厂断面历年水质评价结果（全指标）

日期	现状水质	水质目标	达标情况	超标项目（超标倍数）
2017/1/4	Ⅲ	Ⅲ	达标	
2017/1/7	Ⅲ	Ⅲ	达标	
2017/1/20	Ⅲ	Ⅲ	达标	
2017/2/6	Ⅲ	Ⅲ	达标	
2017/2/17	Ⅲ	Ⅲ	达标	
2017/2/23	Ⅲ	Ⅲ	达标	
2017/3/2	Ⅲ	Ⅲ	达标	
2017/3/9	Ⅲ	Ⅲ	达标	
2017/3/23	Ⅳ	Ⅲ	不达标	高锰酸盐指数（0.2）
2017/4/5	Ⅳ	Ⅲ	不达标	高锰酸盐指数（0.0）
2017/4/7	Ⅲ	Ⅲ	达标	
2017/4/24	Ⅲ	Ⅲ	达标	

日期	现状水质	水质目标	达标情况	超标项目(超标倍数)
2017/5/2	IV	III	不达标	高锰酸盐指数(0.2)
2017/5/10	IV	III	不达标	高锰酸盐指数(0.2)
2017/5/23	III	III	达标	
2017/6/5	III	III	达标	
2017/6/6	III	III	达标	
2017/6/22	III	III	达标	
2017/7/4	II	III	达标	
2017/7/6	II	III	达标	
2017/7/24	III	III	达标	
2017/8/1	IV	III	不达标	高锰酸盐指数(0.1)
2017/8/2	III	III	达标	
2017/8/22	III	III	达标	
2017/9/4	III	III	达标	
2017/9/7	III	III	达标	
2017/9/21	III	III	达标	
2017/10/9	IV	III	不达标	高锰酸盐指数(0.1)
2017/10/11	III	III	达标	
2017/10/23	III	III	达标	
2017/11/2	III	III	达标	
2017/11/7	III	III	达标	
2017/11/22	III	III	达标	
2017/12/4	III	III	达标	
2017/12/5	III	III	达标	
2017/12/22	III	III	达标	
2018/1/9	IV	III	不达标	五日生化需氧量(0.3)
2018/2/3	IV	III	不达标	化学需氧量(0.1)
2018/3/6	III	III	达标	
2018/4/4	III	III	达标	
2018/5/7	III	III	达标	
2018/6/6	IV	III	不达标	五日生化需氧量(0.1)
2018/7/5	III	III	达标	
2018/8/8	III	III	达标	
2018/9/10	III	III	达标	
2018/10/11	III	III	达标	
2018/11/14	III	III	达标	
2018/12/6	III	III	达标	

附表 3　新沂河连云港农业用水区南泓断面历年水质评价结果（双指标）

日期	现状水质	水质目标	达标情况	超标项目（超标倍数）
2010-1-28	III	II	不达标	高锰酸盐指数（0.2）
2010-2-4	III	II	不达标	高锰酸盐指数（0.3）氨氮（0.0）
2010-3-28	III	II	不达标	高锰酸盐指数（0.3）
2010-4-16	IV	II	不达标	高锰酸盐指数（0.5）
2010-5-20	IV	II	不达标	高锰酸盐指数（0.7）
2010-6-8	III	II	不达标	高锰酸盐指数（0.4）
2010-7-14	IV	II	不达标	高锰酸盐指数（0.9）氨氮（0.4）
2010-8-11	IV	II	不达标	高锰酸盐指数（1.2）氨氮（0.1）
2010-9-10	III	II	不达标	高锰酸盐指数（0.3）
2010-10-14	IV	II	不达标	高锰酸盐指数（1.3）
2010-11-11	III	II	不达标	高锰酸盐指数（0.5）
2010-12-7	IV	II	不达标	高锰酸盐指数（0.9）
2011-1-8	III	II	不达标	高锰酸盐指数（0.1）
2011-2-14	III	II	不达标	高锰酸盐指数（0.2）
2011-3-4	III	II	不达标	氨氮（0.4）高锰酸盐指数（0.2）
2011-4-7	III	II	不达标	高锰酸盐指数（0.0）
2011-5-3	III	II	不达标	氨氮（0.8）
2011-6-8	III	II	不达标	高锰酸盐指数（0.1）
2011-7-9	IV	II	不达标	高锰酸盐指数（0.8）
2011-8-16	III	II	不达标	高锰酸盐指数（0.5）
2011-9-1	IV	II	不达标	氨氮（2.0）高锰酸盐指数（0.3）
2011-10-9	III	II	不达标	高锰酸盐指数（0.1）
2011-11-8	III	II	不达标	高锰酸盐指数（0.3）
2011-12-5	III	II	不达标	高锰酸盐指数（0.1）
2012-1-4	III	II	不达标	高锰酸盐指数（0.1）
2012-2-6	II	II	达标	
2012-3-5	V	II	不达标	氨氮（2.3）高锰酸盐指数（0.2）
2012-4-6	III	II	不达标	氨氮（0.5）高锰酸盐指数（0.4）
2012-5-3	III	II	不达标	高锰酸盐指数（0.4）氨氮（0.1）
2012-6-4	III	II	不达标	高锰酸盐指数（0.4）氨氮（0.3）
2012-7-13	III	II	不达标	氨氮（0.5）高锰酸盐指数（0.4）
2012-8-6	III	II	不达标	高锰酸盐指数（0.2）
2012-9-2	III	II	不达标	高锰酸盐指数（0.4）
2012-10-8	III	II	不达标	高锰酸盐指数（0.3）
2012-11-5	IV	II	不达标	高锰酸盐指数（0.6）
2012-12-5	III	II	不达标	高锰酸盐指数（0.1）

日期	现状水质	水质目标	达标情况	超标项目(超标倍数)
2013-1-4	Ⅲ	Ⅱ	不达标	高锰酸盐指数(0.2)
2013-2-1	Ⅲ	Ⅱ	不达标	高锰酸盐指数(0.2)
2013-3-2	Ⅲ	Ⅱ	不达标	高锰酸盐指数(0.1)
2013-4-1	劣Ⅴ	Ⅱ	不达标	氨氮(3.4) 高锰酸盐指数(0.3)
2013-5-3	Ⅲ	Ⅱ	不达标	高锰酸盐指数(0.4)
2013-6-5	Ⅲ	Ⅱ	不达标	高锰酸盐指数(0.3)
2013-7-2	Ⅱ	Ⅱ	达标	
2013-8-13		Ⅱ	达标	
2013-9-3	Ⅲ	Ⅱ	不达标	高锰酸盐指数(0.4)
2013-10-8	Ⅱ	Ⅱ	达标	
2013-11-5	Ⅲ	Ⅱ	不达标	高锰酸盐指数(0.5) 氨氮(0.1)
2013-12-20	Ⅲ	Ⅱ	不达标	高锰酸盐指数(0.4)
2014-1-2	Ⅲ	Ⅱ	不达标	高锰酸盐指数(0.1)
2014-2-8	Ⅲ	Ⅱ	不达标	氨氮(0.5) 高锰酸盐指数(0.1)
2014-3-3	Ⅱ	Ⅱ	达标	
2014-4-10	Ⅲ	Ⅱ	不达标	高锰酸盐指数(0.1)
2014-5-6	Ⅲ	Ⅱ	不达标	高锰酸盐指数(0.3)
2014-6-5	Ⅲ	Ⅱ	不达标	高锰酸盐指数(0.1)
2014-7-3	Ⅲ	Ⅱ	不达标	高锰酸盐指数(0.3)
2014-8-5	Ⅳ	Ⅱ	不达标	高锰酸盐指数(1.4)
2014-9-2	Ⅲ	Ⅱ	不达标	高锰酸盐指数(0.4)
2014-10-9	Ⅲ	Ⅱ	不达标	高锰酸盐指数(0.2)
2014-11-3	Ⅲ	Ⅱ	不达标	高锰酸盐指数(0.4)
2014-12-5	Ⅲ	Ⅱ	不达标	高锰酸盐指数(0.0)
2015-1-4	Ⅲ	Ⅱ	不达标	高锰酸盐指数(0.1)
2015-2-3	Ⅲ	Ⅱ	不达标	高锰酸盐指数(0.1)
2015-3-3	Ⅲ	Ⅱ	不达标	高锰酸盐指数(0.2)
2015-4-8	Ⅱ	Ⅱ	达标	
2015-5-5	劣Ⅴ	Ⅱ	不达标	氨氮(8.2) 高锰酸盐指数(0.2)
2015-6-3	Ⅲ	Ⅱ	不达标	高锰酸盐指数(0.3)
2015-7-7	Ⅲ	Ⅱ	不达标	高锰酸盐指数(0.5)
2015-8-5	Ⅲ	Ⅱ	不达标	高锰酸盐指数(0.5)
2015-9-7	Ⅲ	Ⅱ	不达标	高锰酸盐指数(0.4)
2015-10-10	Ⅲ	Ⅱ	不达标	高锰酸盐指数(0.2)
2015-11-3	Ⅲ	Ⅱ	不达标	高锰酸盐指数(0.2)
2015-12-3	Ⅲ	Ⅱ	不达标	高锰酸盐指数(0.3)

日期	现状水质	水质目标	达标情况	超标项目(超标倍数)
2016-1-6	Ⅲ	Ⅱ	不达标	高锰酸盐指数(0.4)
2016-2-2	Ⅲ	Ⅱ	不达标	高锰酸盐指数(0.2)
2016-3-3	Ⅲ	Ⅱ	不达标	高锰酸盐指数(0.3)
2016-4-7	Ⅲ	Ⅱ	不达标	高锰酸盐指数(0.1)
2016-5-3	Ⅲ	Ⅱ	不达标	高锰酸盐指数(0.2)
2016-6-2	Ⅲ	Ⅱ	不达标	高锰酸盐指数(0.2)
2016-7-7	Ⅲ	Ⅱ	不达标	高锰酸盐指数(0.5)
2016-8-18	Ⅲ	Ⅱ	不达标	高锰酸盐指数(0.5)
2016-9-7	Ⅲ	Ⅱ	不达标	高锰酸盐指数(0.5)
2016-10-9	Ⅲ	Ⅱ	不达标	高锰酸盐指数(0.3)
2016-11-8	Ⅲ	Ⅱ	不达标	高锰酸盐指数(0.3)
2016-12-7	Ⅲ	Ⅱ	不达标	高锰酸盐指数(0.2)
2017-1-7	Ⅱ	Ⅱ	达标	
2017-2-17	Ⅲ	Ⅱ	不达标	高锰酸盐指数(0.5)
2017-3-9	Ⅴ	Ⅱ	不达标	氨氮(1.9) 高锰酸盐指数(1.8)
2017-4-7	Ⅲ	Ⅱ	不达标	高锰酸盐指数(0.4)
2017-5-10	Ⅱ	Ⅱ	达标	
2017-6-6	Ⅲ	Ⅱ	不达标	高锰酸盐指数(0.4)
2017-7-6	Ⅲ	Ⅱ	不达标	高锰酸盐指数(0.2)
2017-8-2	Ⅲ	Ⅱ	不达标	高锰酸盐指数(0.4)
2017-9-7	Ⅱ	Ⅱ	达标	
2017-10-11	Ⅲ	Ⅱ	不达标	高锰酸盐指数(0.2)
2017-11-7	Ⅲ	Ⅱ	不达标	高锰酸盐指数(0.5)
2017-12-4	Ⅲ	Ⅱ	不达标	高锰酸盐指数(0.4) 氨氮(0.1)
2018-1-9	Ⅲ	Ⅱ	不达标	高锰酸盐指数(0.5)
2018-2-3	Ⅲ	Ⅱ	不达标	高锰酸盐指数(0.3)
2018-3-6	Ⅲ	Ⅱ	不达标	高锰酸盐指数(0.3) 氨氮(0.3)
2018-4-4	Ⅲ	Ⅱ	不达标	氨氮(1.0) 高锰酸盐指数(0.3)
2018-5-7	Ⅲ	Ⅱ	不达标	高锰酸盐指数(0.2)
2018-6-6	Ⅲ	Ⅱ	不达标	氨氮(0.9) 高锰酸盐指数(0.2)
2018-7-5	Ⅴ	Ⅱ	不达标	氨氮(2.8) 高锰酸盐指数(0.5)
2018-8-8	Ⅳ	Ⅱ	不达标	高锰酸盐指数(0.6)
2018-9-10	Ⅲ	Ⅱ	不达标	高锰酸盐指数(0.4)
2018-10-11	Ⅲ	Ⅱ	不达标	高锰酸盐指数(0.4)
2018-11-14	Ⅲ	Ⅱ	不达标	高锰酸盐指数(0.2)
2018-12-6	Ⅲ	Ⅱ	不达标	氨氮(0.3) 高锰酸盐指数(0.2)

附表 4　新沂河连云港农业用水区南泓断面历年水质评价结果（全指标）

日期	现状水质	水质目标	达标情况	超标项目（超标倍数）
2010/1/28	Ⅲ	Ⅱ	不达标	高锰酸盐指数(0.2)
2010/2/4	Ⅲ	Ⅱ	不达标	总磷(0.6) 高锰酸盐指数(0.3) 氨氮(0.0)
2010/3/28	Ⅲ	Ⅱ	不达标	高锰酸盐指数(0.3) 化学需氧量(0.3)
2010/4/16	Ⅳ	Ⅱ	不达标	高锰酸盐指数(0.5)
2010/5/20	Ⅳ	Ⅱ	不达标	高锰酸盐指数(0.7)
2010/6/8	Ⅲ	Ⅱ	不达标	高锰酸盐指数(0.4)
2010/7/14	Ⅴ	Ⅱ	不达标	化学需氧量(1.3) 高锰酸盐指数(0.9) 氨氮(0.4)
2010/8/11	Ⅳ	Ⅱ	不达标	高锰酸盐指数(1.2) 石油类(1.0) 氨氮(0.1)
2010/9/10	Ⅳ	Ⅱ	不达标	化学需氧量(0.8) 总磷(0.6) 高锰酸盐指数(0.3) 溶解氧(0.2)
2010/10/14	劣Ⅴ	Ⅱ	不达标	石油类(63.8) 高锰酸盐指数(1.3) 总磷(0.1)
2010/11/11	劣Ⅴ	Ⅱ	不达标	化学需氧量(3.4) 高锰酸盐指数(0.5)
2010/12/7	Ⅳ	Ⅱ	不达标	高锰酸盐指数(0.9) 总磷(0.2)
2011/1/8	Ⅴ	Ⅱ	不达标	化学需氧量(1.6) 高锰酸盐指数(0.1)
2011/2/14	Ⅲ	Ⅱ	不达标	高锰酸盐指数(0.2)
2011/3/4	Ⅲ	Ⅱ	不达标	氨氮(0.4) 高锰酸盐指数(0.2) 化学需氧量(0.1)
2011/4/7	Ⅳ	Ⅱ	不达标	石油类(8.8) 高锰酸盐指数(0.0)
2011/5/3	Ⅲ	Ⅱ	不达标	氨氮(0.8) 五日生化需氧量(0.1) 化学需氧量(0.0)
2011/6/8	Ⅲ	Ⅱ	不达标	高锰酸盐指数(0.1)
2011/7/9	Ⅴ	Ⅱ	不达标	化学需氧量(1.2) 高锰酸盐指数(0.8) 五日生化需氧量(0.4)
2011/8/16	Ⅲ	Ⅱ	不达标	高锰酸盐指数(0.5) 总磷(0.3)
2011/9/1	Ⅴ	Ⅱ	不达标	石油类(10.0) 氨氮(2.0) 高锰酸盐指数(0.3) 溶解氧(0.2) 总磷(0.2)
2011/10/9	Ⅲ	Ⅱ	不达标	高锰酸盐指数(0.1)
2011/11/8	Ⅲ	Ⅱ	不达标	高锰酸盐指数(0.3) 五日生化需氧量(0.2)
2011/12/5	Ⅲ	Ⅱ	不达标	高锰酸盐指数(0.1)
2012/1/4	Ⅲ	Ⅱ	不达标	汞(0.4) 高锰酸盐指数(0.1)
2012/2/6	Ⅲ	Ⅱ	不达标	挥发性酚(1.0)
2012/3/5	Ⅴ	Ⅱ	不达标	氨氮(2.3) 汞(0.6) 五日生化需氧量(0.3) 高锰酸盐指数(0.2)
2012/4/6	Ⅲ	Ⅱ	不达标	氨氮(0.5) 高锰酸盐指数(0.4)

附表 4(续)

日期	现状水质	水质目标	达标情况	超标项目(超标倍数)
2012/5/3	劣V	II	不达标	化学需氧量(2.0) 五日生化需氧量(1.2) 高锰酸盐指数(0.4) 氨氮(0.1)
2012/6/4	III	II	不达标	高锰酸盐指数(0.4) 氨氮(0.3)
2012/7/13	IV	II	不达标	总磷(0.9) 氨氮(0.5) 五日生化需氧量(0.4) 高锰酸盐指数(0.4) 化学需氧量(0.4) 溶解氧(0.3) 氟化物(0.0)
2012/8/6	IV	II	不达标	总磷(1.4) 高锰酸盐指数(0.2)
2012/9/2	III	II	不达标	高锰酸盐指数(0.4) 化学需氧量(0.2) 总磷(0.2) 五日生化需氧量(0.1) 溶解氧(0.0)
2012/10/8	III	II	不达标	高锰酸盐指数(0.3)
2012/11/5	IV	II	不达标	高锰酸盐指数(0.6)
2012/12/5	III	II	不达标	高锰酸盐指数(0.1)
2013/1/4	III	II	不达标	五日生化需氧量(0.3) 高锰酸盐指数(0.2)
2013/2/1	III	II	不达标	高锰酸盐指数(0.2)
2013/3/2	III	II	不达标	总磷(0.2) 高锰酸盐指数(0.1)
2013/4/1	劣V	II	不达标	氨氮(3.4) 高锰酸盐指数(0.3)
2013/5/3	IV	II	不达标	总磷(0.6) 高锰酸盐指数(0.4) 五日生化需氧量(0.3) 氟化物(0.3)
2013/6/5	III	II	不达标	高锰酸盐指数(0.3) 溶解氧(0.1)
2013/7/2	IV	II	不达标	总磷(1.2)
2013/8/13	I	II	达标	
2013/9/3	III	II	不达标	高锰酸盐指数(0.4) 总磷(0.2)
2013/10/8	II	II	达标	
2013/11/5	III	II	不达标	高锰酸盐指数(0.5) 五日生化需氧量(0.2) 氨氮(0.1) 总磷(0.0)
2013/12/20	III	II	不达标	高锰酸盐指数(0.4)
2014/1/2	IV	II	不达标	氟化物(0.2) 高锰酸盐指数(0.1) 五日生化需氧量(0.0)
2014/2/8	IV	II	不达标	氨氮(0.5) 氟化物(0.3) 高锰酸盐指数(0.1)
2014/3/3	II	II	达标	
2014/4/10	III	II	不达标	高锰酸盐指数(0.1)
2014/5/6	III	II	不达标	高锰酸盐指数(0.3)
2014/6/5	III	II	不达标	高锰酸盐指数(0.1)
2014/7/3	III	II	不达标	总磷(0.4) 高锰酸盐指数(0.3) 溶解氧(0.1)
2014/8/5	IV	II	不达标	高锰酸盐指数(1.4) 化学需氧量(0.5) 溶解氧(0.1) 总磷(0.1)

日期	现状水质	水质目标	达标情况	超标项目(超标倍数)
2014/9/2	Ⅲ	Ⅱ	不达标	总磷(0.4) 高锰酸盐指数(0.4) 溶解氧(0.1)
2014/10/9	Ⅲ	Ⅱ	不达标	高锰酸盐指数(0.2) 总磷(0.2) 五日生化需氧量(0.1)
2014/11/3	Ⅲ	Ⅱ	不达标	高锰酸盐指数(0.4) 总磷(0.1)
2014/12/5	Ⅲ	Ⅱ	不达标	总磷(0.1) 高锰酸盐指数(0.0)
2015/1/4	Ⅲ	Ⅱ	不达标	高锰酸盐指数(0.1)
2015/2/3	Ⅳ	Ⅱ	不达标	化学需氧量(0.6) 高锰酸盐指数(0.1)
2015/3/3	Ⅲ	Ⅱ	不达标	高锰酸盐指数(0.2)
2015/4/8	Ⅲ	Ⅱ	不达标	总磷(0.9)
2015/5/5	劣Ⅴ	Ⅱ	不达标	氨氮(8.2) 高锰酸盐指数(0.2)
2015/6/3	Ⅲ	Ⅱ	不达标	高锰酸盐指数(0.3)
2015/7/7	Ⅲ	Ⅱ	不达标	总磷(0.6) 高锰酸盐指数(0.5) 五日生化需氧量(0.3) 化学需氧量(0.1)
2015/8/5	Ⅲ	Ⅱ	不达标	高锰酸盐指数(0.5)
2015/9/7	Ⅲ	Ⅱ	不达标	高锰酸盐指数(0.4) 化学需氧量(0.1)
2015/10/10	Ⅲ	Ⅱ	不达标	高锰酸盐指数(0.2)
2015/11/3	Ⅲ	Ⅱ	不达标	高锰酸盐指数(0.2)
2015/12/3	Ⅳ	Ⅱ	不达标	化学需氧量(0.5) 高锰酸盐指数(0.3)
2016/1/6	Ⅲ	Ⅱ	不达标	高锰酸盐指数(0.4) 五日生化需氧量(0.3) 化学需氧量(0.2)
2016/2/2	Ⅲ	Ⅱ	不达标	高锰酸盐指数(0.2)
2016/3/3	Ⅲ	Ⅱ	不达标	高锰酸盐指数(0.3) 化学需氧量(0.1)
2016/4/7	Ⅲ	Ⅱ	不达标	溶解氧(0.2) 高锰酸盐指数(0.1)
2016/5/3	Ⅲ	Ⅱ	不达标	高锰酸盐指数(0.2)
2016/6/2	Ⅲ	Ⅱ	不达标	高锰酸盐指数(0.2) 溶解氧(0.1)
2016/7/7	Ⅲ	Ⅱ	不达标	高锰酸盐指数(0.5) 总磷(0.3) 溶解氧(0.0)
2016/8/18	Ⅲ	Ⅱ	不达标	高锰酸盐指数(0.5) 溶解氧(0.1)
2016/9/7	Ⅲ	Ⅱ	不达标	高锰酸盐指数(0.5) 溶解氧(0.2)
2016/10/9	Ⅲ	Ⅱ	不达标	高锰酸盐指数(0.3)
2016/11/8	Ⅲ	Ⅱ	不达标	高锰酸盐指数(0.3) 化学需氧量(0.0)
2016/12/7	Ⅲ	Ⅱ	不达标	高锰酸盐指数(0.2)
2017/1/7	Ⅱ	Ⅱ	达标	
2017/2/17	Ⅲ	Ⅱ	不达标	高锰酸盐指数(0.5) 化学需氧量(0.0)
2017/3/9	劣Ⅴ	Ⅱ	不达标	总磷(4.2) 氨氮(1.9) 高锰酸盐指数(1.8) 化学需氧量(1.4) 五日生化需氧量(1.4)
2017/4/7	Ⅲ	Ⅱ	不达标	高锰酸盐指数(0.4) 化学需氧量(0.2)

附表 4（续）

日期	现状水质	水质目标	达标情况	超标项目（超标倍数）
2017/5/10	Ⅱ	Ⅱ	达标	
2017/6/6	Ⅲ	Ⅱ	不达标	高锰酸盐指数(0.4) 化学需氧量(0.2)
2017/7/6	Ⅲ	Ⅱ	不达标	高锰酸盐指数(0.2) 化学需氧量(0.1) 五日生化需氧量(0.1)
2017/8/2	Ⅲ	Ⅱ	不达标	高锰酸盐指数(0.4)

附表 5　盐河灌南灌云农业用水区南闸断面历年水质评价结果（双指标）

日期	现状水质	水质目标	达标情况	超标项目（超标倍数）
2010-1-20	劣Ⅴ	Ⅲ	不达标	氨氮(4.1) 高锰酸盐指数(0.4)
2010-2-4	劣Ⅴ	Ⅲ	不达标	氨氮(2.5) 高锰酸盐指数(0.4)
2010-3-28	劣Ⅴ	Ⅲ	不达标	氨氮(4.7) 高锰酸盐指数(0.2)
2010-4-16	劣Ⅴ	Ⅲ	不达标	氨氮(2.1) 高锰酸盐指数(0.4)
2010-5-20	劣Ⅴ	Ⅲ	不达标	氨氮(4.8) 高锰酸盐指数(0.3)
2010-6-8	劣Ⅴ	Ⅲ	不达标	氨氮(4.6) 高锰酸盐指数(1.2)
2010-7-14	Ⅳ	Ⅲ	不达标	高锰酸盐指数(0.2) 氨氮(0.1)
2010-8-11	Ⅳ	Ⅲ	不达标	氨氮(0.3)
2010-9-10	Ⅲ	Ⅲ	达标	
2010-10-14	劣Ⅴ	Ⅲ	不达标	氨氮(4.3) 高锰酸盐指数(0.8)
2010-11-10	劣Ⅴ	Ⅲ	不达标	氨氮(2.8) 高锰酸盐指数(0.8)
2010-12-7	Ⅳ	Ⅲ	不达标	氨氮(0.4)
2011-1-9	劣Ⅴ	Ⅲ	不达标	氨氮(3.5) 高锰酸盐指数(0.9)
2011-2-14	Ⅴ	Ⅲ	不达标	氨氮(0.9)
2011-3-5	劣Ⅴ	Ⅲ	不达标	氨氮(1.8) 高锰酸盐指数(0.1)
2011-4-6	劣Ⅴ	Ⅲ	不达标	氨氮(8.0) 高锰酸盐指数(1.0)
2011-5-3	劣Ⅴ	Ⅲ	不达标	氨氮(7.8) 高锰酸盐指数(0.8)
2011-6-8	Ⅴ	Ⅲ	不达标	氨氮(0.9)
2011-7-9	劣Ⅴ	Ⅲ	不达标	氨氮(2.0) 高锰酸盐指数(0.2)
2011-8-16	Ⅳ	Ⅲ	不达标	氨氮(0.5)
2011-9-1	劣Ⅴ	Ⅲ	不达标	氨氮(2.4) 高锰酸盐指数(0.2)
2011-10-9	Ⅴ	Ⅲ	不达标	氨氮(0.7)
2011-11-8	劣Ⅴ	Ⅲ	不达标	氨氮(3.1) 高锰酸盐指数(0.3)
2011-12-5	劣Ⅴ	Ⅲ	不达标	氨氮(4.1) 高锰酸盐指数(0.1)
2012-1-5	劣Ⅴ	Ⅲ	不达标	氨氮(6.9) 高锰酸盐指数(0.4)
2012-2-6	劣Ⅴ	Ⅲ	不达标	氨氮(1.8)
2012-3-5	劣Ⅴ	Ⅲ	不达标	氨氮(1.8) 高锰酸盐指数(0.1)

日期	现状水质	水质目标	达标情况	超标项目(超标倍数)
2012-4-6	V	III	不达标	氨氮(0.7)
2012-5-3	劣V	III	不达标	氨氮(6.3)
2012-6-4	劣V	III	不达标	氨氮(1.7) 高锰酸盐指数(0.4)
2012-7-13	V	III	不达标	氨氮(0.6) 高锰酸盐指数(0.0)
2012-8-6	IV	III	不达标	高锰酸盐指数(0.2) 氨氮(0.0)
2012-9-2	III	III	达标	
2012-10-8	劣V	III	不达标	氨氮(1.7) 高锰酸盐指数(0.0)
2012-11-5	劣V	III	不达标	氨氮(6.4)
2012-12-5	劣V	III	不达标	氨氮(4.9) 高锰酸盐指数(0.4)
2013-1-4	劣V	III	不达标	氨氮(16.7) 高锰酸盐指数(0.4)
2013-2-1	劣V	III	不达标	氨氮(7.1) 高锰酸盐指数(0.2)
2013-3-2	劣V	III	不达标	氨氮(6.4) 高锰酸盐指数(0.0)
2013-4-1	劣V	III	不达标	氨氮(2.4) 高锰酸盐指数(0.3)
2013-5-3	III	III	达标	
2013-6-5	劣V	III	不达标	氨氮(7.4) 高锰酸盐指数(0.2)
2013-7-2	V	III	不达标	氨氮(0.7)
2013-8-13	III	III	达标	
2013-9-3	IV	III	不达标	氨氮(0.5)
2013-10-8	劣V	III	不达标	氨氮(4.0)
2013-11-5	劣V	III	不达标	氨氮(5.4)
2013-12-20	劣V	III	不达标	氨氮(7.6)
2014-1-2	劣V	III	不达标	氨氮(6.0)
2014-2-8	II	III	达标	
2014-3-3	劣V	III	不达标	氨氮(4.5)
2014-4-10	劣V	III	不达标	氨氮(8.8)
2014-5-6	劣V	III	不达标	氨氮(4.1)
2014-6-5	IV	III	不达标	氨氮(0.3)
2014-7-3	劣V	III	不达标	氨氮(1.4) 高锰酸盐指数(0.2)
2014-8-5	劣V	III	不达标	氨氮(3.8) 高锰酸盐指数(0.2)
2014-9-2	III	III	达标	
2014-10-9	劣V	III	不达标	氨氮(1.8)
2014-11-3	III	III	达标	
2014-12-5	劣V	III	不达标	氨氮(2.7)
2015-1-4	III	III	达标	
2015-2-3	III	III	达标	
2015-3-3	III	III	达标	

日期	现状水质	水质目标	达标情况	超标项目(超标倍数)
2015-4-8	劣V	III	不达标	氨氮(1.8)
2015-5-5	劣V	III	不达标	氨氮(1.4)
2015-6-3	III	III	达标	
2015-7-7	III	III	达标	
2015-8-5	III	III	达标	
2015-9-7	III	III	达标	
2015-10-10	劣V	III	不达标	氨氮(1.6)
2015-11-3	劣V	III	不达标	氨氮(5.6)
2015-12-3	劣V	III	不达标	氨氮(2.3)
2016-1-6	劣V	III	不达标	氨氮(3.6)
2016-2-2	劣V	III	不达标	氨氮(3.7)
2016-3-3	劣V	III	不达标	氨氮(2.7)
2016-4-7	劣V	III	不达标	氨氮(2.7)
2016-5-3	V	III	不达标	氨氮(1.0)
2016-6-2	III	III	达标	
2016-7-7	III	III	达标	
2016-8-18	III	III	达标	
2016-9-7	III	III	达标	
2016-10-9	劣V	III	不达标	氨氮(2.7)
2016-11-8	劣V	III	不达标	氨氮(2.9)
2016-12-7	IV	III	不达标	氨氮(0.3)
2017-1-7	劣V	III	不达标	氨氮(3.1)
2017-3-9	III	III	达标	
2017-5-10	IV	III	不达标	高锰酸盐指数(0.3)
2017-7-6	III	III	达标	
2017-9-7	III	III	达标	
2017-11-7	III	III	达标	
2018-1-9	劣V	III	不达标	氨氮(1.7) 高锰酸盐指数(0.2)
2018-3-6	IV	III	不达标	高锰酸盐指数(0.1)
2018-5-7	III	III	达标	
2018-7-5	III	III	达标	
2018-9-10	IV	III	不达标	氨氮(0.1)
2018-11-14	III	III	达标	

附表 6　盐河灌南灌云农业用水区南闸断面历年水质评价结果(全指标)

日期	现状水质	水质目标	达标情况	超标项目(超标倍数)
2010-1-20	劣V	III	不达标	氨氮(4.1) 高锰酸盐指数(0.4)
2010-2-4	劣V	III	不达标	氨氮(2.5) 高锰酸盐指数(0.4)
2010-3-28	劣V	III	不达标	氨氮(4.7) 高锰酸盐指数(0.2)
2010-4-16	劣V	III	不达标	氨氮(2.1) 高锰酸盐指数(0.4)
2010-5-20	劣V	III	不达标	氨氮(4.8) 高锰酸盐指数(0.3)
2010-6-8	劣V	III	不达标	氨氮(4.6) 高锰酸盐指数(1.2)
2010-7-14	IV	III	不达标	高锰酸盐指数(0.2) 氨氮(0.1)
2010-8-11	IV	III	不达标	氨氮(0.3)
2010-9-10	III	III	达标	
2010-10-14	劣V	III	不达标	氨氮(4.3) 高锰酸盐指数(0.8)
2010-11-10	劣V	III	不达标	氨氮(2.8) 高锰酸盐指数(0.8)
2010-12-7	IV	III	不达标	氨氮(0.4)
2011-1-9	劣V	III	不达标	氨氮(3.5) 高锰酸盐指数(0.9)
2011-2-14	V	III	不达标	氨氮(0.9)
2011-3-5	劣V	III	不达标	氨氮(1.8) 高锰酸盐指数(0.1)
2011-4-6	劣V	III	不达标	氨氮(8.0) 高锰酸盐指数(1.0)
2011-5-3	劣V	III	不达标	氨氮(7.8) 高锰酸盐指数(0.8)
2011-6-8	V	III	不达标	氨氮(0.9)
2011-7-9	劣V	III	不达标	氨氮(2.0) 高锰酸盐指数(0.2)
2011-8-16	IV	III	不达标	氨氮(0.5)
2011-9-1	劣V	III	不达标	氨氮(2.4) 高锰酸盐指数(0.2)
2011-10-9	V	III	不达标	氨氮(0.7)
2011-11-8	劣V	III	不达标	氨氮(3.1) 高锰酸盐指数(0.3)
2011-12-5	劣V	III	不达标	氨氮(4.1) 高锰酸盐指数(0.1)
2012-1-5	劣V	III	不达标	氨氮(6.9) 高锰酸盐指数(0.4)
2012-2-6	劣V	III	不达标	氨氮(1.8)
2012-3-5	劣V	III	不达标	氨氮(1.8) 高锰酸盐指数(0.1)
2012-4-6	V	III	不达标	氨氮(0.7)
2012-5-3	劣V	III	不达标	氨氮(6.3)
2012-6-4	劣V	III	不达标	氨氮(1.7) 高锰酸盐指数(0.4)
2012-7-13	V	III	不达标	氨氮(0.6) 高锰酸盐指数(0.0)
2012-8-6	IV	III	不达标	高锰酸盐指数(0.2) 氨氮(0.0)
2012-9-2	III	III	达标	
2012-10-8	劣V	III	不达标	氨氮(1.7) 高锰酸盐指数(0.0)
2012-11-5	劣V	III	不达标	氨氮(6.4)
2012-12-5	劣V	III	不达标	氨氮(4.9) 高锰酸盐指数(0.4)

日期	现状水质	水质目标	达标情况	超标项目(超标倍数)
2013-1-4	劣Ⅴ	Ⅲ	不达标	氨氮(16.7) 高锰酸盐指数(0.4)
2013-2-1	劣Ⅴ	Ⅲ	不达标	氨氮(7.1) 高锰酸盐指数(0.2)
2013-3-2	劣Ⅴ	Ⅲ	不达标	氨氮(6.4) 高锰酸盐指数(0.0)
2013-4-1	劣Ⅴ	Ⅲ	不达标	氨氮(2.4) 高锰酸盐指数(0.3)
2013-5-3	Ⅲ	Ⅲ	达标	
2013-6-5	劣Ⅴ	Ⅲ	不达标	氨氮(7.4) 高锰酸盐指数(0.2)
2013-7-2	Ⅴ	Ⅲ	不达标	氨氮(0.7)
2013-8-13	Ⅲ	Ⅲ	达标	
2013-9-3	Ⅳ	Ⅲ	不达标	氨氮(0.5)
2013-10-8	劣Ⅴ	Ⅲ	不达标	氨氮(4.0)
2013-11-5	劣Ⅴ	Ⅲ	不达标	氨氮(5.4)
2013-12-20	劣Ⅴ	Ⅲ	不达标	氨氮(7.6)
2014-1-2	劣Ⅴ	Ⅲ	不达标	氨氮(6.0)
2014-2-8	Ⅱ	Ⅲ	达标	
2014-3-3	劣Ⅴ	Ⅲ	不达标	氨氮(4.5)
2014-4-10	劣Ⅴ	Ⅲ	不达标	氨氮(8.8)
2014-5-6	劣Ⅴ	Ⅲ	不达标	氨氮(4.1)
2014-6-5	Ⅳ	Ⅲ	不达标	氨氮(0.3)
2014-7-3	劣Ⅴ	Ⅲ	不达标	氨氮(1.4) 高锰酸盐指数(0.2)
2014-8-5	劣Ⅴ	Ⅲ	不达标	氨氮(3.8) 高锰酸盐指数(0.2)
2014-9-2	Ⅲ	Ⅲ	达标	
2014-10-9	劣Ⅴ	Ⅲ	不达标	氨氮(1.8)
2014-11-3	Ⅲ	Ⅲ	达标	
2014-12-5	劣Ⅴ	Ⅲ	不达标	氨氮(2.7)
2015-1-4	Ⅲ	Ⅲ	达标	
2015-2-3	Ⅲ	Ⅲ	达标	
2015-3-3	Ⅲ	Ⅲ	达标	
2015-4-8	劣Ⅴ	Ⅲ	不达标	氨氮(1.8)
2015-5-5	劣Ⅴ	Ⅲ	不达标	氨氮(1.4)
2015-6-3	Ⅲ	Ⅲ	达标	
2015-7-7	Ⅲ	Ⅲ	达标	
2015-8-5	Ⅲ	Ⅲ	达标	
2015-9-7	Ⅲ	Ⅲ	达标	
2015-10-10	劣Ⅴ	Ⅲ	不达标	氨氮(1.6)
2015-11-3	劣Ⅴ	Ⅲ	不达标	氨氮(5.6)
2015-12-3	劣Ⅴ	Ⅲ	不达标	氨氮(2.3)

日期	现状水质	水质目标	达标情况	超标项目(超标倍数)
2016-1-6	劣Ⅴ	Ⅲ	不达标	氨氮(3.6)
2016-2-2	劣Ⅴ	Ⅲ	不达标	氨氮(3.7)
2016-3-3	劣Ⅴ	Ⅲ	不达标	氨氮(2.7)
2016-4-7	劣Ⅴ	Ⅲ	不达标	氨氮(2.7)
2016-5-3	Ⅴ	Ⅲ	不达标	氨氮(1.0)
2016-6-2	Ⅲ	Ⅲ	达标	
2016-7-7	Ⅲ	Ⅲ	达标	
2016-8-18	Ⅲ	Ⅲ	达标	
2016-9-7	Ⅲ	Ⅲ	达标	
2016-10-9	劣Ⅴ	Ⅲ	不达标	氨氮(2.7)
2016-11-8	劣Ⅴ	Ⅲ	不达标	氨氮(2.9)
2016-12-7	Ⅳ	Ⅲ	不达标	氨氮(0.3)
2017-1-7	劣Ⅴ	Ⅲ	不达标	氨氮(3.1)
2017-3-9	Ⅲ	Ⅲ	达标	
2017-5-10	Ⅳ	Ⅲ	不达标	高锰酸盐指数(0.3)
2017-7-6	Ⅲ	Ⅲ	达标	
2017-9-7	Ⅲ	Ⅲ	达标	
2017-11-7	Ⅲ	Ⅲ	达标	
2018-1-9	劣Ⅴ	Ⅲ	不达标	氨氮(1.7)高锰酸盐指数(0.2)
2018-3-6	Ⅳ	Ⅲ	不达标	高锰酸盐指数(0.1)
2018-5-7	Ⅲ	Ⅲ	达标	
2018-7-5	Ⅲ	Ⅲ	达标	
2018-9-10	Ⅳ	Ⅲ	不达标	氨氮(0.1)
2018-11-14	Ⅲ	Ⅲ	达标	

附表 7　盐河灌云排污控制区胜利桥断面历年水质评价结果(双指标)

日期	现状水质	水质目标	达标情况	超标项目(超标倍数)
2010-1-20	劣Ⅴ	Ⅳ	不达标	氨氮(0.8)
2010-2-4	Ⅲ	Ⅳ	达标	
2010-3-28	Ⅳ	Ⅳ	达标	
2010-4-16	Ⅲ	Ⅳ	达标	
2010-5-20	Ⅴ	Ⅳ	不达标	氨氮(0.2)
2010-6-8	Ⅴ	Ⅳ	不达标	氨氮(0.2)
2010-7-14	劣Ⅴ	Ⅳ	不达标	氨氮(0.4)
2010-8-11	劣Ⅴ	Ⅳ	不达标	氨氮(0.7)高锰酸盐指数(0.3)

日期	现状水质	水质目标	达标情况	超标项目(超标倍数)
2010-9-10	Ⅲ	Ⅳ	达标	
2010-10-14	Ⅳ	Ⅳ	达标	
2010-11-9	劣Ⅴ	Ⅳ	不达标	氨氮(0.8)
2010-12-7	Ⅳ	Ⅳ	达标	
2011-1-11	Ⅳ	Ⅳ	达标	
2011-2-14	Ⅳ	Ⅳ	达标	
2011-3-3	Ⅴ	Ⅳ	不达标	氨氮(0.2)
2011-4-6	劣Ⅴ	Ⅳ	不达标	氨氮(1.2)
2011-5-6	Ⅲ	Ⅳ	达标	
2011-6-8	劣Ⅴ	Ⅳ	不达标	氨氮(1.5)
2011-7-6	Ⅳ	Ⅳ	达标	
2011-8-14	Ⅳ	Ⅳ	达标	
2011-9-2	Ⅳ	Ⅳ	达标	
2011-10-9	Ⅲ	Ⅳ	达标	
2011-11-9	Ⅳ	Ⅳ	达标	
2011-12-5	劣Ⅴ	Ⅳ	不达标	氨氮(2.1)
2012-1-4	劣Ⅴ	Ⅳ	不达标	氨氮(2.1)
2012-2-7	Ⅴ	Ⅳ	不达标	氨氮(0.2)
2012-3-5	劣Ⅴ	Ⅳ	不达标	氨氮(3.1)
2012-4-6	劣Ⅴ	Ⅳ	不达标	氨氮(0.4)
2012-5-3	劣Ⅴ	Ⅳ	不达标	氨氮(0.5)
2012-6-4	劣Ⅴ	Ⅳ	不达标	氨氮(0.4)
2012-7-12	劣Ⅴ	Ⅳ	不达标	氨氮(0.8)
2012-8-6	Ⅲ	Ⅳ	达标	
2012-9-1	Ⅱ	Ⅳ	达标	
2012-10-8	Ⅲ	Ⅳ	达标	
2012-11-5	Ⅲ	Ⅳ	达标	
2012-12-5	Ⅲ	Ⅳ	达标	
2013-1-4	劣Ⅴ	Ⅳ	不达标	高锰酸盐指数(0.9)
2013-2-1	劣Ⅴ	Ⅳ	不达标	氨氮(2.4)
2013-3-2	Ⅴ	Ⅳ	不达标	氨氮(0.1)
2013-4-1	Ⅴ	Ⅳ	不达标	氨氮(0.3)
2013-5-3	Ⅲ	Ⅳ	达标	
2013-6-5	劣Ⅴ	Ⅳ	不达标	氨氮(0.9)
2013-7-2	Ⅳ	Ⅳ	达标	
2013-8-13	Ⅲ	Ⅳ	达标	

日期	现状水质	水质目标	达标情况	超标项目(超标倍数)
2013-9-3	Ⅲ	Ⅳ	达标	
2013-10-8	Ⅲ	Ⅳ	达标	
2013-11-5	Ⅲ	Ⅳ	达标	
2013-12-20	Ⅲ	Ⅳ	达标	
2014-1-2	Ⅲ	Ⅳ	达标	
2014-2-8	Ⅴ	Ⅳ	不达标	氨氮(0.3)
2014-3-3	劣Ⅴ	Ⅳ	不达标	氨氮(3.0)
2014-4-10	劣Ⅴ	Ⅳ	不达标	氨氮(4.2)
2014-5-6	劣Ⅴ	Ⅳ	不达标	氨氮(0.8)
2014-6-5	劣Ⅴ	Ⅳ	不达标	氨氮(0.9)
2014-7-3	Ⅲ	Ⅳ	达标	
2014-8-5	劣Ⅴ	Ⅳ	不达标	氨氮(1.3)
2014-9-2	劣Ⅴ	Ⅳ	不达标	氨氮(1.2)
2014-10-9	Ⅳ	Ⅳ	达标	
2014-11-3	劣Ⅴ	Ⅳ	不达标	氨氮(1.9)
2014-12-5	劣Ⅴ	Ⅳ	不达标	氨氮(0.4)
2015-1-4	Ⅴ	Ⅳ	不达标	氨氮(0.1)
2015-2-3	劣Ⅴ	Ⅳ	不达标	氨氮(1.9)
2015-3-3	劣Ⅴ	Ⅳ	不达标	氨氮(0.8)
2015-4-8	劣Ⅴ	Ⅳ	不达标	氨氮(3.0)
2015-5-5	Ⅲ	Ⅳ	达标	
2015-6-3	Ⅲ	Ⅳ	达标	
2015-7-7	Ⅲ	Ⅳ	达标	
2015-8-5	Ⅳ	Ⅳ	达标	
2015-9-7	劣Ⅴ	Ⅳ	不达标	氨氮(4.3)
2015-10-10	Ⅲ	Ⅳ	达标	
2015-11-3	劣Ⅴ	Ⅳ	不达标	氨氮(0.5)
2015-12-3	劣Ⅴ	Ⅳ	不达标	氨氮(1.3)
2016-1-6	劣Ⅴ	Ⅳ	不达标	氨氮(1.6)
2016-2-2	劣Ⅴ	Ⅳ	不达标	氨氮(1.3)
2016-3-3	劣Ⅴ	Ⅳ	不达标	氨氮(1.6)
2016-4-7	劣Ⅴ	Ⅳ	不达标	氨氮(0.7)
2016-5-3	Ⅲ	Ⅳ	达标	
2016-6-2	Ⅲ	Ⅳ	达标	
2016-7-7	劣Ⅴ	Ⅳ	不达标	氨氮(2.0)
2016-8-18	Ⅲ	Ⅳ	达标	

日期	现状水质	水质目标	达标情况	超标项目(超标倍数)
2016-9-7	Ⅲ	Ⅳ	达标	
2016-10-9	劣Ⅴ	Ⅳ	不达标	氨氮(0.8)
2016-11-8	Ⅲ	Ⅳ	达标	
2016-12-7	Ⅲ	Ⅳ	达标	
2017-1-7	劣Ⅴ	Ⅳ	不达标	氨氮(2.3)
2017-3-9	Ⅲ	Ⅳ	达标	
2017-5-10	劣Ⅴ	Ⅳ	不达标	氨氮(2.7)
2017-7-6	Ⅲ	Ⅳ	达标	
2017-9-7	Ⅲ	Ⅳ	达标	
2017-11-7	劣Ⅴ	Ⅳ	不达标	氨氮(0.6)
2018-1-9	劣Ⅴ	Ⅳ	不达标	氨氮(0.6)
2018-3-6	劣Ⅴ	Ⅳ	不达标	氨氮(1.3)
2018-5-7	Ⅳ	Ⅳ	达标	
2018-7-5	Ⅴ	Ⅳ	不达标	氨氮(0.3)
2018-9-10	Ⅴ	Ⅳ	不达标	氨氮(0.1)
2018-11-14	劣Ⅴ	Ⅳ	不达标	氨氮(0.8)

附表 8   盐河灌云排污控制区胜利桥断面历年水质评价结果(全指标)

日期	现状水质	水质目标	达标情况	超标项目(超标倍数)
2010/1/20	劣Ⅴ	Ⅳ	不达标	氨氮(0.8)
2010/2/4	Ⅲ	Ⅳ	达标	
2010/3/28	Ⅳ	Ⅳ	达标	
2010/4/16	Ⅲ	Ⅳ	达标	
2010/5/20	Ⅴ	Ⅳ	不达标	氨氮(0.2)
2010/6/8	Ⅴ	Ⅳ	不达标	氨氮(0.2)
2010/7/14	劣Ⅴ	Ⅳ	不达标	化学需氧量(0.5) 氨氮(0.4)
2010/8/11	劣Ⅴ	Ⅳ	不达标	氨氮(0.7) 石油类(0.4) 高锰酸盐指数(0.3) 溶解氧(0.2)
2010/9/10	Ⅴ	Ⅳ	不达标	溶解氧(0.2) 化学需氧量(0.0)
2010/10/14	Ⅳ	Ⅳ	达标	
2010/11/9	劣Ⅴ	Ⅳ	不达标	氨氮(0.8) 溶解氧(0.1)
2010/12/7	Ⅳ	Ⅳ	达标	
2011/1/11	劣Ⅴ	Ⅳ	不达标	化学需氧量(0.8)
2011/2/14	Ⅳ	Ⅳ	达标	
2011/3/3	Ⅴ	Ⅳ	不达标	化学需氧量(0.2) 氨氮(0.2)

日期	现状水质	水质目标	达标情况	超标项目(超标倍数)
2011/4/6	劣Ⅴ	Ⅳ	不达标	石油类(5.4) 氨氮(1.2) 总磷(0.2)
2011/5/6	Ⅴ	Ⅳ	不达标	挥发性酚(0.4)
2011/6/8	劣Ⅴ	Ⅳ	不达标	氨氮(1.5) 溶解氧(0.6) 总磷(0.1)
2011/7/6	Ⅴ	Ⅳ	不达标	溶解氧(0.3)
2011/8/14	Ⅴ	Ⅳ	不达标	溶解氧(0.0)
2011/9/2	Ⅴ	Ⅳ	不达标	溶解氧(0.2)
2011/10/9	Ⅲ	Ⅳ	达标	
2011/11/9	劣Ⅴ	Ⅳ	不达标	化学需氧量(0.4)
2011/12/5	劣Ⅴ	Ⅳ	不达标	氨氮(2.1) 总磷(0.9)
2012/1/4	劣Ⅴ	Ⅳ	不达标	氨氮(2.1) 总磷(0.5) 化学需氧量(0.3) 五日生化需氧量(0.3)
2012/2/7	Ⅴ	Ⅳ	不达标	氨氮(0.2)
2012/3/5	劣Ⅴ	Ⅳ	不达标	氨氮(3.1) 挥发性酚(2.0) 化学需氧量(0.6) 总磷(0.3)
2012/4/6	劣Ⅴ	Ⅳ	不达标	氨氮(0.4)
2012/5/3	劣Ⅴ	Ⅳ	不达标	总磷(0.9) 氨氮(0.5) 化学需氧量(0.2)
2012/6/4	劣Ⅴ	Ⅳ	不达标	氨氮(0.4)
2012/7/12	劣Ⅴ	Ⅳ	不达标	氨氮(0.8) 五日生化需氧量(0.5) 化学需氧量(0.1) 总磷(0.1)
2012/8/6	Ⅴ	Ⅳ	不达标	总磷(0.1)
2012/9/1	Ⅳ	Ⅳ	达标	
2012/10/8	Ⅲ	Ⅳ	达标	
2012/11/5	Ⅴ	Ⅳ	不达标	化学需氧量(0.1)
2012/12/5	Ⅲ	Ⅳ	达标	
2013/1/4	劣Ⅴ	Ⅳ	不达标	高锰酸盐指数(0.9)
2013/2/1	劣Ⅴ	Ⅳ	不达标	氨氮(2.4)
2013/3/2	Ⅴ	Ⅳ	不达标	氨氮(0.1)
2013/4/1	Ⅴ	Ⅳ	不达标	氨氮(0.3)
2013/5/3	Ⅳ	Ⅳ	达标	
2013/6/5	劣Ⅴ	Ⅳ	不达标	氨氮(0.9) 溶解氧(0.0)
2013/7/2	Ⅳ	Ⅳ	达标	
2013/8/13	Ⅳ	Ⅳ	达标	
2013/9/3	Ⅳ	Ⅳ	达标	
2013/10/8	Ⅳ	Ⅳ	达标	
2013/11/5	Ⅳ	Ⅳ	达标	
2013/12/20	Ⅲ	Ⅳ	达标	

附表 8（续）

日期	现状水质	水质目标	达标情况	超标项目（超标倍数）
2014/1/2	III	IV	达标	
2014/2/8	V	IV	不达标	氨氮(0.3)
2014/3/3	劣V	IV	不达标	氨氮(3.0) 总磷(0.3) 阴离子表面活性剂(0.2)
2014/4/10	劣V	IV	不达标	氨氮(4.2) 总磷(1.0) 溶解氧(0.2)
2014/5/6	劣V	IV	不达标	氨氮(0.8)
2014/6/5	劣V	IV	不达标	氨氮(0.9) 总磷(0.0)
2014/7/3	IV	IV	达标	
2014/8/5	劣V	IV	不达标	氨氮(1.3) 总磷(0.6) 溶解氧(0.4)
2014/9/2	劣V	IV	不达标	氨氮(1.2) 总磷(0.4)
2014/10/9	劣V	IV	不达标	溶解氧(0.4)
2014/11/3	劣V	IV	不达标	氨氮(1.9) 总磷(1.0) 溶解氧(0.6)
2014/12/5	劣V	IV	不达标	五日生化需氧量(0.5) 氨氮(0.4) 总磷(0.3)
2015/1/4	V	IV	不达标	总磷(0.3) 氨氮(0.1)
2015/2/3	劣V	IV	不达标	氨氮(1.9) 总磷(0.4) 五日生化需氧量(0.1)
2015/3/3	劣V	IV	不达标	总磷(1.2) 氨氮(0.8) 五日生化需氧量(0.3)
2015/4/8	劣V	IV	不达标	氨氮(3.0) 总磷(0.8) 五日生化需氧量(0.4)
2015/5/5	V	IV	不达标	总磷(0.0)
2015/6/3	V	IV	不达标	五日生化需氧量(0.4) 溶解氧(0.2) 总磷(0.2)
2015/7/7	IV	IV	达标	
2015/8/5	IV	IV	达标	
2015/9/7	劣V	IV	不达标	氨氮(4.3) 总磷(0.2)
2015/10/10	IV	IV	达标	
2015/11/3	劣V	IV	不达标	氨氮(0.5)
2015/12/3	劣V	IV	不达标	氨氮(1.3) 五日生化需氧量(0.2)
2016/1/6	劣V	IV	不达标	氨氮(1.6)
2016/2/2	劣V	IV	不达标	氨氮(1.3)
2016/3/3	劣V	IV	不达标	氨氮(1.6)
2016/4/7	劣V	IV	不达标	氨氮(0.7) 总磷(0.3)
2016/5/3	IV	IV	达标	
2016/6/2	IV	IV	达标	

附表 8(续)

日期	现状水质	水质目标	达标情况	超标项目(超标倍数)
2016/7/7	劣Ⅴ	Ⅳ	不达标	氨氮(2.0) 总磷(0.8)
2016/8/18	Ⅳ	Ⅳ	达标	
2016/9/7	Ⅳ	Ⅳ	达标	
2016/10/9	劣Ⅴ	Ⅳ	不达标	总磷(1.7) 氨氮(0.8)
2016/11/8	劣Ⅴ	Ⅳ	不达标	总磷(0.4)
2016/12/7	劣Ⅴ	Ⅳ	不达标	总磷(0.5)
2017/1/7	劣Ⅴ	Ⅳ	不达标	氨氮(2.3) 总磷(0.6)
2017/3/9	Ⅳ	Ⅳ	达标	
2017/5/10	劣Ⅴ	Ⅳ	不达标	氨氮(2.7) 总磷(0.8) 五日生化需氧量(0.1)
2017/7/6	Ⅳ	Ⅳ	达标	
2017/9/7	Ⅳ	Ⅳ	达标	
2017/11/7	劣Ⅴ	Ⅳ	不达标	氨氮(0.6) 总磷(0.0)
2018/1/9	劣Ⅴ	Ⅳ	不达标	氨氮(0.6) 总磷(0.3) 化学需氧量(0.3)
2018/3/6	劣Ⅴ	Ⅳ	不达标	氨氮(1.3) 总磷(0.9)
2018/5/7	Ⅳ	Ⅳ	达标	
2018/7/5	Ⅴ	Ⅳ	不达标	氨氮(0.3)
2018/9/10	Ⅴ	Ⅳ	不达标	氨氮(0.1)
2018/11/14	劣Ⅴ	Ⅳ	不达标	氨氮(0.8) 总磷(0.8)

附表 9　盐河灌云农业用水区仲集断面历年水质评价结果(双指标)

日期	现状水质	水质目标	达标情况	超标项目(超标倍数)
2010-1-28	Ⅳ	Ⅲ	不达标	高锰酸盐指数(0.1)
2010-2-4	Ⅲ	Ⅲ	达标	
2010-3-28	Ⅳ	Ⅲ	不达标	氨氮(0.4) 高锰酸盐指数(0.1)
2010-4-16	Ⅳ	Ⅲ	不达标	氨氮(0.3) 高锰酸盐指数(0.2)
2010-5-20	Ⅳ	Ⅲ	不达标	高锰酸盐指数(0.1)
2010-6-8	Ⅴ	Ⅲ	不达标	高锰酸盐指数(1.2)
2010-7-14	Ⅳ	Ⅲ	不达标	高锰酸盐指数(0.4) 氨氮(0.1)
2010-8-11	Ⅳ	Ⅲ	不达标	高锰酸盐指数(0.4)
2010-9-10	Ⅳ	Ⅲ	不达标	高锰酸盐指数(0.0)
2010-10-14	Ⅳ	Ⅲ	不达标	高锰酸盐指数(0.3)
2010-11-9	Ⅲ	Ⅲ	达标	
2010-12-7	Ⅲ	Ⅲ	达标	
2011-1-11	Ⅲ	Ⅲ	达标	

日期	现状水质	水质目标	达标情况	超标项目（超标倍数）
2011-2-14	IV	III	不达标	高锰酸盐指数（0.0）
2011-3-2	IV	III	不达标	高锰酸盐指数（0.0）
2011-4-7	IV	III	不达标	氨氮（0.4）
2011-5-6	IV	III	不达标	氨氮（0.1）
2011-6-8	IV	III	不达标	氨氮（0.1）高锰酸盐指数（0.1）
2011-7-7	IV	III	不达标	高锰酸盐指数（0.1）
2011-8-14	IV	III	不达标	高锰酸盐指数（0.1）
2011-9-2	III	III	达标	
2011-10-9	III	III	达标	
2011-11-10	III	III	达标	
2011-12-7	III	III	达标	
2012-1-4	V	III	不达标	氨氮（0.8）
2012-2-7	IV	III	不达标	氨氮（0.1）
2012-3-5	III	III	达标	
2012-4-6	V	III	不达标	氨氮（0.9）
2012-5-3	III	III	达标	
2012-6-4	IV	III	不达标	高锰酸盐指数（0.6）
2012-7-12	IV	III	不达标	氨氮（0.3）高锰酸盐指数（0.1）
2012-8-6	III	III	达标	
2012-9-1	III	III	达标	
2012-10-8	III	III	达标	
2012-11-5	III	III	达标	
2012-12-5	III	III	达标	
2013-1-4	IV	III	不达标	高锰酸盐指数（0.2）氨氮（0.0）
2013-2-1	III	III	达标	
2013-3-2	III	III	达标	
2013-4-1	IV	III	不达标	高锰酸盐指数（0.0）
2013-5-3	III	III	达标	
2013-6-5	III	III	达标	
2013-7-2	V	III	不达标	高锰酸盐指数（1.3）
2013-8-13	III	III	达标	
2013-9-3	III	III	达标	
2013-10-8	II	III	达标	
2013-11-5	III	III	达标	
2013-12-20	III	III	达标	
2014-1-2	III	III	达标	

日期	现状水质	水质目标	达标情况	超标项目（超标倍数）
2014-2-8	II	III	达标	
2014-3-3	II	III	达标	
2014-4-10	III	III	达标	
2014-5-6	III	III	达标	
2014-6-5	III	III	达标	
2014-7-3	III	III	达标	
2014-8-5	IV	III	不达标	高锰酸盐指数(0.7)
2014-9-2	III	III	达标	
2014-10-9	III	III	达标	
2014-11-3	III	III	达标	
2014-12-5	IV	III	不达标	高锰酸盐指数(0.2)
2015-1-4	II	III	达标	
2015-2-3	III	III	达标	
2015-3-3	III	III	达标	
2015-4-8	III	III	达标	
2015-5-5	III	III	达标	
2015-6-3	III	III	达标	
2015-7-7	劣V	III	不达标	氨氮(1.2)
2015-8-5	IV	III	不达标	高锰酸盐指数(0.3)
2015-9-7	III	III	达标	
2015-10-10	III	III	达标	
2015-11-3	III	III	达标	
2015-12-3	V	III	不达标	氨氮(0.7)
2016-1-6	III	III	达标	
2016-2-2	III	III	达标	
2016-3-3	III	III	达标	
2016-4-7	III	III	达标	
2016-5-3	III	III	达标	
2016-6-2	III	III	达标	
2016-7-7	劣V	III	不达标	氨氮(2.5)
2016-8-18	III	III	达标	
2016-9-7	III	III	达标	
2016-10-9	III	III	达标	
2016-11-8	III	III	达标	
2016-12-7	III	III	达标	
2017-1-7	IV	III	不达标	氨氮(0.2)

日期	现状水质	水质目标	达标情况	超标项目（超标倍数）
2017-3-9	Ⅲ	Ⅲ	达标	
2017-5-10	Ⅳ	Ⅲ	不达标	氨氮（0.2）
2017-7-6	Ⅲ	Ⅲ	达标	
2017-9-7	Ⅲ	Ⅲ	达标	
2017-11-7	Ⅲ	Ⅲ	达标	
2018-1-9	Ⅳ	Ⅲ	不达标	氨氮（0.5）
2018-3-6	劣Ⅴ	Ⅲ	不达标	氨氮（1.4）
2018-5-7	Ⅳ	Ⅲ	不达标	氨氮（0.1）
2018-7-5	Ⅲ	Ⅲ	达标	
2018-9-10	Ⅲ	Ⅲ	达标	
2018-11-14	Ⅳ	Ⅲ	不达标	高锰酸盐指数（0.1）

附表 10　盐河灌云农业用水区仲集断面历年水质评价结果（全指标）

日期	现状水质	水质目标	达标情况	超标项目（超标倍数）
2010/1/28	Ⅴ	Ⅲ	不达标	总磷（0.5）高锰酸盐指数（0.1）
2010/2/4	Ⅲ	Ⅲ	达标	
2010/3/28	Ⅴ	Ⅲ	不达标	化学需氧量（0.6）氨氮（0.4）高锰酸盐指数（0.1）
2010/4/16	Ⅴ	Ⅲ	不达标	总磷（0.9）氨氮（0.3）高锰酸盐指数（0.2）
2010/5/20	Ⅳ	Ⅲ	不达标	高锰酸盐指数（0.1）溶解氧（0.0）
2010/6/8	Ⅴ	Ⅲ	不达标	高锰酸盐指数（1.2）溶解氧（0.3）
2010/7/14	劣Ⅴ	Ⅲ	不达标	化学需氧量（2.4）高锰酸盐指数（0.4）总磷（0.3）氨氮（0.1）
2010/8/11	Ⅳ	Ⅲ	不达标	石油类（8.8）高锰酸盐指数（0.4）溶解氧（0.4）
2010/9/10	劣Ⅴ	Ⅲ	不达标	化学需氧量（1.0）溶解氧（0.5）高锰酸盐指数（0.0）
2010/10/14	Ⅳ	Ⅲ	不达标	高锰酸盐指数（0.3）
2010/11/9	Ⅳ	Ⅲ	不达标	化学需氧量（0.4）
2010/12/7	Ⅲ	Ⅲ	达标	
2011/1/11	Ⅳ	Ⅲ	不达标	化学需氧量（0.4）挥发性酚（0.4）
2011/2/14	Ⅳ	Ⅲ	不达标	高锰酸盐指数（0.0）
2011/3/2	Ⅳ	Ⅲ	不达标	化学需氧量（0.2）高锰酸盐指数（0.0）
2011/4/7	Ⅳ	Ⅲ	不达标	石油类（7.2）氨氮（0.4）
2011/5/6	Ⅳ	Ⅲ	不达标	氨氮（0.1）

附　录

附表 10(续)

日期	现状水质	水质目标	达标情况	超标项目(超标倍数)
2011/6/8	Ⅳ	Ⅲ	不达标	氨氮(0.1) 高锰酸盐指数(0.1)
2011/7/7	V	Ⅲ	不达标	五日生化需氧量(0.9) 溶解氧(0.4) 高锰酸盐指数(0.1)
2011/8/14	Ⅳ	Ⅲ	不达标	溶解氧(0.4) 高锰酸盐指数(0.1)
2011/9/2	Ⅳ	Ⅲ	不达标	石油类(5.6) 溶解氧(0.2)
2011/10/9	Ⅲ	Ⅲ	达标	
2011/11/10	Ⅲ	Ⅲ	达标	
2011/12/7	Ⅳ	Ⅲ	不达标	总磷(0.0)
2012/1/4	V	Ⅲ	不达标	氨氮(0.8)
2012/2/7	Ⅳ	Ⅲ	不达标	氨氮(0.1)
2012/3/5	劣V	Ⅲ	不达标	化学需氧量(2.3)
2012/4/6	V	Ⅲ	不达标	氨氮(0.9) 挥发性酚(0.2) 总磷(0.1)
2012/5/3	Ⅲ	Ⅲ	达标	
2012/6/4	Ⅳ	Ⅲ	不达标	高锰酸盐指数(0.6)
2012/7/12	V	Ⅲ	不达标	总磷(0.6) 氨氮(0.3) 五日生化需氧量(0.3) 高锰酸盐指数(0.1)
2012/8/6	Ⅳ	Ⅲ	不达标	总磷(0.2) 溶解氧(0.1)
2012/9/1	劣V	Ⅲ	不达标	化学需氧量(2.1)
2012/10/8	Ⅲ	Ⅲ	达标	
2012/11/5	Ⅳ	Ⅲ	不达标	化学需氧量(0.3) 总磷(0.1)
2012/12/5	Ⅲ	Ⅲ	达标	
2013/1/4	Ⅳ	Ⅲ	不达标	高锰酸盐指数(0.2) 氨氮(0.0)
2013/2/1	Ⅲ	Ⅲ	达标	
2013/3/2	Ⅲ	Ⅲ	达标	
2013/4/1	Ⅳ	Ⅲ	不达标	高锰酸盐指数(0.0)
2013/5/3	Ⅲ	Ⅲ	达标	
2013/6/5	Ⅲ	Ⅲ	达标	
2013/7/2	V	Ⅲ	不达标	高锰酸盐指数(1.3) 化学需氧量(0.7) 挥发性酚(0.0)
2013/8/13	Ⅳ	Ⅲ	不达标	总磷(0.4) 溶解氧(0.2)
2013/9/3	Ⅲ	Ⅲ	达标	
2013/10/8	Ⅲ	Ⅲ	达标	
2013/11/5	Ⅲ	Ⅲ	达标	
2013/12/20	Ⅲ	Ⅲ	达标	
2014/1/2	Ⅲ	Ⅲ	达标	
2014/2/8	Ⅲ	Ⅲ	达标	

• 227 •

日期	现状水质	水质目标	达标情况	超标项目(超标倍数)
2014/3/3	Ⅱ	Ⅲ	达标	
2014/4/10	Ⅳ	Ⅲ	不达标	五日生化需氧量(0.4)
2014/5/6	Ⅲ	Ⅲ	达标	
2014/6/5	Ⅳ	Ⅲ	不达标	五日生化需氧量(0.4)总磷(0.3)
2014/7/3	Ⅳ	Ⅲ	不达标	总磷(0.4)
2014/8/5	Ⅳ	Ⅲ	不达标	高锰酸盐指数(0.7)总磷(0.4)五日生化需氧量(0.3)化学需氧量(0.3)溶解氧(0.2)
2014/9/2	Ⅲ	Ⅲ	达标	
2014/10/9	Ⅲ	Ⅲ	达标	
2014/11/3	Ⅳ	Ⅲ	不达标	总磷(0.0)
2014/12/5	Ⅳ	Ⅲ	不达标	五日生化需氧量(0.4)高锰酸盐指数(0.2)总磷(0.2)
2015/1/4	Ⅲ	Ⅲ	达标	
2015/2/3	Ⅲ	Ⅲ	达标	
2015/3/3	Ⅳ	Ⅲ	不达标	五日生化需氧量(0.4)总磷(0.1)
2015/4/8	Ⅲ	Ⅲ	达标	
2015/5/5	Ⅴ	Ⅲ	不达标	总磷(0.6)
2015/6/3	劣Ⅴ	Ⅲ	不达标	总磷(2.1)
2015/7/7	劣Ⅴ	Ⅲ	不达标	氨氮(1.2)总磷(0.2)溶解氧(0.2)
2015/8/5	Ⅴ	Ⅲ	不达标	五日生化需氧量(0.8)化学需氧量(0.3)溶解氧(0.3)高锰酸盐指数(0.3)
2015/9/7	Ⅲ	Ⅲ	达标	
2015/10/10	Ⅳ	Ⅲ	不达标	五日生化需氧量(0.5)化学需氧量(0.4)
2015/11/3	Ⅲ	Ⅲ	达标	
2015/12/3	Ⅴ	Ⅲ	不达标	氨氮(0.7)化学需氧量(0.5)五日生化需氧量(0.4)总磷(0.4)
2016/1/6	Ⅴ	Ⅲ	不达标	五日生化需氧量(0.5)
2016/2/2	Ⅲ	Ⅲ	达标	
2016/3/3	Ⅲ	Ⅲ	达标	
2016/4/7	Ⅴ	Ⅲ	不达标	总磷(1.0)
2016/5/3	Ⅴ	Ⅲ	不达标	五日生化需氧量(0.7)总磷(0.5)化学需氧量(0.3)
2016/6/2	Ⅴ	Ⅲ	不达标	总磷(1.0)
2016/7/7	劣Ⅴ	Ⅲ	不达标	总磷(2.6)氨氮(2.5)溶解氧(0.2)
2016/8/18	Ⅲ	Ⅲ	达标	
2016/9/7	Ⅲ	Ⅲ	达标	

日期	现状水质	水质目标	达标情况	超标项目（超标倍数）
2016/10/9	V	Ⅲ	不达标	总磷（0.8）五日生化需氧量（0.4）化学需氧量（0.2）
2016/11/8	Ⅳ	Ⅲ	不达标	总磷（0.5）五日生化需氧量（0.2）
2016/12/7	Ⅳ	Ⅲ	不达标	五日生化需氧量（0.4）化学需氧量（0.4）总磷（0.4）
2017/1/7	Ⅳ	Ⅲ	不达标	总磷（0.2）氨氮（0.2）
2017/3/9	Ⅳ	Ⅲ	不达标	氟化物（0.1）
2017/5/10	V	Ⅲ	不达标	总磷（0.7）五日生化需氧量（0.5）氨氮（0.2）
2017/7/6	Ⅲ	Ⅲ	达标	
2017/9/7	Ⅳ	Ⅲ	不达标	总磷（0.3）五日生化需氧量（0.3）
2017/11/7	Ⅲ	Ⅲ	达标	
2018/1/9	V	Ⅲ	不达标	五日生化需氧量（0.7）氨氮（0.5）化学需氧量（0.1）
2018/3/6	劣V	Ⅲ	不达标	氨氮（1.4）五日生化需氧量（0.3）总磷（0.2）
2018/5/7	Ⅳ	Ⅲ	不达标	总磷（0.5）五日生化需氧量（0.4）氨氮（0.1）
2018/7/5	Ⅳ	Ⅲ	不达标	五日生化需氧量（0.4）化学需氧量（0.3）总磷（0.1）
2018/9/10	Ⅲ	Ⅲ	达标	
2018/11/14	V	Ⅲ	不达标	五日生化需氧量（0.6）高锰酸盐指数（0.1）

附表 11　盐河灌云连云港农业用水区朝阳桥断面历年水质评价结果（双指标）

日期	现状水质	水质目标	达标情况	超标项目（超标倍数）
2010-1-18	劣V	Ⅲ	不达标	氨氮（8.5）高锰酸盐指数（0.7）
2010-2-2	劣V	Ⅲ	不达标	氨氮（6.9）高锰酸盐指数（0.3）
2010-3-29	劣V	Ⅲ	不达标	氨氮（13.3）高锰酸盐指数（0.9）
2010-4-17	劣V	Ⅲ	不达标	氨氮（5.9）高锰酸盐指数（0.7）
2010-5-18	劣V	Ⅲ	不达标	氨氮（5.2）高锰酸盐指数（1.3）
2010-6-9	劣V	Ⅲ	不达标	氨氮（3.9）高锰酸盐指数（0.1）
2010-7-13	劣V	Ⅲ	不达标	氨氮（4.4）高锰酸盐指数（0.7）
2010-8-10	劣V	Ⅲ	不达标	氨氮（11.6）高锰酸盐指数（2.7）
2010-9-9	劣V	Ⅲ	不达标	氨氮（14.8）高锰酸盐指数（0.5）
2010-10-12	劣V	Ⅲ	不达标	氨氮（1.5）高锰酸盐指数（1.1）

日期	现状水质	水质目标	达标情况	超标项目(超标倍数)
2010-11-11	劣Ⅴ	Ⅲ	不达标	氨氮(14.8) 高锰酸盐指数(2.9)
2010-12-7	劣Ⅴ	Ⅲ	不达标	氨氮(8.9) 高锰酸盐指数(2.1)
2011-1-11	劣Ⅴ	Ⅲ	不达标	高锰酸盐指数(1.8) 氨氮(1.6)
2011-2-15	劣Ⅴ	Ⅲ	不达标	氨氮(15.3) 高锰酸盐指数(1.2)
2011-3-1	劣Ⅴ	Ⅲ	不达标	氨氮(27.2) 高锰酸盐指数(1.5)
2011-4-7	劣Ⅴ	Ⅲ	不达标	氨氮(17.3) 高锰酸盐指数(0.8)
2011-5-4	劣Ⅴ	Ⅲ	不达标	氨氮(16.7) 高锰酸盐指数(0.8)
2011-6-7	劣Ⅴ	Ⅲ	不达标	氨氮(13.9) 高锰酸盐指数(0.1)
2011-7-5	劣Ⅴ	Ⅲ	不达标	氨氮(20.6) 高锰酸盐指数(2.2)
2011-8-15	劣Ⅴ	Ⅲ	不达标	氨氮(14.5) 高锰酸盐指数(0.2)
2011-9-3	劣Ⅴ	Ⅲ	不达标	氨氮(15.9)
2011-10-10	劣Ⅴ	Ⅲ	不达标	氨氮(12.6) 高锰酸盐指数(0.5)
2011-11-7	劣Ⅴ	Ⅲ	不达标	氨氮(13.0)
2011-12-7	劣Ⅴ	Ⅲ	不达标	氨氮(12.6)
2012-1-5	劣Ⅴ	Ⅲ	不达标	氨氮(18.8) 高锰酸盐指数(0.0)
2012-2-5	劣Ⅴ	Ⅲ	不达标	氨氮(16.0)
2012-3-5	劣Ⅴ	Ⅲ	不达标	氨氮(9.2) 高锰酸盐指数(0.6)
2012-4-6	劣Ⅴ	Ⅲ	不达标	氨氮(22.4) 高锰酸盐指数(0.4)
2012-5-3	劣Ⅴ	Ⅲ	不达标	氨氮(16.4) 高锰酸盐指数(0.1)
2012-6-4	劣Ⅴ	Ⅲ	不达标	氨氮(9.4) 高锰酸盐指数(0.0)
2012-7-4	劣Ⅴ	Ⅲ	不达标	氨氮(6.8) 高锰酸盐指数(1.1)
2012-8-6	劣Ⅴ	Ⅲ	不达标	氨氮(11.3) 高锰酸盐指数(0.1)
2012-9-1	劣Ⅴ	Ⅲ	不达标	氨氮(18.8)
2012-10-8	劣Ⅴ	Ⅲ	不达标	氨氮(26.6)
2012-11-5	劣Ⅴ	Ⅲ	不达标	氨氮(14.8)
2012-12-5	劣Ⅴ	Ⅲ	不达标	氨氮(6.7)
2013-1-4	劣Ⅴ	Ⅲ	不达标	氨氮(9.4) 高锰酸盐指数(0.1)
2013-2-1	劣Ⅴ	Ⅲ	不达标	氨氮(4.5) 高锰酸盐指数(0.1)
2013-3-4	劣Ⅴ	Ⅲ	不达标	氨氮(6.4)
2013-4-1	劣Ⅴ	Ⅲ	不达标	氨氮(24.4) 高锰酸盐指数(0.3)
2013-5-3	劣Ⅴ	Ⅲ	不达标	氨氮(8.0) 高锰酸盐指数(0.7)
2013-6-5	劣Ⅴ	Ⅲ	不达标	氨氮(4.1) 高锰酸盐指数(0.5)
2013-7-2	劣Ⅴ	Ⅲ	不达标	氨氮(1.8) 高锰酸盐指数(0.2)
2013-8-13	劣Ⅴ	Ⅲ	不达标	氨氮(4.0) 高锰酸盐指数(0.3)
2013-9-3	劣Ⅴ	Ⅲ	不达标	氨氮(7.3) 高锰酸盐指数(0.8)
2013-10-8	劣Ⅴ	Ⅲ	不达标	氨氮(6.8) 高锰酸盐指数(0.3)

日期	现状水质	水质目标	达标情况	超标项目(超标倍数)
2013-11-5	劣Ⅴ	Ⅲ	不达标	氨氮(6.4)
2013-12-20	劣Ⅴ	Ⅲ	不达标	氨氮(6.4)
2014-1-2	劣Ⅴ	Ⅲ	不达标	氨氮(6.8)
2014-2-8	劣Ⅴ	Ⅲ	不达标	氨氮(28.0)
2014-3-3	劣Ⅴ	Ⅲ	不达标	氨氮(41.4) 高锰酸盐指数(0.5)
2014-4-10	劣Ⅴ	Ⅲ	不达标	氨氮(29.1) 高锰酸盐指数(0.5)
2014-5-6	劣Ⅴ	Ⅲ	不达标	氨氮(29.0) 高锰酸盐指数(0.3)
2014-6-5	劣Ⅴ	Ⅲ	不达标	氨氮(28.5) 高锰酸盐指数(0.5)
2014-7-3	劣Ⅴ	Ⅲ	不达标	氨氮(2.3) 高锰酸盐指数(0.4)
2014-8-5	劣Ⅴ	Ⅲ	不达标	氨氮(16.9) 高锰酸盐指数(0.5)
2014-9-2	劣Ⅴ	Ⅲ	不达标	氨氮(1.0)
2014-10-9	劣Ⅴ	Ⅲ	不达标	氨氮(7.7) 高锰酸盐指数(0.6)
2014-11-3	劣Ⅴ	Ⅲ	不达标	氨氮(5.5)
2014-12-5	劣Ⅴ	Ⅲ	不达标	氨氮(7.4)
2015-1-4	劣Ⅴ	Ⅲ	不达标	氨氮(5.5)
2015-2-3	劣Ⅴ	Ⅲ	不达标	氨氮(4.1)
2015-3-3	劣Ⅴ	Ⅲ	不达标	氨氮(2.9)
2015-4-8	劣Ⅴ	Ⅲ	不达标	氨氮(3.2)
2015-5-5	Ⅲ	Ⅲ	达标	
2015-6-3	Ⅴ	Ⅲ	不达标	氨氮(0.6)
2015-7-7	劣Ⅴ	Ⅲ	不达标	氨氮(25.4) 高锰酸盐指数(1.0)
2015-8-5	劣Ⅴ	Ⅲ	不达标	氨氮(8.1) 高锰酸盐指数(0.7)
2015-9-7	劣Ⅴ	Ⅲ	不达标	氨氮(3.9) 高锰酸盐指数(0.3)
2015-10-10	劣Ⅴ	Ⅲ	不达标	氨氮(4.3)
2015-11-3	Ⅴ	Ⅲ	不达标	氨氮(0.7)
2015-12-3	劣Ⅴ	Ⅲ	不达标	氨氮(4.1)
2016-1-6	劣Ⅴ	Ⅲ	不达标	氨氮(12.4)
2016-2-2	劣Ⅴ	Ⅲ	不达标	氨氮(8.7)
2016-3-3	劣Ⅴ	Ⅲ	不达标	氨氮(10.8)
2016-4-7	劣Ⅴ	Ⅲ	不达标	氨氮(12.4) 高锰酸盐指数(0.7)
2016-5-3	劣Ⅴ	Ⅲ	不达标	氨氮(2.8)
2016-6-2	劣Ⅴ	Ⅲ	不达标	氨氮(4.2)
2016-7-7	劣Ⅴ	Ⅲ	不达标	氨氮(19.8)
2016-8-18	Ⅲ	Ⅲ	达标	
2016-9-7	劣Ⅴ	Ⅲ	不达标	氨氮(2.3)
2016-10-9	劣Ⅴ	Ⅲ	不达标	氨氮(4.3)

日期	现状水质	水质目标	达标情况	超标项目(超标倍数)
2016-11-8	劣Ⅴ	Ⅲ	不达标	氨氮(4.4) 高锰酸盐指数(0.4)
2016-12-7	劣Ⅴ	Ⅲ	不达标	氨氮(8.6)
2017-1-7	劣Ⅴ	Ⅲ	不达标	氨氮(9.3) 高锰酸盐指数(0.5)
2017-3-9	Ⅴ	Ⅲ	不达标	氨氮(0.7)
2017-5-10	劣Ⅴ	Ⅲ	不达标	氨氮(4.9)
2017-7-6	Ⅳ	Ⅲ	不达标	高锰酸盐指数(0.6)
2017-9-7	劣Ⅴ	Ⅲ	不达标	氨氮(6.6)
2017-11-7	Ⅲ	Ⅲ	达标	
2018-1-9	Ⅲ	Ⅲ	达标	
2018-3-6	Ⅳ	Ⅲ	不达标	氨氮(0.1)
2018-5-7	Ⅲ	Ⅲ	达标	
2018-7-5	Ⅳ	Ⅲ	不达标	高锰酸盐指数(0.4)
2018-9-10	Ⅲ	Ⅲ	达标	
2018-11-14	Ⅲ	Ⅲ	达标	

附表 12　盐河灌云连云港农业用水区朝阳桥断面历年水质评价结果(全指标)

日期	现状水质	水质目标	达标情况	超标项目(超标倍数)
2010/1/18	劣Ⅴ	Ⅲ	不达标	氨氮(8.5) 总磷(1.9) 高锰酸盐指数(0.7)
2010/2/2	劣Ⅴ	Ⅲ	不达标	氨氮(6.9) 总磷(2.3) 高锰酸盐指数(0.3)
2010/3/29	劣Ⅴ	Ⅲ	不达标	氨氮(13.3) 总磷(5.5) 化学需氧量(2.0) 五日生化需氧量(1.4) 高锰酸盐指数(0.9) 溶解氧(0.1) 氟化物(0.1)
2010/4/17	劣Ⅴ	Ⅲ	不达标	氨氮(5.9) 总磷(2.7) 高锰酸盐指数(0.7) 溶解氧(0.1)
2010/5/18	劣Ⅴ	Ⅲ	不达标	氨氮(5.2) 总磷(1.6) 高锰酸盐指数(1.3) 化学需氧量(0.8) 溶解氧(0.7) 五日生化需氧量(0.3) 氟化物(0.1)
2010/6/9	劣Ⅴ	Ⅲ	不达标	氨氮(3.9) 总磷(0.6) 高锰酸盐指数(0.1)
2010/7/13	劣Ⅴ	Ⅲ	不达标	氨氮(4.4) 化学需氧量(3.5) 总磷(2.8) 高锰酸盐指数(0.7) 溶解氧(0.7) 氟化物(0.5)
2010/8/10	劣Ⅴ	Ⅲ	不达标	石油类(23.2) 氨氮(11.6) 总磷(7.9) 高锰酸盐指数(2.7) 溶解氧(0.9)
2010/9/9	劣Ⅴ	Ⅲ	不达标	氨氮(14.8) 总磷(7.4) 化学需氧量(2.0) 溶解氧(0.9) 五日生化需氧量(0.7) 高锰酸盐指数(0.5)

日期	现状水质	水质目标	达标情况	超标项目(超标倍数)
2010/10/12	劣Ⅴ	Ⅲ	不达标	石油类(37.4) 氨氮(1.5) 总磷(1.3) 高锰酸盐指数(1.1) 溶解氧(0.4)
2010/11/11	劣Ⅴ	Ⅲ	不达标	氨氮(14.8) 总磷(7.7) 化学需氧量(3.8) 高锰酸盐指数(2.9) 溶解氧(0.6) 挥发性酚(0.4) 五日生化需氧量(0.3) 氟化物(0.2)
2010/12/7	劣Ⅴ	Ⅲ	不达标	总磷(12.6) 氨氮(8.9) 高锰酸盐指数(2.1) 溶解氧(0.3)
2011/1/11	劣Ⅴ	Ⅲ	不达标	高锰酸盐指数(1.8) 氨氮(1.6) 化学需氧量(1.3) 总磷(0.7) 氟化物(0.3)
2011/2/15	劣Ⅴ	Ⅲ	不达标	氨氮(15.3) 总磷(9.5) 高锰酸盐指数(1.2) 溶解氧(0.5)
2011/3/1	劣Ⅴ	Ⅲ	不达标	氨氮(27.2) 总磷(11.1) 五日生化需氧量(2.5) 化学需氧量(2.0) 阴离子表面活性剂(1.8) 高锰酸盐指数(1.5) 溶解氧(0.4) 挥发性酚(0.4) 氟化物(0.3)
2011/4/7	劣Ⅴ	Ⅲ	不达标	石油类(48.6) 氨氮(17.3) 总磷(4.1) 高锰酸盐指数(0.8) 粪大肠菌群(0.7) 溶解氧(0.6)
2011/5/4	劣Ⅴ	Ⅲ	不达标	氨氮(16.7) 总磷(11.1) 五日生化需氧量(1.5) 高锰酸盐指数(0.8) 溶解氧(0.7) 化学需氧量(0.0) 氟化物(0.0)
2011/6/7	劣Ⅴ	Ⅲ	不达标	氨氮(13.9) 总磷(2.6) 溶解氧(0.6) 高锰酸盐指数(0.1)
2011/7/5	劣Ⅴ	Ⅲ	不达标	氨氮(20.6) 五日生化需氧量(7.1) 总磷(6.3) 化学需氧量(2.5) 高锰酸盐指数(2.2) 溶解氧(0.9) 挥发性酚(0.9)
2011/8/15	劣Ⅴ	Ⅲ	不达标	氨氮(14.5) 总磷(4.3) 溶解氧(0.6) 高锰酸盐指数(0.2)
2011/9/3	劣Ⅴ	Ⅲ	不达标	氨氮(15.9) 总磷(7.6) 化学需氧量(0.9) 石油类(0.6) 溶解氧(0.2)
2011/10/10	劣Ⅴ	Ⅲ	不达标	氨氮(12.6) 总磷(4.4) 高锰酸盐指数(0.5) 溶解氧(0.0)
2011/11/7	劣Ⅴ	Ⅲ	不达标	氨氮(13.0) 总磷(2.3) 五日生化需氧量(0.9) 化学需氧量(0.8) 溶解氧(0.4) 氟化物(0.1)
2011/12/7	劣Ⅴ	Ⅲ	不达标	氨氮(12.6) 总磷(1.9) 粪大肠菌群(1.5) 挥发性酚(1.1)

日期	现状水质	水质目标	达标情况	超标项目(超标倍数)
2012/1/5	劣Ⅴ	Ⅲ	不达标	氨氮(18.8) 总磷(2.7) 五日生化需氧量(1.5) 氟化物(0.1) 高锰酸盐指数(0.0)
2012/2/5	劣Ⅴ	Ⅲ	不达标	氨氮(16.0) 总磷(1.4) 挥发性酚(0.0)
2012/3/5	劣Ⅴ	Ⅲ	不达标	氨氮(9.2) 总磷(2.2) 五日生化需氧量(1.0) 高锰酸盐指数(0.6) 化学需氧量(0.4) 氟化物(0.1)
2012/4/6	劣Ⅴ	Ⅲ	不达标	氨氮(22.4) 总磷(1.6) 高锰酸盐指数(0.4) 挥发性酚(0.1)
2012/5/3	劣Ⅴ	Ⅲ	不达标	氨氮(16.4) 总磷(1.6) 溶解氧(0.4) 化学需氧量(0.4) 五日生化需氧量(0.1) 高锰酸盐指数(0.1)
2012/6/4	劣Ⅴ	Ⅲ	不达标	氨氮(9.4) 总磷(1.8) 挥发性酚(0.8) 高锰酸盐指数(0.0) 溶解氧(0.0)
2012/7/4	劣Ⅴ	Ⅲ	不达标	氨氮(6.8) 总磷(2.7) 五日生化需氧量(1.5) 高锰酸盐指数(1.1) 溶解氧(0.6) 氟化物(0.2)
2012/8/6	劣Ⅴ	Ⅲ	不达标	氨氮(11.3) 总磷(6.4) 溶解氧(0.3) 高锰酸盐指数(0.1) 挥发性酚(0.1)
2012/9/1	劣Ⅴ	Ⅲ	不达标	氨氮(18.8) 总磷(3.2) 五日生化需氧量(3.0) 溶解氧(0.2) 氟化物(0.2)
2012/10/8	劣Ⅴ	Ⅲ	不达标	氨氮(26.6) 总磷(2.1) 溶解氧(0.5)
2012/11/5	劣Ⅴ	Ⅲ	不达标	氨氮(14.8) 总磷(2.2) 氟化物(0.3) 五日生化需氧量(0.2) 化学需氧量(0.2)
2012/12/5	劣Ⅴ	Ⅲ	不达标	氨氮(6.7) 总磷(1.4)
2013/1/4	劣Ⅴ	Ⅲ	不达标	氨氮(9.4) 总磷(0.9) 五日生化需氧量(0.4) 化学需氧量(0.1) 高锰酸盐指数(0.1) 氟化物(0.1)
2013/2/1	劣Ⅴ	Ⅲ	不达标	氨氮(4.5) 总磷(1.9) 挥发性酚(0.4) 高锰酸盐指数(0.1)
2013/3/4	劣Ⅴ	Ⅲ	不达标	氨氮(6.4) 总磷(1.9) 五日生化需氧量(1.0) 化学需氧量(0.9) 氟化物(0.4)
2013/4/1	劣Ⅴ	Ⅲ	不达标	氨氮(24.4) 总磷(4.2) 溶解氧(0.7) 高锰酸盐指数(0.3)
2013/5/3	劣Ⅴ	Ⅲ	不达标	氨氮(8.0) 五日生化需氧量(1.8) 高锰酸盐指数(0.7) 化学需氧量(0.3) 氟化物(0.0)
2013/6/5	劣Ⅴ	Ⅲ	不达标	氨氮(4.1) 高锰酸盐指数(0.5) 总磷(0.4)

日期	现状水质	水质目标	达标情况	超标项目(超标倍数)
2013/7/2	劣V	III	不达标	氨氮(1.8) 总磷(0.9) 溶解氧(0.9) 化学需氧量(0.6) 五日生化需氧量(0.5) 高锰酸盐指数(0.2) 氟化物(0.2)
2013/8/13	劣V	III	不达标	氨氮(4.0) 总磷(1.6) 高锰酸盐指数(0.3)
2013/9/3	劣V	III	不达标	氨氮(7.3) 总磷(2.7) 五日生化需氧量(1.4) 挥发性酚(1.0) 化学需氧量(0.9) 高锰酸盐指数(0.8) 氟化物(0.3) 溶解氧(0.2)
2013/10/8	劣V	III	不达标	氨氮(6.8) 总磷(4.2) 溶解氧(0.8) 高锰酸盐指数(0.3)
2013/11/5	劣V	III	不达标	氨氮(6.4) 总磷(1.0) 溶解氧(0.5)
2013/12/20	劣V	III	不达标	氨氮(6.4) 总磷(1.5)
2014/1/2	劣V	III	不达标	氨氮(6.8) 总磷(1.0) 氟化物(0.5)
2014/2/8	劣V	III	不达标	氨氮(28.0) 总磷(13.6) 五日生化需氧量(4.4) 溶解氧(0.7) 氟化物(0.5)
2014/3/3	劣V	III	不达标	氨氮(41.4) 总磷(11.4) 五日生化需氧量(1.6) 氟化物(0.7) 高锰酸盐指数(0.5) 挥发性酚(0.2)
2014/4/10	劣V	III	不达标	氨氮(29.1) 总磷(3.9) 五日生化需氧量(1.3) 氟化物(1.1) 化学需氧量(0.7) 溶解氧(0.6) 高锰酸盐指数(0.5)
2014/5/6	劣V	III	不达标	氨氮(29.0) 总磷(1.5) 高锰酸盐指数(0.3) 化学需氧量(0.3) 氟化物(0.1) 溶解氧(0.0)
2014/6/5	劣V	III	不达标	氨氮(28.5) 总磷(3.4) 五日生化需氧量(1.9) 溶解氧(0.8) 化学需氧量(0.7) 高锰酸盐指数(0.5) 氟化物(0.1)
2014/7/3	劣V	III	不达标	氨氮(2.3) 高锰酸盐指数(0.4) 溶解氧(0.4) 总磷(0.3) 化学需氧量(0.1) 氟化物(0.1)
2014/8/5	劣V	III	不达标	氨氮(16.9) 五日生化需氧量(1.1) 化学需氧量(1.0) 总磷(1.0) 溶解氧(0.6) 氟化物(0.6) 高锰酸盐指数(0.5)
2014/9/2	劣V	III	不达标	氨氮(1.0) 总磷(0.6) 化学需氧量(0.1) 溶解氧(0.0)
2014/10/9	劣V	III	不达标	总磷(9.6) 氨氮(7.7) 溶解氧(0.8) 高锰酸盐指数(0.6) 五日生化需氧量(0.5) 氟化物(0.3)

附表 12(续)

日期	现状水质	水质目标	达标情况	超标项目(超标倍数)
2014/11/3	劣 V	III	不达标	氨氮(5.5) 总磷(1.0) 溶解氧(0.6) 氟化物(0.6) 化学需氧量(0.0)
2014/12/5	劣 V	III	不达标	氨氮(7.4) 总磷(0.9) 氟化物(0.5)
2015/1/4	劣 V	III	不达标	氨氮(5.5) 总磷(2.4) 五日生化需氧量(0.1)
2015/2/3	劣 V	III	不达标	氨氮(4.1) 氟化物(0.4) 五日生化需氧量(0.3) 总磷(0.1)
2015/3/3	劣 V	III	不达标	氨氮(2.9) 总磷(0.3) 五日生化需氧量(0.2)
2015/4/8	劣 V	III	不达标	氨氮(3.2) 五日生化需氧量(1.1) 溶解氧(0.3) 总磷(0.1)
2015/5/5	IV	III	不达标	总磷(0.1)
2015/6/3	V	III	不达标	氨氮(0.6) 总磷(0.4)
2015/7/7	劣 V	III	不达标	氨氮(25.4) 总磷(8.7) 高锰酸盐指数(1.0) 溶解氧(0.7) 氟化物(0.3) 五日生化需氧量(0.2) 化学需氧量(0.1)
2015/8/5	劣 V	III	不达标	氨氮(8.1) 总磷(2.3) 高锰酸盐指数(0.7) 五日生化需氧量(0.5) 溶解氧(0.4) 氟化物(0.3) 化学需氧量(0.2)
2015/9/7	劣 V	III	不达标	氨氮(3.9) 高锰酸盐指数(0.3) 五日生化需氧量(0.1) 化学需氧量(0.0)
2015/10/10	劣 V	III	不达标	氨氮(4.3)
2015/11/3	V	III	不达标	氨氮(0.7)
2015/12/3	劣 V	III	不达标	氨氮(4.1) 总磷(0.6) 五日生化需氧量(0.2) 化学需氧量(0.1)
2016/1/6	劣 V	III	不达标	氨氮(12.4) 总磷(2.3) 五日生化需氧量(0.1)
2016/2/2	劣 V	III	不达标	氨氮(8.7) 五日生化需氧量(0.2) 总磷(0.0)
2016/3/3	劣 V	III	不达标	氨氮(10.8) 总磷(0.8) 氟化物(0.5)
2016/4/7	劣 V	III	不达标	氨氮(12.4) 总磷(11.6) 高锰酸盐指数(0.7) 五日生化需氧量(0.4) 化学需氧量(0.4) 氟化物(0.4) 溶解氧(0.1)
2016/5/3	劣 V	III	不达标	氨氮(2.8) 总磷(2.0) 五日生化需氧量(0.3) 氟化物(0.3)
2016/6/2	劣 V	III	不达标	氨氮(4.2) 总磷(2.7)
2016/7/7	劣 V	III	不达标	氨氮(19.8) 总磷(5.8) 溶解氧(0.7) 氟化物(0.6)
2016/8/18	劣 V	III	不达标	总磷(1.4) 氟化物(0.2)

附表 12(续)

日期	现状水质	水质目标	达标情况	超标项目(超标倍数)
2016/9/7	劣 V	Ⅲ	不达标	氨氮(2.3)总磷(1.5)氟化物(0.3)溶解氧(0.2)
2016/10/9	劣 V	Ⅲ	不达标	氨氮(4.3)总磷(0.4)溶解氧(0.4)
2016/11/8	劣 V	Ⅲ	不达标	氨氮(4.4)五日生化需氧量(2.1)总磷(1.1)化学需氧量(0.7)高锰酸盐指数(0.4)溶解氧(0.2)氟化物(0.0)
2016/12/7	劣 V	Ⅲ	不达标	氨氮(8.6)五日生化需氧量(0.7)
2017/1/7	劣 V	Ⅲ	不达标	氨氮(9.3)总磷(2.1)化学需氧量(0.6)高锰酸盐指数(0.5)五日生化需氧量(0.3)阴离子表面活性剂(0.2)
2017/3/9	V	Ⅲ	不达标	氨氮(0.7)
2017/5/10	劣 V	Ⅲ	不达标	氨氮(4.9)总磷(0.8)
2017/7/6	Ⅳ	Ⅲ	不达标	高锰酸盐指数(0.6)氟化物(0.5)化学需氧量(0.3)五日生化需氧量(0.2)总磷(0.1)
2017/9/7	劣 V	Ⅲ	不达标	氨氮(6.6)总磷(0.3)溶解氧(0.2)氟化物(0.2)
2017/11/7	Ⅳ	Ⅲ	不达标	总磷(0.1)
2018/1/9	V	Ⅲ	不达标	化学需氧量(0.6)五日生化需氧量(0.2)
2018/3/6	Ⅳ	Ⅲ	不达标	五日生化需氧量(0.3)氨氮(0.1)化学需氧量(0.0)
2018/5/7	Ⅳ	Ⅲ	不达标	化学需氧量(0.1)五日生化需氧量(0.1)
2018/7/5	V	Ⅲ	不达标	五日生化需氧量(0.9)化学需氧量(0.4)高锰酸盐指数(0.4)总磷(0.1)
2018/9/10	Ⅲ	Ⅲ	达标	
2018/11/14	Ⅳ	Ⅲ	不达标	总磷(0.4)五日生化需氧量(0.2)

附表 13　通榆河海州工业农业用水区八一河桥断面历年水质评价结果(双指标)

日期	现状水质	水质目标	达标情况	超标项目(超标倍数)
2017-1-7	Ⅳ	Ⅲ	不达标	高锰酸盐指数(0.3)
2017-3-9	Ⅳ	Ⅲ	不达标	高锰酸盐指数(0.1)
2017-5-10	Ⅲ	Ⅲ	达标	
2017-7-6	Ⅳ	Ⅲ	不达标	高锰酸盐指数(0.3)
2017-9-7	Ⅲ	Ⅲ	达标	
2017-11-7	Ⅳ	Ⅲ	不达标	高锰酸盐指数(0.2)氨氮(0.1)

附表 13（续）

日期	现状水质	水质目标	达标情况	超标项目（超标倍数）
2018-1-9	Ⅲ	Ⅲ	达标	
2018-3-6	Ⅳ	Ⅲ	不达标	氨氮（0.2）
2018-5-7	Ⅲ	Ⅲ	达标	
2018-7-5	Ⅲ	Ⅲ	达标	
2018-9-10	Ⅲ	Ⅲ	达标	
2018-11-14	Ⅲ	Ⅲ	达标	

附表 14　通榆河海州工业农业用水区八一河桥断面历年水质评价结果（全指标）

日期	现状水质	水质目标	达标情况	超标项目（超标倍数）
2017/1/7	Ⅳ	Ⅲ	不达标	高锰酸盐指数（0.3）总磷（0.1）
2017/3/9	Ⅳ	Ⅲ	不达标	总磷（0.1）高锰酸盐指数（0.1）
2017/5/10	Ⅲ	Ⅲ	达标	
2017/7/6	Ⅳ	Ⅲ	不达标	高锰酸盐指数（0.3）氟化物（0.2）
2017/9/7	Ⅳ	Ⅲ	不达标	氟化物（0.1）
2017/11/7	Ⅳ	Ⅲ	不达标	氟化物（0.3）高锰酸盐指数（0.2）化学需氧量（0.1）总磷（0.1）氨氮（0.1）
2018/1/9	Ⅳ	Ⅲ	不达标	五日生化需氧量（0.2）
2018/3/6	Ⅳ	Ⅲ	不达标	氨氮（0.2）化学需氧量（0.2）
2018/5/7	Ⅲ	Ⅲ	达标	
2018/7/5	Ⅳ	Ⅲ	不达标	总磷（0.1）
2018/9/10	Ⅲ	Ⅲ	达标	
2018/11/14	Ⅲ	Ⅲ	达标	

附表 15　通榆河生态调水期间沿线节点逐日平均水位成果　　单位：m

时间	灌北泵站		新沂河南堤涵洞		新沂河北堤涵洞		善南泵站		蔷薇河地涵	
	上游	下游	上游	下游	上游	下游	上游	下游	上游	下游
2019/7/3	1.96	2.35	2.06	2.04	1.80	1.70	1.75	1.70	1.58	2.48
2019/7/4	1.82	2.46	2.06	2.01	1.69	1.64	1.68	1.67	1.54	2.36
2019/7/5	1.71	2.55	2.10	2.06	1.70	1.65	1.59	1.57	1.40	2.34
2019/7/6	1.82	2.61	2.12	2.21	1.75	1.70	1.60	1.73	1.56	2.35
2019/7/7	1.99	2.34	2.20	2.17	1.99	1.93	1.92	2.06	1.99	2.74
2019/7/11	1.80	2.02	1.79	2.04	2.21	1.78	1.91	1.85	1.76	2.22
2019/7/12	1.81	2.67	2.25	2.20	1.93	1.88	1.82	1.97	1.71	2.10
2019/7/13	1.84	2.69	2.29	2.23	1.94	1.91	1.79	2.11	1.78	2.09
2019/7/14	1.84	2.68	2.28	2.22	1.95	1.92	1.79	2.14	1.89	2.14

时间	灌北泵站		新沂河南堤涵洞		新沂河北堤涵洞		善南泵站		蔷薇河地涵	
	上游	下游	上游	下游	上游	下游	上游	下游	上游	下游
2019/7/15	1.86	2.70	2.33	2.27	2.02	1.98	1.88	2.30	2.26	2.26
2019/7/16	1.94	2.70	2.34	2.29	2.08	2.05	2.04	2.28	2.15	2.12
2019/7/17	1.90	2.72	2.39	2.29	2.09	2.06	2.05	2.36	2.04	2.03
2019/7/18	1.83	2.72	2.38	2.30	2.12	2.08	2.06	2.39	2.19	2.41
2019/7/19	2.05	2.56	2.33	2.31	2.10	2.08	2.14	2.16	1.99	2.37
2019/7/20	2.05	2.58	2.35	2.33	2.10	2.08	2.14	2.21	2.04	2.26
2019/7/21	1.89	2.62	2.34	2.31	2.04	2.01	1.98	2.36	2.10	2.14
2019/7/22	1.74	2.56	2.20	2.15	1.89	1.85	1.80	2.31	2.07	2.05
2019/7/23	1.70	2.57	2.19	2.11	1.82	1.81	1.77	2.11	1.86	1.88
2019/7/24	1.80	2.55	2.21	2.15	1.77	1.78	1.78	1.84		
2019/7/25	1.82	2.43	2.12	2.07	1.75	1.76	1.84	1.87		
2019/7/26	1.96	2.48	2.19	2.13	1.75	1.76	2.02	2.05		
2019/7/27	2.04	2.70	2.46	2.42	1.76	1.77	2.17	2.20		
2019/7/28	2.07	2.64	2.37	2.43	1.77	1.77	2.21	2.26		
2019/7/29	2.10	2.43	2.13	2.42	1.78	1.78	2.24	2.30		
2019/7/30	2.12	2.19	1.90	2.43	1.78	1.78	2.28	2.34		
2019/7/31	2.15	1.98	1.81	2.42	1.79	1.79	2.26	2.36		
2019/8/1	2.02	2.34	2.26	2.72	1.80	1.79	2.13	2.30		
2019/8/2	2.41	2.75	2.54	2.62	1.80	1.80				
2019/9/19	1.85	2.64	2.26	2.21	2.14	2.06				
2019/9/20	1.83	2.63	2.30	2.24	2.09	2.04				
2019/9/21	1.90	2.60	2.32	2.26	2.05	2.01				
2019/9/22	1.84	2.63	2.34	2.29	2.06	2.03				
2019/9/23	1.82	2.60	2.33	2.28	2.04	2.01				
2019/9/24	1.88	2.58	2.30	2.26	2.01	1.98				
2019/9/25	1.97	2.47	2.22	2.17	1.96	1.93				
2019/9/26	2.03	2.38	2.15	2.12	1.91	1.89				
2019/9/27	2.04	2.39	2.16	2.12	1.92	1.89				
2019/9/28	2.03	2.41	2.19	2.15	1.94	1.91				
2019/9/29	2.11	2.43	2.22	2.19	1.96	1.93				
2019-11-25	1.89	2.16	2.05	2.00	1.99	1.78				
2019-11-26	1.90	2.34	2.11	2.05	2.04	1.82				
2019-11-27	1.92	2.30	2.07	2.04	2.04	1.83				
2019-11-28	1.91	2.43	2.19	2.17	1.89	1.84				
2019-11-29	1.99	2.31	2.07	2.05	1.87	1.83	1.84	2.03		

时间	灌北泵站		新沂河南堤涵洞		新沂河北堤涵洞		善南泵站		蔷薇河地涵	
	上游	下游	上游	下游	上游	下游	上游	下游	上游	下游
2019-11-30	1.97	2.33	2.10	2.08	1.87	1.83	1.82	2.15	2.02	2.20
2019-12-1	2.05	2.46	2.23	2.18	1.99	1.94	1.91	2.27	2.13	2.36
2019-12-2	1.98	2.49	2.29	2.27	2.01	1.97	1.97	2.31	2.16	2.34
2019-12-3	1.96	2.45	2.23	2.21	1.95	1.93	1.96	2.28	2.15	2.25
2019-12-4	1.97	2.49	2.26	2.24	2.01	2.00	2.00	2.30	2.19	2.29
2019-12-5	1.94	2.48	2.27	2.25	2.03	2.01	2.02	2.67	2.47	2.47
2019-12-6	1.98	2.54	2.30	2.28	2.04	2.02	2.02	2.66	2.36	2.37
2019-12-7	1.93	2.53	2.31	2.29	2.06	2.04	2.05	2.75	2.47	2.46
2019-12-8	1.94	2.55	2.32	2.31	2.08	2.07	2.09	2.66	2.49	2.49
2019-12-9	1.99	2.56	2.34	2.31	2.08	2.06	2.09	2.68	2.50	2.49
2019-12-10	1.96	2.56	2.36	2.33	2.08	2.06	2.08	2.67	2.49	2.49
2019-12-11	1.93	2.42	2.22	2.20	1.99	1.98	1.98	2.66	2.49	2.48
2019-12-12	1.95	2.50	2.26	2.24	2.02	2.00	1.94	2.66	2.49	2.49
2019-12-13	1.92	2.40	2.21	2.19	1.98	1.96	1.99	2.66	2.49	2.49
2019-12-14	1.90	2.37	2.17	2.16	1.96	1.95	1.99	2.67	2.49	2.49
2019-12-15	1.93	2.37	2.18	2.16	1.97	1.96	2.00	2.68	2.50	2.50
2019-12-16	1.93	2.39	2.22	2.20	1.97	1.96	2.00	2.69	2.50	2.50
2019-12-17	1.95	2.38	2.20	2.19	1.99	1.97	1.98	2.62	2.47	2.46

附表 16　通榆河生态调水期间沿线节点逐日平均流量成果表

单位：m³/s

时间	灌北泵站	新沂河南堤涵洞	新沂河北堤涵洞	善南泵站	蔷薇河地涵
2019/7/2	3.15	0.36			
2019/7/3	29.50	28.9	14.10		
2019/7/4	39.20	36.3	14.70		
2019/7/5	47.30	44.5	40.10		
2019/7/6	41.20	38.1	38.00		
2019/7/7	11.60	4.15	9.38		
2019/7/11	24.40	22.30			
2019/7/12	49.00	43.90	14.30	13.90	
2019/7/13	51.40	49.80	26.50	25.50	
2019/7/14	50.80	49.50	31.60	26.00	0.03
2019/7/15	47.20	46.10	20.20	27.40	0.87
2019/7/16	46.40	45.80	17.20	27.80	

时间	灌北泵站	新沂河南堤涵洞	新沂河北堤涵洞	善南泵站	蔷薇河地涵
2019/7/17	44.50	43.20	15.80	25.60	
2019/7/18	35.00	32.30	16.60	20.00	
2019/7/19	25.20	24.40	17.10	12.70	
2019/7/20	29.20	28.40	15.50	15.70	
2019/7/21	38.80	33.60	14.40	25.30	
2019/7/22	42.40	40.00	14.70	25.00	4.49
2019/7/23	47.60	44.00	15.10	11.70	2.89
2019/7/24	41.20	40.00	6.24		
2019/7/25	37.00	35.80			
2019/7/26	37.60	32.40			
2019/7/27	29.00	28.20			
2019/7/28		2.82			
2019/7/29				10.10	
2019/7/30				20.00	
2019/7/31				20.00	
2019/8/1				10.90	
2019/8/2				9.23	
2019/9/19	11.60	9.70	0.00		
2019/9/20	35.20	32.70	18.90		
2019/9/21	36.40	34.70	21.40		
2019/9/22	38.00	35.70	16.50		
2019/9/23	39.20	36.80	18.80		
2019/9/24	39.10	36.50	24.80		
2019/9/25	37.80	35.30	26.10		
2019/9/26	25.80	24.50	14.90		
2019/9/27	25.10	23.50	11.40		
2019/9/28	25.80	24.20	10.20		
2019/9/29	26.10	23.70	14.30		
2019/9/30	18.40	17.70	16.60		
2019-11-25	15.4	9.5			
2019-11-26	27.0	24.7			
2019-11-27	27.0	25.0			
2019-11-28	27.4	26.6	8.1		
2019-11-29	27.8	27.3	12.3	6.1	
2019-11-30	27.2	26.2	10.4	12.7	
2019-12-1	27.9	24.5	10.5	13.9	

附表 16（续）

时间	灌北泵站	新沂河南堤涵洞	新沂河北堤涵洞	善南泵站	蔷薇河地涵
2019-12-2	27.9	25.2	10.4	14.9	
2019-12-3	28.6	26.9	7.7	15.0	
2019-12-4	29.0	28.2	6.0	12.9	
2019-12-5	28.1	27.5	8.8	14.6	
2019-12-6	27.3	26.8	11.2	19.4	6.4
2019-12-7	27.2	26.4	11.8	15.2	13.4
2019-12-8	27.1	26.0	11.8	13.6	10.2
2019-12-9	27.4	25.5	10.6	13.8	8.9
2019-12-10	27.4	25.2	9.4	13.8	8.2
2019-12-11	26.8	25.4	8.3	14.8	8.7
2019-12-12	26.2	24.0	7.4	17.6	9.0
2019-12-13	23.0	17.4	6.7	14.2	8.1
2019-12-14	13.4	11.6	6.2	12.8	7.2
2019-12-15	13.4	12.0	7.9	12.5	5.9
2019-12-16	12.3	12.3	9.6	12.1	4.5
2019-12-17	8.7	8.7	6.8	8.6	3.2

附表 17　通榆河 7 月 1 日本底监测评价表

测站名称	灌河北泵站（出水侧）	新沂河南堤涵洞	新沂河北堤涵洞	盐河灌云县城段（灌云水位站）	善后河南泵站	蔷薇河南堤涵洞
综合评价	V	Ⅲ	Ⅲ	Ⅳ	劣V	劣V
高锰酸盐指数	V	Ⅲ	Ⅲ	Ⅳ	V	V
氨氮	Ⅱ	Ⅲ	Ⅱ	Ⅱ	V	劣V
pH 值	Ⅰ	Ⅰ	Ⅰ	Ⅰ	Ⅰ	Ⅰ
溶解氧	Ⅰ	Ⅰ	Ⅰ	Ⅳ	劣V	Ⅲ
总磷	Ⅲ	Ⅲ	Ⅲ	Ⅲ	V	V
化学需氧量	Ⅳ	Ⅰ	Ⅰ	Ⅲ	Ⅳ	V
氰化物	Ⅰ	Ⅰ	Ⅰ	Ⅰ	Ⅰ	Ⅰ
氟化物	Ⅰ	Ⅰ	Ⅰ	Ⅰ	Ⅰ	Ⅰ
六价铬	Ⅱ	Ⅱ	V	Ⅰ	Ⅱ	Ⅱ
汞	Ⅰ	Ⅰ	Ⅰ	Ⅰ	Ⅰ	Ⅰ
铜	Ⅰ	Ⅰ	Ⅰ	Ⅰ	Ⅰ	Ⅰ
铅	Ⅰ	Ⅰ	Ⅰ	Ⅰ	Ⅰ	Ⅰ
镉	Ⅰ	Ⅰ	Ⅰ	Ⅰ	Ⅰ	Ⅰ

测站名称	灌河北泵站（出水侧）	新沂河南堤涵洞	新沂河北堤涵洞	盐河灌云县城段（灌云水位站）	善后河南泵站	蔷薇河南堤涵洞
锌	I	I	I	I	I	I
砷	I	I	I	I	I	I
硒	I	I	I	I	I	I
挥发性酚	I	I	I	I	I	I
石油类	I	I	I	I	I	I
阴离子表面活性剂	I	I	I	I	I	I
硫化物	III	II	II	III	IV	IV

附表 18　通榆河 9 月 18 日本底监测评价表

测站名称	灌河北泵站（出水侧）	新沂河南堤涵洞	新沂河北堤涵洞	盐河灌云县城段（灌云水位站）	善后河南泵站	田楼水厂	蔷薇河南堤涵洞
综合评价	IV	III	IV	IV	IV	III	IV
高锰酸盐指数	IV	III	III	IV	IV	III	IV
氨氮	II	III	III	III	III	II	III
pH 值	I	I	I	I	I	I	I
溶解氧	II	II	II	II	IV	II	IV
总磷	III	III	IV	IV	IV	III	III
化学需氧量	III	I	III	III	III	I	I
氰化物	I	I	I	I	I	I	I
氟化物	I	I	I	I	I	I	I
六价铬	I	I	I	I	I	I	I
汞	I	I	I	I	I	I	I
铜	I	I	I	I	I	I	I
铅	I	I	I	I	I	I	I
镉	I	I	I	I	I	I	I
锌	I	I	I	I	I	I	I
砷	I	I	I	I	I	I	I
硒	I	I	I	I	I	I	I
挥发性酚	I	I	I	I	I	I	I
石油类	I	I	I	I	I	I	I
阴离子表面活性剂	I	I	I	I	I	I	I
硫化物	I	I	I	I	I	I	I

附表 19　通榆河 11 月 22 日本底监测评价表

测站名称	灌河北泵站（出水侧）	新沂河南堤涵洞	新沂河北堤涵洞	盐河灌云县城段（灌云水位站）	善后河南泵站	田楼水厂	蔷薇河南堤涵洞
综合评价	Ⅲ	Ⅲ	Ⅲ	劣Ⅴ	Ⅲ	Ⅲ	Ⅲ
高锰酸盐指数	Ⅲ	Ⅲ	Ⅲ	Ⅳ	Ⅳ	Ⅲ	Ⅲ
氨氮	Ⅱ	Ⅱ	Ⅱ	劣Ⅴ	Ⅱ	Ⅱ	Ⅱ
pH 值	Ⅰ	Ⅰ	Ⅰ	Ⅰ	Ⅰ	Ⅰ	Ⅰ
溶解氧	Ⅰ	Ⅰ	Ⅰ	Ⅳ	Ⅰ	Ⅰ	Ⅰ
总磷	Ⅲ	Ⅲ	Ⅲ	劣Ⅴ	Ⅲ	Ⅲ	Ⅲ

附表 20　灌北泵站 7 月 2 日—8 月 1 日调水水源监测成果

日期	综合评价	高锰酸盐指数	氨氮	pH值	溶解氧	总磷	超标项目（超标倍数）
2019-7-3	Ⅳ	6.3 (Ⅳ)	0.48 (Ⅱ)	7.68 (Ⅰ)	3.54 (Ⅳ)	0.154 (Ⅲ)	溶解氧(0.3)[3.54]高锰酸盐指数(0.1)[6.3]
2019-7-4	Ⅳ	6.1 (Ⅳ)	0.23 (Ⅱ)	7.59 (Ⅰ)	7.6 (Ⅰ)	0.172 (Ⅲ)	高锰酸盐指数(0.0)[6.1]
2019-7-5	Ⅴ	8.2 (Ⅳ)	1.65 (Ⅴ)	7.34 (Ⅰ)	6.9 (Ⅱ)	0.123 (Ⅲ)	氨氮(0.7)[1.65]高锰酸盐指数(0.4)[8.2]
2019-7-6	Ⅳ	9.3 (Ⅳ)	0.9 (Ⅲ)	7.5 (Ⅰ)	3.22 (Ⅳ)	0.119 (Ⅲ)	高锰酸盐指数(0.6)[9.3]溶解氧(0.4)[3.22]
2019-7-7	Ⅳ	7.8 (Ⅳ)	0.97 (Ⅲ)	7.49 (Ⅰ)	4.82 (Ⅳ)	0.112 (Ⅲ)	高锰酸盐指数(0.3)[7.8]溶解氧(0.0)[4.82]
2019-7-11	Ⅳ	8 (Ⅳ)	0.46 (Ⅱ)	7.67 (Ⅰ)	6.24 (Ⅱ)	0.12 (Ⅲ)	高锰酸盐指数(0.3)[8.0]
2019-7-12	Ⅳ	9.3 (Ⅳ)	0.45 (Ⅱ)	7.49 (Ⅰ)	3.64 (Ⅳ)	0.177 (Ⅲ)	高锰酸盐指数(0.6)[9.3]溶解氧(0.3)[3.64]
2019-7-13	Ⅳ	8 (Ⅳ)	1.45 (Ⅳ)	7.51 (Ⅰ)	6.54 (Ⅲ)	0.183 (Ⅲ)	高锰酸盐指数(0.3)[8.0]
2019-7-14	Ⅳ	8.5 (Ⅳ)	1.37 (Ⅳ)	7.54 (Ⅰ)	7.95 (Ⅰ)	0.233 (Ⅳ)	氨氮(0.4)[1.37]总磷(0.2)[0.233]高锰酸盐指数(0.4)[8.5]
2019-7-15	Ⅳ	7.9 (Ⅳ)	1.23 (Ⅳ)	7.43 (Ⅰ)	7.6 (Ⅰ)	0.258 (Ⅳ)	总磷(0.3)[0.258]高锰酸盐指数(0.3)[7.9]
2019-7-16	Ⅴ	8.5 (Ⅳ)	1.52 (Ⅴ)	7.51 (Ⅰ)	7.86 (Ⅰ)	0.149 (Ⅲ)	氨氮(0.5)[1.52]高锰酸盐指数(0.4)[8.5]
2019-7-17	Ⅳ	7.9 (Ⅳ)	1.48 (Ⅳ)	7.48 (Ⅰ)	6.78 (Ⅱ)	0.206 (Ⅳ)	氨氮(0.5)[1.48]总磷(0.3)[0.206]高锰酸盐指数(0.3)[7.9]
2019-7-18	Ⅳ	7.7 (Ⅳ)	1.45 (Ⅳ)	7.57 (Ⅰ)	7.11 (Ⅱ)	0.209 (Ⅳ)	氨氮(0.5)[1.45]总磷(0.3)[0.209]高锰酸盐指数(0.3)[7.7]
2019-7-19	Ⅴ	7.3 (Ⅳ)	1.62 (Ⅴ)	7.32 (Ⅰ)	5.2 (Ⅲ)	0.201 (Ⅳ)	氨氮(0.6)[1.62]总磷(0.2)[0.201]高锰酸盐指数(0.3)[7.3]
2019-7-20	Ⅳ	8.6 (Ⅳ)	1.29 (Ⅳ)	7.52 (Ⅰ)	7.89 (Ⅰ)	0.227 (Ⅳ)	氨氮(0.4)[1.29]总磷(0.3)[0.227]高锰酸盐指数(0.3)[8.6]
2019-7-27	Ⅳ	7.2 (Ⅳ)	1.06 (Ⅳ)	7.05 (Ⅰ)	5.44 (Ⅲ)	0.248 (Ⅳ)	总磷(0.2)[0.248]高锰酸盐指数(0.2)[7.2]氨氮(0.1)[1.06]
2019-7-31	Ⅳ	7.6 (Ⅳ)	0.26 (Ⅱ)	7.63 (Ⅰ)	9.59 (Ⅰ)	0.145 (Ⅲ)	高锰酸盐指数(0.3)[7.6]
2019-8-1	Ⅳ	6.6 (Ⅳ)	0.22 (Ⅱ)	7.43 (Ⅰ)	6.91 (Ⅱ)	0.145 (Ⅲ)	高锰酸盐指数(0.1)[6.6]

附表 21　灌北泵站 9 月 20—30 日调水水源监测成果

日期	综合评价	高锰酸盐指数	氨氮	pH值	溶解氧	总磷	超标项目（超标倍数）
2019-9-20	IV	6.2　IV	0.48　II	7.61　I	5.81　III	0.201　IV	高锰酸盐指数（0.0）[6.2]总磷（0.0）[0.201]
2019-9-21	IV	6.7　IV	0.59　III	7.52　I	5.47　III	0.184　III	高锰酸盐指数（0.1）[6.7]
2019-9-25	IV	7.4　IV	0.76　III	7.58　I	7.21　II	0.166　III	高锰酸盐指数（0.2）[7.4]
2019-9-29	V	11.6　V	0.68　III	7.46　I	4.4　IV	0.266　IV	高锰酸盐指数（0.9）[11.6]总磷（0.3）[0.266]溶解氧（0.1）[4.40]
2019-9-30	IV	5.8　III	0.84　III	7.5　I	8.02　I	0.277　IV	总磷（0.4）[0.277]

附表 22　灌北泵站 11 月 25 日—12 月 20 日调水水源监测成果

日期	综合评价	高锰酸盐指数	氨氮	pH值	溶解氧	总磷	超标项目（超标倍数）
2019-11-25	III	5.6　III	0.21　II	7.67　I	10.11　I	0.093　II	
2019-11-26	III	5.6　III	0.46　II	7.67　I	10.07　I	0.107　III	
2019-11-27	III	4.6　III	0.51　III	7.44　I	9.27　I	0.091　II	
2019-11-28	III	5.7　III	0.46　III	7.68　I	10.04　I	0.155　III	
2019-11-29	III	5.3　III	0.53　III	7.61　I	9.73　I	0.1　II	
2019-11-30	IV	6.3　IV	0.84　III	7.66　I	10.2　I	0.097　II	高锰酸盐指数（0.1）[6.3]
2019-12-1	III	5.4　III	0.66　III	7.69　I	9.53　I	0.082　II	
2019-12-2	IV	6.6　IV	0.82　III	7.67　I	9.86　I	0.097　II	高锰酸盐指数（0.1）[6.6]
2019-12-6	III	5.0　III	0.61　III	7.61　I	10.47　II	0.159　III	
2019-12-10	III	5.7　III	0.84　III	7.56　I	10.26　I	0.109　III	
2019-12-13	III	5.6　III	0.56　III	7.69　I	9.98　I	0.155　III	
2019-12-17	III	6.0　III	0.79　III	7.87　I	9.63　I	0.194　III	
2019-12-20	III	5.7　III	0.79　III	7.93　I	10.8　I	0.158　III	

附表 23　田楼水厂 7 月 2 日—8 月 1 日监测成果及评价表

日期	综合评价	高锰酸盐指数		氨氮		pH值		溶解氧		总磷		超标项目（超标倍数）
2019-7-3	V	5.4	III	0.32	II	7.64	I	2.62	V	0.067	II	溶解氧（0.5）[2.62]
2019-7-4	III	5.9	III	0.27	II	7.58	I	7.6	I	0.097	II	
2019-7-5	IV	8.4	IV	1.14	IV	7.41	I	7.6	I	0.067	II	高锰酸盐指数（0.4）[8.4]氨氮（0.1）[1.14]
2019-7-6	IV	8.1	IV	0.83	III	7.52	I	3.85	IV	0.1	II	高锰酸盐指数（0.4）[8.1]溶解氧（0.2）[3.85]
2019-7-7	IV	8	IV	1.05	IV	7.61	I	4.75	IV	0.091	II	高锰酸盐指数（0.3）[8.0]氨氮（0.1）[1.05]溶解氧（0.1）[4.75]
2019-7-11	IV	7.2	IV	0.4	II	7.75	I	7.24	II	0.128	III	高锰酸盐指数（0.2）[7.2]
2019-7-12	IV	9	IV	0.55	III	7.52	I	4.55	IV	0.141	III	高锰酸盐指数（0.5）[9.0]溶解氧（0.1）[4.55]
2019-7-13	V	7.7	IV	1.548	V	7.45	I	6.8	II	0.134	III	氨氮（0.5）[1.55]高锰酸盐指数（0.3）[7.7]
2019-7-14	IV	8	IV	1.13	IV	7.6	I	8.07	I	0.228	IV	高锰酸盐指数（0.3）[8.0]氨氮（0.1）[1.13]总磷（0.1）[0.228]
2019-7-15	V	7.9	IV	1.15	IV	7.45	I	7.83	I	0.313	V	总磷（0.6）[0.313]高锰酸盐指数（0.3）[7.9]氨氮（0.2）[1.15]
2019-7-16	IV	8.9	IV	1.34	IV	7.49	I	8.17	I	0.149	III	高锰酸盐指数（0.5）[8.9]氨氮（0.3）[1.34]
2019-7-17	IV	7.9	IV	1.38	IV	7.42	I	6.81	II	0.191	III	氨氮（0.4）[1.38]高锰酸盐指数（0.3）[7.9]
2019-7-18	IV	8.1	IV	1.32	IV	7.39	I	7.06	II	0.198	III	高锰酸盐指数（0.3）[8.1]氨氮（0.3）[1.32]
2019-7-19	IV	7.4	IV	1.41	IV	7.31	I	5.2	III	0.208	IV	氨氮（0.4）[1.41]高锰酸盐指数（0.2）[7.4]总磷（0.0）[0.208]
2019-7-20	IV	7.6	IV	1.18	IV	7.89	I	7.56	I	0.208	IV	高锰酸盐指数（0.3）[7.6]氨氮（0.2）[1.18]总磷（0.0）[0.208]
2019-7-27	IV	7.1	IV	1.1	IV	7.15	I	5.5	III	0.236	IV	高锰酸盐指数（0.2）[7.1]总磷（0.2）[0.236]氨氮（0.1）[1.10]
2019-7-31	IV	7.2	IV	0.23	II	7.8	I	7.62	I	0.147	III	高锰酸盐指数（0.2）[7.2]
2019-8-1	IV	6.9	IV	0.21	II	7.41	I	6.83	II	0.165	III	高锰酸盐指数（0.2）[6.9]

附表 24　田楼水厂 9 月 20—30 日监测成果及评价表

日期	综合评价	高锰酸盐指数		氨氮		pH值		溶解氧		总磷		超标项目（超标倍数）
2019-9-20	Ⅲ	5.4	Ⅲ	0.36	Ⅱ	7.54	Ⅰ	5.88	Ⅲ	0.168	Ⅲ	
2019-9-21	Ⅳ	7.3	Ⅳ	0.45	Ⅱ	7.6	Ⅰ	5.44	Ⅲ	0.188	Ⅲ	高锰酸盐指数（0.2）[7.3]
2019-9-23	Ⅳ	7.2	Ⅳ	1.07	Ⅳ	7.65	Ⅰ	4.99	Ⅳ	0.21	Ⅳ	高锰酸盐指数（0.2）[7.2]总磷（0.1）[7.2]氨氮（0.1）[0.210]溶解氧（0.0）[4.99]

附表 25　田楼水厂 11 月 25 日—12 月 20 日监测成果及评价表

日期	综合评价	高锰酸盐指数		氨氮		pH值		溶解氧		总磷		超标项目（超标倍数）
2019-11-25	Ⅲ	4.6	Ⅲ	0.17	Ⅱ	7.72	Ⅰ	9.17	Ⅰ	0.108	Ⅲ	
2019-11-26	Ⅲ	5.7	Ⅲ	0.43	Ⅱ	7.74	Ⅰ	9.95	Ⅰ	0.11	Ⅲ	
2019-11-27	Ⅲ	5.2	Ⅲ	0.43	Ⅱ	7.32	Ⅰ	8.82	Ⅰ	0.104	Ⅲ	
2019-11-28	Ⅲ	5.9	Ⅲ	0.44	Ⅱ	7.65	Ⅰ	10	Ⅰ	0.08	Ⅱ	
2019-11-29	Ⅲ	5.4	Ⅲ	0.5	Ⅱ	7.59	Ⅰ	9.83	Ⅰ	0.077	Ⅱ	
2019-11-30	Ⅲ	5.6	Ⅲ	0.65	Ⅲ	7.62	Ⅰ	10	Ⅰ	0.115	Ⅲ	
2019-12-1	Ⅲ	5.1	Ⅲ	0.5	Ⅲ	7.66	Ⅰ	9.67	Ⅰ	0.097	Ⅱ	
2019-12-2	Ⅲ	5.5	Ⅲ	0.65	Ⅲ	7.78	Ⅰ	10.28	Ⅰ	0.091	Ⅱ	
2019-12-2	Ⅲ	5.7	Ⅲ	0.66	Ⅲ	7.78	Ⅰ	10.44	Ⅰ	0.101	Ⅲ	
2019-12-4	Ⅲ	5.4	Ⅲ	0.64	Ⅲ	7.59	Ⅰ	6.69	Ⅱ	0.122	Ⅲ	
2019-12-6	Ⅲ	4.9	Ⅲ	0.57	Ⅲ	7.53	Ⅰ	10.68	Ⅰ	0.149	Ⅲ	
2019-12-8	Ⅲ	5.3	Ⅲ	0.75	Ⅲ	7.58	Ⅰ	10.64	Ⅰ	0.133	Ⅲ	
2019-12-10	Ⅲ	5.9	Ⅲ	0.73	Ⅲ	7.51	Ⅰ	10.43	Ⅰ	0.122	Ⅲ	
2019-12-12	Ⅲ	6	Ⅲ	0.76	Ⅲ	7.74	Ⅰ	7.5	Ⅰ	0.087	Ⅱ	
2019-12-13	Ⅲ	5.8	Ⅲ	0.56	Ⅲ	7.67	Ⅰ	9.84	Ⅰ	0.163	Ⅲ	
2019-12-17	Ⅲ	5.7	Ⅲ	0.72	Ⅲ	7.84	Ⅰ	10.09	Ⅰ	0.136	Ⅲ	
2019-12-20	Ⅲ	5.6	Ⅲ	0.87	Ⅲ	7.86	Ⅰ	10.4	Ⅰ	0.13	Ⅲ	

附表 26　新沂河南堤涵洞 7 月 2 日—8 月 1 日监测成果及评价表

日期	综合评价	高锰酸盐指数		氨氮		pH值		溶解氧		总磷		超标项目（超标倍数）
2019-7-3	V	6.2	IV	0.41	II	7.65	I	2.59	V	0.171	III	溶解氧(0.5)[2.59]高锰酸盐指数(0.0)[6.2]
2019-7-4	IV	6.3	IV	0.22	II	7.76	I	7.9	I	0.198	III	高锰酸盐指数(0.1)[6.3]
2019-7-5	IV	8.1	IV	1.29	IV	7.4	I	7.4	II	0.067	II	高锰酸盐指数(0.4)[8.1]氨氮(0.3)[1.29]
2019-7-6	IV	8.2	IV	1.03	IV	7.49	I	3.78	IV	0.109	III	高锰酸盐指数(0.4)[8.2]溶解氧(0.2)[3.78]氨氮(0.0)[1.03]
2019-7-7	IV	8.3	IV	1.06	IV	7.53	I	5.07	III	0.15	III	高锰酸盐指数(0.4)[8.3]氨氮(0.1)[1.06]
2019-7-11	V	11.1	V	0.42	II	8.13	I	9	I	0.216	IV	高锰酸盐指数(0.9)[11.1]总磷(0.1)[0.216]
2019-7-12	IV	9.1	IV	0.39	II	7.51	I	3.87	IV	0.131	III	溶解氧(0.2)[3.87]
2019-7-13	IV	8.1	IV	1.28	IV	7.62	I	6.83	II	0.134	III	高锰酸盐指数(0.3)[8.1]氨氮(0.3)[1.28]
2019-7-14	IV	8.4	IV	1.38	IV	7.5	I	7.81	I	0.228	IV	氨氮(0.4)[1.38]高锰酸盐指数(0.4)[8.4]总磷(0.1)[0.228]
2019-7-15	IV	7.5	IV	1.23	IV	7.45	I	7.8	I	0.213	IV	高锰酸盐指数(0.2)[7.5]氨氮(0.2)[1.23]总磷(0.1)[0.213]
2019-7-16	IV	8.2	IV	1.36	IV	7.58	I	8.39	I	0.177	III	氨氮(0.4)[1.36]高锰酸盐指数(0.4)[8.2]
2019-7-17	IV	8.3	IV	1.35	IV	7.49	I	7.11	II	0.213	IV	高锰酸盐指数(0.4)[8.3]氨氮(0.4)[1.35]总磷(0.1)[0.213]
2019-7-18	IV	7.5	IV	1.41	IV	7.45	I	7.38	II	0.169	III	氨氮(0.4)[1.41]高锰酸盐指数(0.3)[7.5]
2019-7-19	IV	4.9	III	0.63	III	7.35	I	8.06	I	0.225	IV	总磷(0.1)[0.225]
2019-7-20	IV	7.5	IV	1.26	IV	7.67	I	8.02	I	0.228	IV	高锰酸盐指数(0.3)[7.5]氨氮(0.3)[1.26]总磷(0.1)[0.228]
2019-7-27	IV	8	IV	0.98	III	7.13	I	6.09	II	0.277	IV	总磷(0.4)[0.277]高锰酸盐指数(0.3)[8.0]
2019-8-1	IV	8	IV	0.2	II	7.4	I	6.49	II	0.298	IV	总磷(0.5)[0.298]高锰酸盐指数(0.3)[8.0]

附表 27　新沂河南堤涵洞 9 月 20—30 日监测成果及评价表

日期	综合评价	高锰酸盐指数	氨氮	类别	pH值	类别	溶解氧	类别	总磷	类别	超标项目（超标倍数）
2019-9-20	III	5.5	0.37	II	7.62	I	5.51	III	0.179	III	
2019-9-21	IV	7.2	0.4	II	7.63	I	5.62	III	0.184	III	高锰酸盐指数（0.2）[7.2]
2019-9-25	IV	8.1	0.73	III	7.64	I	7.72	I	0.153	III	高锰酸盐指数（0.4）[8.1]
2019-9-29	IV	6	0.56	III	7.55	I	4.64	IV	0.21	IV	总磷（0.1）[0.210]溶解氧（0.1）[4.64]
2019-9-30	IV	6.2	0.67	III	7.5	I	8.3	I	0.251	IV	总磷（0.3）[0.251]高锰酸盐指数（0.0）[6.2]

附表 28　新沂河南堤涵洞 11 月 25 日—12 月 20 日监测成果及评价表

日期	综合评价	高锰酸盐指数	氨氮	类别	pH值	类别	溶解氧	类别	总磷	类别	超标项目（超标倍数）
2019-11-25	III	4.2	0.24	II	7.85	I	10.17	I	0.111	III	
2019-11-26	III	5.8	0.45	II	7.82	I	9.89	I	0.105	III	
2019-11-27	III	4.9	0.48	II	7.53	I	8.36	I	0.122	III	
2019-11-28	III	5.1	0.41	II	7.7	I	8.61	I	0.095	II	
2019-11-29	III	5.8	0.49	II	7.62	I	9.76	I	0.109	III	
2019-11-30	III	5.9	0.52	III	7.69	I	10.41	I	0.118	III	
2019-12-1	III	5.7	0.56	III	7.68	I	9.42	I	0.087	II	
2019-12-2	III	5.9	0.79	III	7.81	I	9.92	I	0.109	III	
2019-12-6	III	5.1	0.52	III	7.64	I	10.54	I	0.145	III	
2019-12-10	IV	6.2	0.85	IV	7.58	I	10.21	I	0.124	III	高锰酸盐指数（0.0）[6.2]
2019-12-13	III	5.9	0.52	III	7.7	I	9.83	I	0.145	III	
2019-12-17	III	5.5	0.65	III	7.89	I	10.2	I	0.13	III	
2019-12-20	III	5.3	0.82	III	7.95	I	9.92	I	0.129	III	

附表 29　新沂河北堤涵洞 7 月 2 日—8 月 1 日监测成果及评价表

日期	综合评价	高锰酸盐指数		氨氮		pH 值		溶解氧		总磷		超标项目（超标倍数）
2019-7-3	Ⅲ	5	Ⅲ	0.5	Ⅱ	7.97	Ⅰ	7.28	Ⅱ	0.158	Ⅲ	
2019-7-4	Ⅲ	4.7	Ⅲ	0.17	Ⅱ	8.1	Ⅰ	8.1	Ⅰ	0.19	Ⅲ	
2019-7-5	Ⅲ	4.8	Ⅲ	0.23	Ⅱ	7.82	Ⅰ	8.2	Ⅰ	0.041	Ⅱ	
2019-7-6	Ⅲ	5	Ⅲ	0.36	Ⅱ	7.68	Ⅰ	6.5	Ⅱ	0.075	Ⅱ	
2019-7-7	Ⅲ	5.6	Ⅲ	0.4	Ⅱ	7.74	Ⅰ	5.92	Ⅲ	0.053	Ⅱ	
2019-7-11	Ⅳ	8.9	Ⅳ	1.41	Ⅳ	7.72	Ⅰ	4.31	Ⅳ	0.221	Ⅳ	高锰酸盐指数（0.5）[8.9]氨氮（0.4）[1.41]溶解氧（0.1）[4.31]总磷（0.1）[0.221]
2019-7-12	Ⅳ	7.2	Ⅳ	0.29	Ⅱ	8.25	Ⅰ	9.82	Ⅰ	0.105	Ⅲ	高锰酸盐指数（0.2）[7.2]
2019-7-13	Ⅳ	6.3	Ⅳ	0.38	Ⅱ	8.28	Ⅰ	7.97	Ⅰ	0.122	Ⅲ	高锰酸盐指数（0.1）[6.3]
2019-7-14	Ⅲ	6	Ⅲ	0.38	Ⅱ	7.81	Ⅰ	8.09	Ⅰ	0.168	Ⅲ	
2019-7-15	Ⅲ	5.8	Ⅲ	0.32	Ⅱ	7.58	Ⅰ	7.78	Ⅰ	0.145	Ⅲ	
2019-7-16	Ⅳ	6.1	Ⅳ	0.6	Ⅲ	7.87	Ⅰ	8.5	Ⅰ	0.158	Ⅲ	高锰酸盐指数（0.0）[6.1]
2019-7-17	Ⅲ	6	Ⅲ	0.45	Ⅱ	7.82	Ⅰ	7.22	Ⅱ	0.146	Ⅲ	
2019-7-18	Ⅳ	6.3	Ⅳ	0.37	Ⅱ	7.75	Ⅰ	6.22	Ⅱ	0.139	Ⅲ	高锰酸盐指数（0.1）[6.3]
2019-7-19	Ⅳ	7.4	Ⅳ	1.35	Ⅳ	7.82	Ⅰ	7	Ⅱ	0.218	Ⅳ	氨氮（0.4）[1.35]高锰酸盐指数（0.2）[7.4]总磷（0.1）[0.218]
2019-7-20	Ⅲ	5.8	Ⅲ	0.43	Ⅱ	7.96	Ⅰ	6.34	Ⅱ	0.173	Ⅲ	
2019-7-27	Ⅳ	7.8	Ⅳ	1.27	Ⅳ	7.16	Ⅰ	5.15	Ⅲ	0.192	Ⅲ	氨氮（0.3）[1.27]高锰酸盐指数（0.3）[7.8]
2019-8-1	劣Ⅴ	8.6	Ⅳ	2.26	劣Ⅴ	7.4	Ⅰ	5.57	Ⅲ	0.385	Ⅴ	氨氮（1.3）[2.26]总磷（0.9）[0.385]高锰酸盐指数（0.4）[8.6]

附表 30　新沂河北堤涵洞 9 月 20—30 日监测成果及评价表

日期	综合评价	高锰酸盐指数		氨氮		pH值		溶解氧		总磷		超标项目（超标倍数）
2019-9-20	Ⅲ	5	Ⅲ	0.28	Ⅱ	7.79	Ⅰ	7.55	Ⅰ	0.094	Ⅱ	
2019-9-21	Ⅲ	5.1	Ⅲ	0.38	Ⅱ	7.96	Ⅰ	8.14	Ⅰ	0.16	Ⅲ	高锰酸盐指数（0.1）[6.4]
2019-9-25	Ⅳ	6.4	Ⅳ	0.26	Ⅱ	7.99	Ⅰ	7.66	Ⅰ	0.107	Ⅲ	高锰酸盐指数（0.1）[6.6]
2019-9-29	Ⅳ	6.6	Ⅳ	0.28	Ⅱ	7.91	Ⅰ	9.99	Ⅰ	0.16	Ⅲ	高锰酸盐指数（0.1）[6.6]
2019-9-30	Ⅳ	6.2	Ⅳ	0.42	Ⅱ	8.02	Ⅰ	9.46	Ⅰ	0.224	Ⅳ	总磷（0.1）[0.224]高锰酸盐指数（0.0）[6.2]

附表 31　新沂河北堤涵洞 11 月 25 日—12 月 20 日监测成果及评价表

日期	综合评价	高锰酸盐指数		氨氮		pH值		溶解氧		总磷		超标项目（超标倍数）
2019-11-25	Ⅲ	5.6	Ⅲ	0.29	Ⅱ	7.79	Ⅰ	7.56	Ⅰ	0.082	Ⅱ	
2019-11-26	Ⅲ	4.7	Ⅲ	0.23	Ⅱ	7.73	Ⅰ	9.6	Ⅰ	0.107	Ⅲ	
2019-11-27	Ⅲ	4.8	Ⅲ	0.31	Ⅱ	7.73	Ⅰ	8.26	Ⅰ	0.084	Ⅱ	
2019-11-28	Ⅲ	4.4	Ⅲ	0.19	Ⅱ	7.57	Ⅰ	8.52	Ⅰ	0.076	Ⅱ	
2019-11-29	Ⅱ	4.1	Ⅲ	0.23	Ⅱ	7.96	Ⅰ	11.66	Ⅰ	0.05	Ⅱ	
2019-11-30	Ⅲ	4	Ⅱ	0.16	Ⅱ	7.9	Ⅰ	12.7	Ⅰ	0.044	Ⅱ	
2019-12-1	Ⅲ	4.1	Ⅲ	0.21	Ⅱ	7.95	Ⅰ	11.91	Ⅰ	0.062	Ⅱ	
2019-12-2	Ⅲ	4.6	Ⅲ	0.12	Ⅰ	8.06	Ⅰ	12.11	Ⅰ	0.062	Ⅱ	
2019-12-6	Ⅱ	4.2	Ⅲ	0.17	Ⅱ	8.06	Ⅰ	10.2	Ⅰ	0.058	Ⅱ	
2019-12-10	Ⅱ	3.9	Ⅱ	0.16	Ⅱ	7.98	Ⅰ	12.74	Ⅰ	0.066	Ⅱ	
2019-12-13	Ⅱ	3.7	Ⅱ	0.38	Ⅱ	8.06	Ⅰ	11.49	Ⅰ	0.069	Ⅲ	
2019-12-17	Ⅱ	3.7	Ⅱ	0.16	Ⅱ	8.14	Ⅰ	11.01	Ⅰ	0.061	Ⅱ	
2019-12-20	Ⅲ	3.8	Ⅱ	0.19	Ⅱ	8.32	Ⅰ	10.86	Ⅰ	0.119	Ⅲ	

附表 32　盐河灌云县城段(灌云水位站)7 月 2 日—8 月 1 日监测成果及评价表

日期	综合评价	高锰酸盐指数		氨氮		pH值		溶解氧		总磷		超标项目(超标倍数)
2019-7-3	Ⅲ	5.1	Ⅲ	0.45	Ⅱ	7.96	Ⅰ	7.56	Ⅰ	0.182	Ⅲ	
2019-7-4	Ⅳ	5.2	Ⅲ	0.19	Ⅱ	7.95	Ⅰ	8.3	Ⅰ	0.214	Ⅳ	总磷(0.1)[0.214]
2019-7-5	Ⅲ	5.2	Ⅲ	0.31	Ⅱ	7.87	Ⅰ	8.2	Ⅰ	0.031	Ⅱ	
2019-7-6	Ⅲ	5.1	Ⅲ	0.55	Ⅲ	7.76	Ⅰ	6.35	Ⅱ	0.131	Ⅲ	
2019-7-7	Ⅳ	5.3	Ⅲ	0.43	Ⅱ	7.66	Ⅰ	4.85	Ⅳ	0.093	Ⅱ	溶解氧(0.0)[4.85]
2019-7-11	Ⅳ	5.8	Ⅲ	1.45	Ⅳ	7.81	Ⅰ	3.94	Ⅳ	0.3	Ⅳ	总磷(0.5)[0.300]氨氮(0.5)[1.45]溶解氧(0.2)[3.94]
2019-7-12	Ⅲ	5.7	Ⅲ	0.27	Ⅱ	7.82	Ⅰ	6.51	Ⅱ	0.111	Ⅲ	
2019-7-13	Ⅳ	6.3	Ⅳ	0.51	Ⅲ	7.83	Ⅰ	5	Ⅲ	0.128	Ⅲ	高锰酸盐指数(0.1)[6.3]
2019-7-14	Ⅳ	7.6	Ⅳ	0.58	Ⅲ	7.76	Ⅰ	7.92	Ⅰ	0.175	Ⅲ	高锰酸盐指数(0.3)[7.6]
2019-7-15	Ⅳ	6.9	Ⅳ	0.37	Ⅱ	7.59	Ⅰ	7.77	Ⅰ	0.172	Ⅲ	高锰酸盐指数(0.2)[6.9]
2019-7-16	Ⅳ	7.4	Ⅳ	0.3	Ⅱ	7.76	Ⅰ	8.54	Ⅰ	0.161	Ⅲ	高锰酸盐指数(0.2)[7.4]
2019-7-17	Ⅳ	7.3	Ⅳ	0.53	Ⅲ	7.71	Ⅰ	7.56	Ⅰ	0.172	Ⅲ	高锰酸盐指数(0.2)[7.3]
2019-7-18	Ⅳ	6.9	Ⅳ	0.42	Ⅱ	7.68	Ⅰ	6.17	Ⅱ	0.171	Ⅲ	高锰酸盐指数(0.2)[6.9]
2019-7-19	Ⅲ	6	Ⅲ	0.52	Ⅲ	7.6	Ⅰ	7.86	Ⅰ	0.172	Ⅲ	
2019-7-20	Ⅴ	6.5	Ⅳ	0.9	Ⅲ	7.68	Ⅰ	7.34	Ⅱ	0.324	Ⅴ	总磷(0.6)[0.324]高锰酸盐指数(0.1)[6.5]
2019-7-27	Ⅳ	7.2	Ⅳ	0.54	Ⅲ	7.15	Ⅰ	5.67	Ⅲ	0.195	Ⅲ	高锰酸盐指数(0.2)[7.2]
2019-7-31	劣Ⅴ	8.7	Ⅳ	2.61	劣Ⅴ	7.65	Ⅰ	5.66	Ⅲ	0.474	劣Ⅴ	氨氮(1.6)[2.61]总磷(1.4)[0.474]高锰酸盐指数(0.5)[8.7]
2019-8-1	劣Ⅴ	9	Ⅳ	2.48	劣Ⅴ	7.34	Ⅰ	5.82	Ⅲ	0.363	Ⅴ	氨氮(1.5)[2.48]总磷(0.8)[0.363]高锰酸盐指数(0.5)[9.0]

附表 33　盐河灌云县城段（灌云水位站）9 月 20—30 日监测成果及评价

日期	综合评价	高锰酸盐指数		氨氮		pH值		溶解氧		总磷		超标项目（超标倍数）
2019-9-20	Ⅲ	5.6	Ⅲ	0.44	Ⅱ	7.83	Ⅰ	6.67	Ⅱ	0.146	Ⅲ	高锰酸盐指数(0.2)[7.4]
2019-9-21	Ⅳ	7.4	Ⅳ	0.35	Ⅱ	7.99	Ⅰ	7.52	Ⅰ	0.141	Ⅲ	高锰酸盐指数(0.2)[7.4]
2019-9-25	Ⅳ	7.4	Ⅳ	0.21	Ⅱ	8.05	Ⅰ	7.74	Ⅰ	0.127	Ⅲ	高锰酸盐指数(0.2)[7.4]
2019-9-29	Ⅳ	6.8	Ⅳ	0.41	Ⅱ	7.95	Ⅰ	7.4	Ⅱ	0.164	Ⅲ	高锰酸盐指数(0.1)[6.8]
2019-9-30	Ⅲ	5.5	Ⅲ	0.45	Ⅱ	8.11	Ⅰ	9.24	Ⅰ	0.154	Ⅲ	

附表 34　盐河灌云县城段（灌云水位站）11 月 25 日—12 月 20 日监测成果及评价

日期	综合评价	高锰酸盐指数		氨氮		pH值		溶解氧		总磷		超标项目（超标倍数）
2019-11-25	劣Ⅴ	6.4	Ⅳ	3.53	劣Ⅴ	7.59	Ⅰ	8.91	Ⅰ	0.272	Ⅳ	氨氮(2.5)[3.53]总磷(0.4)[0.272]高锰酸盐指数(0.1)[6.4]
2019-11-26	Ⅲ	5.6	Ⅲ	0.55	Ⅲ	7.59	Ⅰ	9.86	Ⅰ	0.115	Ⅲ	
2019-11-27	Ⅲ	4.1	Ⅲ	0.29	Ⅱ	7.71	Ⅰ	11.67	Ⅰ	0.069	Ⅱ	
2019-11-28	Ⅲ	4.7	Ⅲ	0.26	Ⅱ	7.94	Ⅰ	11.71	Ⅰ	0.174	Ⅲ	
2019-11-29	Ⅲ	4.6	Ⅲ	0.22	Ⅱ	7.88	Ⅰ	11.7	Ⅰ	0.098	Ⅱ	
2019-11-30	Ⅲ	4.6	Ⅲ	0.16	Ⅱ	7.99	Ⅰ	11.9	Ⅰ	0.079	Ⅱ	
2019-12-1	Ⅲ	4.4	Ⅲ	0.61	Ⅲ	8	Ⅰ	11.4	Ⅰ	0.137	Ⅲ	
2019-12-2	Ⅲ	4.4	Ⅲ	0.25	Ⅱ	7.93	Ⅰ	11.79	Ⅰ	0.071	Ⅱ	
2019-12-6	Ⅲ	4.3	Ⅲ	0.45	Ⅲ	7.92	Ⅰ	12.51	Ⅰ	0.089	Ⅱ	
2019-12-10	Ⅲ	4.9	Ⅲ	0.59	Ⅲ	7.95	Ⅰ	10.6	Ⅰ	0.109	Ⅲ	
2019-12-13	Ⅲ	4.3	Ⅲ	0.22	Ⅱ	7.99	Ⅰ	10.58	Ⅰ	0.136	Ⅲ	
2019-12-17	Ⅲ	4.6	Ⅲ	0.63	Ⅲ	8.25	Ⅰ	10.71	Ⅰ	0.127	Ⅲ	
2019-12-20	Ⅲ	5	Ⅲ	0.58	Ⅲ	8.29	Ⅰ	11.27	Ⅰ	0.133	Ⅲ	

附表 35　善后河南泵站 7 月 2 日—8 月 1 日监测成果及评价表

日期	综合评价	高锰酸盐指数		氨氮		pH值		溶解氧		总磷		超标项目（超标倍数）
2019-7-3	V	9.1	Ⅲ	1.7	V	7.59	Ⅰ	3.1	Ⅳ	0.354	Ⅲ	氨氮(0.6)[1.56]溶解氧(0.1)[4.32]
2019-7-4	Ⅳ	7.4	Ⅳ	0.95	Ⅱ	7.54	Ⅰ	6.3	Ⅰ	0.356	Ⅳ	高锰酸盐指数(0.3)[7.9]总磷(0.2)[0.238]
2019-7-5	V	5.9	Ⅳ	0.44	V	7.81	Ⅰ	7.8	V	0.109	Ⅳ	氨氮(0.7)[1.67]溶解氧(0.5)总磷(0.4)[0.279]高锰酸盐指数(0.4)[8.6]
2019-7-6	Ⅳ	5.5	Ⅳ	1.04	Ⅲ	7.67	Ⅰ	5.03	Ⅳ	0.165	Ⅳ	高锰酸盐指数(0.1)[6.3]总磷(0.1)[0.213]溶解氧(0.1)[4.34]
2019-7-7	Ⅳ	5.7	Ⅳ	1.56	Ⅲ	7.57	Ⅰ	4.32	Ⅰ	0.191	Ⅳ	总磷(0.3)[0.253]高锰酸盐指数(0.0)[6.2]
2019-7-11	Ⅳ	7.9	Ⅳ	0.42	Ⅱ	8.2	Ⅰ	8.56	Ⅰ	0.238	Ⅲ	高锰酸盐指数(0.2)[6.9]
2019-7-12	Ⅳ	8.6	Ⅳ	1.67	Ⅲ	7.61	Ⅰ	2.75	Ⅰ	0.279	Ⅳ	高锰酸盐指数(0.2)[7.3]总磷(0.0)[0.202]
2019-7-13	Ⅳ	6.3	Ⅳ	0.74	Ⅳ	7.69	Ⅰ	4.34	Ⅱ	0.213	Ⅳ	总磷(0.4)[0.272]高锰酸盐指数(0.3)[7.9]氨氮(0.2)[1.24]
2019-7-14	劣V	6.2	V	0.86	劣V	7.63	Ⅰ	7.86	Ⅰ	0.253	V	氨氮(2.2)[3.19]高锰酸盐指数(1.0)总磷(0.5)[0.303]
2019-7-15	V	6.9	Ⅳ	0.39	Ⅳ	7.73	Ⅰ	7.94	Ⅱ	0.165	V	总磷(0.7)[0.349]高锰酸盐指数(0.3)[7.6]
2019-7-16	Ⅳ	7.3	Ⅳ	0.65	Ⅳ	7.56	Ⅰ	7.68	Ⅰ	0.202	Ⅳ	总磷(0.3)[1.15]高锰酸盐指数(0.1)[6.7]
2019-7-17	Ⅳ	7.9	Ⅳ	1.24	Ⅱ	7.54	Ⅰ	6.28	Ⅲ	0.272	Ⅲ	高锰酸盐指数(0.1)[6.4]
2019-7-18	劣V	12.1	V	3.19	劣V	7.47	Ⅰ	8.1	Ⅱ	0.303	劣V	氨氮(2.0)[2.98]总磷(1.4)[0.476]高锰酸盐指数(1.0)[11.7]
2019-7-19	劣V	7.6	Ⅳ	1.23	劣V	7.42	Ⅰ	6.3	Ⅲ	0.349	劣V	氨氮(1.8)[2.75]总磷(1.7)[0.541]高锰酸盐指数(0.3)[7.9]
2019-7-20	Ⅳ	6.7	Ⅳ	1.15	Ⅲ	7.76	Ⅰ	8.23	Ⅳ	0.268	Ⅳ	总磷(0.3)[0.257]溶解氧(0.1)[4.72]高锰酸盐指数(0.1)[6.5]
2019-7-27	Ⅳ	6.4	Ⅳ	0.47	Ⅱ	7.15	Ⅰ	5.49	Ⅰ	0.171	Ⅳ	高锰酸盐指数(0.2)[7.4]总磷(0.1)[0.214]
2019-8-1	劣V	7.9	Ⅳ	2.75	Ⅱ	7.35	劣V	5.99	Ⅰ	0.541	Ⅲ	高锰酸盐指数(0.4)[8.4]

附表 36 蔷后河南泵站 9 月 20—30 日监测成果及评价表

日期	综合评价	高锰酸盐指数		氨氮		pH 值		溶解氧		总磷		超标项目（超标倍数）
2019-9-20	IV	7.4	IV	0.2	II	7.7	I	7.38	II	0.214	IV	高锰酸盐指数（0.2）[7.4]总磷（0.1）[0.214]
2019-9-21	IV	10	IV	0.22	II	7.86	I	8.37	I	0.212	IV	高锰酸盐指数（0.7）[10.0]总磷（0.1）[0.212]
2019-9-25	IV	8.4	IV	0.3	II	7.72	I	5.86	III	0.176	III	高锰酸盐指数（0.4）[8.4]
2019-9-29	III	6	III	0.25	II	7.71	I	5.21	III	0.166	III	
2019-9-30	III	5.7	III	0.39	II	7.82	I	8.82	I	0.186	III	

附表 37 蔷后河南泵站 11 月 25 日—12 月 20 日监测成果及评价表

日期	综合评价	高锰酸盐指数		氨氮		pH 值		溶解氧		总磷		超标项目（超标倍数）
2019-11-25	V	6	III	0.49	II	7.59	I	9.34	I	0.313	V	总磷（0.6）[0.313]
2019-11-26	III	5.9	III	0.49	II	7.5	I	6.82	II	0.14	III	
2019-11-27	III	5	III	0.39	II	7.56	I	8.61	I	0.158	III	
2019-11-28	III	4.7	III	0.34	II	7.68	I	8.63	I	0.148	III	
2019-11-29	劣 V	6.6	IV	1.33	IV	7.74	I	9.19	I	0.515	劣 V	总磷（1.6）[0.515]氨氮（0.3）[1.33]高锰酸盐指数（0.1）[6.6]
2019-11-30	III	5.9	III	0.64	III	7.89	I	10.18	I	0.098	II	
2019-12-1	III	5.6	III	0.23	II	7.96	I	10.79	I	0.134	III	
2019-12-2	III	6	III	0.77	III	7.88	I	10.76	I	0.138	III	
2019-12-6	III	5.1	III	0.51	III	7.88	I	11.67	I	0.126	III	
2019-12-10	III	4.8	III	0.75	III	7.86	I	10.38	I	0.137	III	
2019-12-13	III	5	III	0.77	III	7.9	I	10.21	I	0.141	III	
2019-12-17	III	4.7	III	0.75	III	8.21	I	10.13	I	0.166	III	
2019-12-20	III	4.6	III	0.8	III	8.11	I	11.46	I	0.154	III	

附表 38　蔷薇河南堤涵洞 7 月 2 日—8 月 1 日监测成果及评价表

日期	综合评价	高锰酸盐指数	氨氮	pH值	溶解氧	总磷	超标项目（超标倍数）
2019-7-3	劣Ⅴ	16.6 劣Ⅴ	0.84 Ⅲ	8.96 Ⅰ	5.62 Ⅲ	0.393 Ⅴ	高锰酸盐指数(1.8)[16.6]总磷(1.0)[0.393]
2019-7-4	劣Ⅴ	19.5 劣Ⅴ	0.48 Ⅱ	8.92 Ⅰ	15.13 Ⅰ	0.453 劣Ⅴ	高锰酸盐指数(2.3)[19.5]总磷(1.3)[0.453]
2019-7-5	劣Ⅴ	16.6 劣Ⅴ	1.13 Ⅳ	8.67 Ⅰ	12.2 Ⅰ	0.453 劣Ⅴ	高锰酸盐指数(1.8)[16.6]总磷(1.3)[0.453]氨氮(0.1)[1.13]
2019-7-6	Ⅴ	12.3 Ⅴ	0.97 Ⅲ	7.77 Ⅰ	7.38 Ⅱ	0.397 Ⅴ	高锰酸盐指数(1.1)[12.3]总磷(1.0)[0.397]
2019-7-7	劣Ⅴ	13.9 Ⅴ	1.92 Ⅴ	7.68 Ⅰ	6.28 Ⅱ	0.516 劣Ⅴ	总磷(1.6)[0.516]高锰酸盐指数(1.3)[13.9]氨氮(0.9)[1.92]
2019-7-11	劣Ⅴ	11.2 Ⅴ	1.26 Ⅳ	8.09 Ⅰ	9.12 Ⅰ	0.47 劣Ⅴ	总磷(1.4)[0.470]高锰酸盐指数(0.9)[11.2]氨氮(0.3)[1.26]
2019-7-12	Ⅴ	13.2 Ⅴ	0.43 Ⅱ	8.38 Ⅰ	8.71 Ⅰ	0.336 Ⅴ	高锰酸盐指数(1.2)[13.2]总磷(0.7)[0.336]
2019-7-13	Ⅴ	13.2 Ⅴ	0.54 Ⅲ	8.59 Ⅰ	9.76 Ⅰ	0.263 Ⅳ	高锰酸盐指数(1.2)[13.2]总磷(0.3)[0.263]
2019-7-14	Ⅴ	13.2 Ⅴ	0.5 Ⅱ	8.71 Ⅰ	13.67 Ⅰ	0.354 Ⅴ	高锰酸盐指数(1.2)[13.2]总磷(0.8)[0.354]
2019-7-15	劣Ⅴ	12.7 Ⅴ	1.85 Ⅴ	7.79 Ⅰ	8.65 Ⅱ	0.543 劣Ⅴ	总磷(1.7)[0.543]高锰酸盐指数(1.1)[12.7]氨氮(0.9)[1.85]
2019-7-16	Ⅴ	12.1 Ⅴ	1.11 Ⅳ	8.05 Ⅰ	10.12 Ⅰ	0.334 Ⅴ	高锰酸盐指数(1.0)[12.1]总磷(0.7)[0.334]氨氮(0.1)[1.11]
2019-7-17	Ⅳ	7.6 Ⅳ	0.89 Ⅲ	7.51 Ⅰ	7.14 Ⅱ	0.25 Ⅳ	总磷(0.3)[0.250]高锰酸盐指数(0.3)[7.6]
2019-7-18	劣Ⅴ	10 Ⅳ	2.09 劣Ⅴ	7.5 Ⅰ	6.2 Ⅱ	0.261 Ⅳ	氨氮(1.1)[2.09]高锰酸盐指数(0.7)[10.0]总磷(0.3)[0.261]
2019-7-19	劣Ⅴ	8.9 Ⅳ	2.06 劣Ⅴ	7.43 Ⅰ	6.14 Ⅱ	0.272 Ⅳ	氨氮(1.1)[2.06]高锰酸盐指数(0.5)[8.9]总磷(0.4)[0.272]
2019-7-20	Ⅳ	9.3 Ⅳ	1.49 Ⅳ	7.74 Ⅰ	8.87 Ⅰ	0.254 Ⅳ	高锰酸盐指数(0.6)[9.3]氨氮(0.5)[1.49]总磷(0.3)[0.254]
2019-7-27	Ⅳ	9.9 Ⅳ	1.09 Ⅳ	7.13 Ⅰ	6.04 Ⅱ	0.231 Ⅳ	高锰酸盐指数(0.7)[9.9]总磷(0.2)[0.231]氨氮(0.1)[1.09]
2019-8-1	劣Ⅴ	16.5 劣Ⅴ	0.48 Ⅱ	8.01 Ⅰ	7.19 Ⅱ	0.444 劣Ⅴ	高锰酸盐指数(1.8)[16.5]总磷(1.2)[0.444]

附表 39　蓄薇河南堤涵洞 9 月 20—30 日监测成果及评价表

日期	综合评价	高锰酸盐指数		氨氮		pH值		溶解氧		总磷		超标项目（超标倍数）
2019-9-20	IV	6.3	IV	0.39	Ⅱ	7.52	Ⅰ	5.28	Ⅲ	0.16	Ⅲ	高锰酸盐指数(0.1)[6.3]
2019-9-21	IV	7.6	IV	0.45	Ⅱ	7.53	Ⅰ	4.64	Ⅳ	0.169	Ⅲ	高锰酸盐指数(0.3)[7.6]溶解氧(0.1)[4.64]
2019-9-25	IV	8.3	IV	0.2	Ⅱ	7.69	Ⅰ	7.01	Ⅱ	0.132	Ⅲ	高锰酸盐指数(0.4)[8.3]
2019-9-29	IV	6.7	IV	0.25	Ⅱ	7.85	Ⅰ	8.47	Ⅰ	0.186	Ⅲ	高锰酸盐指数(0.1)[6.7]
2019-9-30	IV	6.5	IV	0.4	Ⅱ	7.76	Ⅰ	9.16	Ⅰ	0.124	Ⅲ	高锰酸盐指数(0.1)[6.5]

附表 40　蓄薇河南堤涵洞 11 月 25 日—12 月 20 日监测成果及评价表

日期	综合评价	高锰酸盐指数		氨氮		pH值		溶解氧		总磷		超标项目（超标倍数）
2019-11-25	Ⅲ	4.5	Ⅲ	0.2	Ⅱ	7.76	Ⅰ	10.17	Ⅰ	0.111	Ⅲ	
2019-11-26	Ⅲ	4.4	Ⅲ	0.32	Ⅱ	7.71	Ⅰ	11.22	Ⅰ	0.127	Ⅲ	
2019-11-27	Ⅲ	3.5	Ⅱ	0.23	Ⅱ	7.7	Ⅰ	10.12	Ⅰ	0.112	Ⅲ	
2019-11-28	Ⅱ	3.8	Ⅱ	0.16	Ⅱ	7.82	Ⅰ	11.35	Ⅰ	0.095	Ⅱ	
2019-11-29	Ⅲ	4.6	Ⅲ	0.21	Ⅱ	7.83	Ⅰ	11.35	Ⅰ	0.093	Ⅱ	
2019-11-30	Ⅲ	4.3	Ⅲ	0.21	Ⅱ	7.86	Ⅰ	10	Ⅰ	0.115	Ⅲ	
2019-12-1	Ⅲ	4.5	Ⅲ	0.19	Ⅱ	7.87	Ⅰ	12.07	Ⅰ	0.08	Ⅱ	
2019-12-2	Ⅲ	4.4	Ⅲ	0.28	Ⅱ	7.86	Ⅰ	11.7	Ⅰ	0.089	Ⅱ	
2019-12-6	Ⅲ	5.1	Ⅲ	0.29	Ⅱ	7.8	Ⅰ	11.88	Ⅰ	0.133	Ⅲ	
2019-12-10	Ⅲ	4.8	Ⅲ	0.73	Ⅲ	7.75	Ⅰ	9.91	Ⅰ	0.133	Ⅲ	
2019-12-13	Ⅲ	4.8	Ⅲ	0.77	Ⅲ	7.84	Ⅰ	11.02	Ⅰ	0.141	Ⅲ	
2019-12-17	Ⅲ	4.8	Ⅲ	0.72	Ⅲ	8.15	Ⅰ	9.62	Ⅰ	0.138	Ⅲ	
2019-12-20	Ⅲ	4.6	Ⅲ	0.18	Ⅱ	8.35	Ⅰ	12.5	Ⅰ	0.129	Ⅲ	

附录三　附　　图

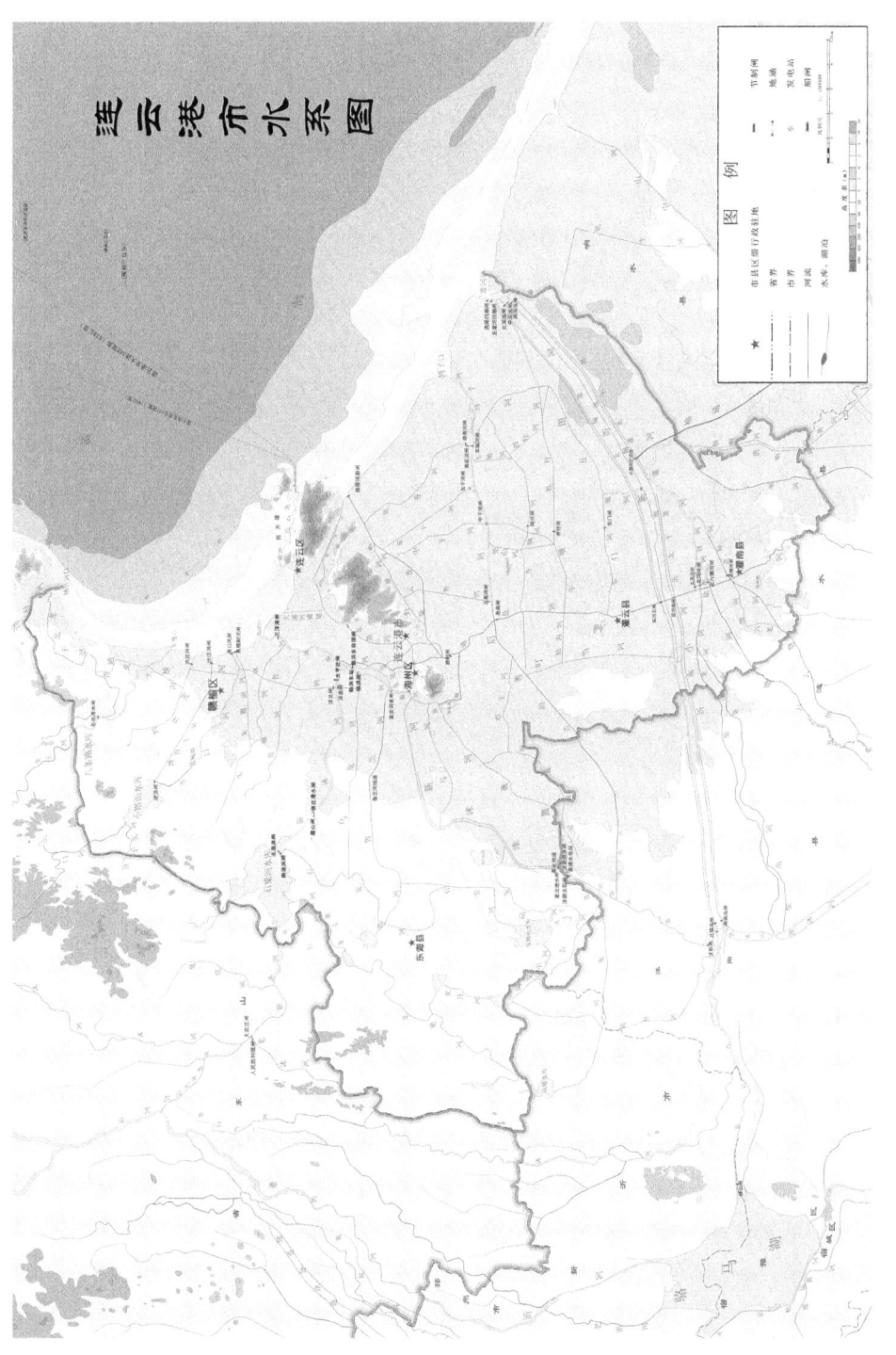

附图1　连云港市水系示意图

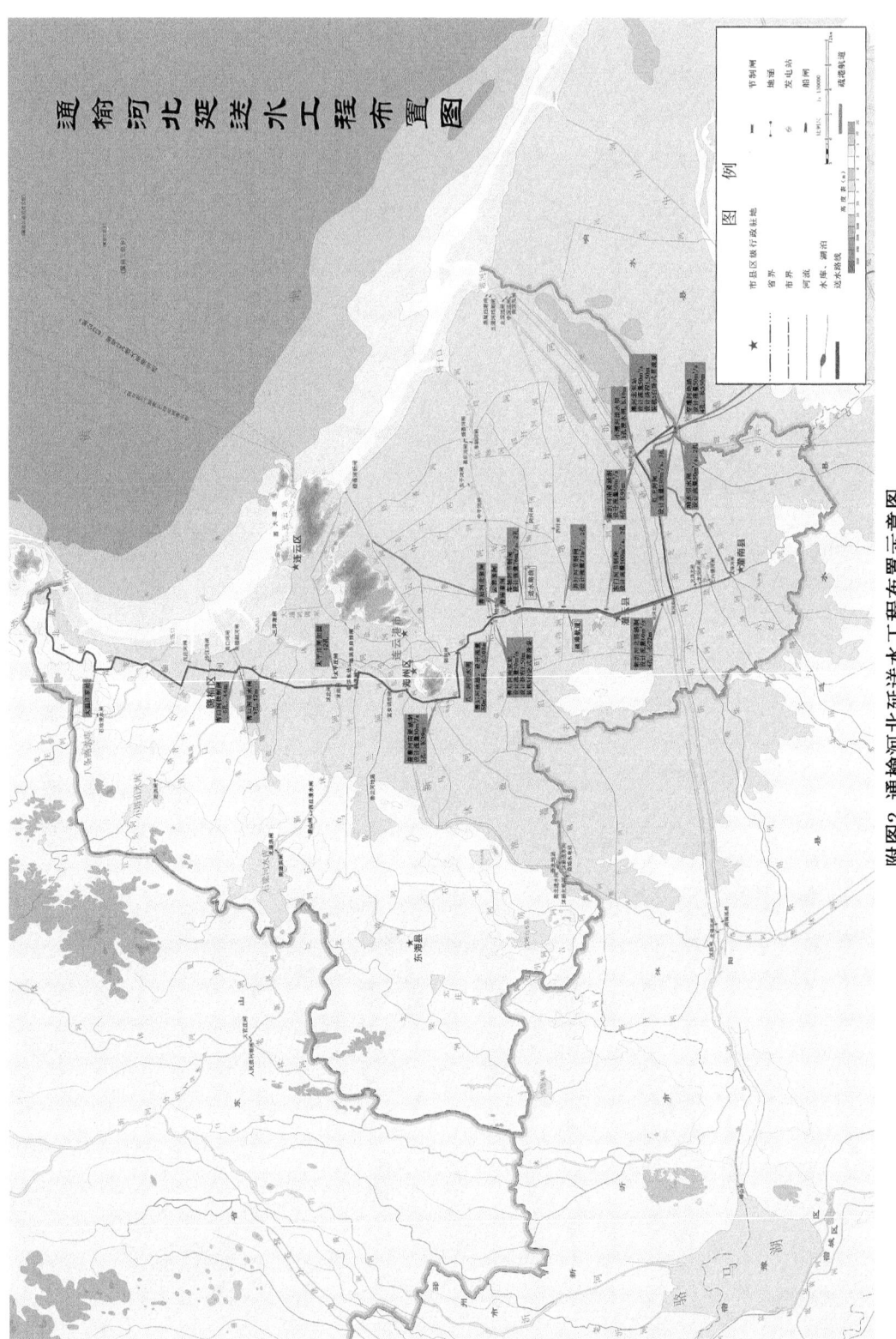

附图2 通榆河北延送水工程布置示意图

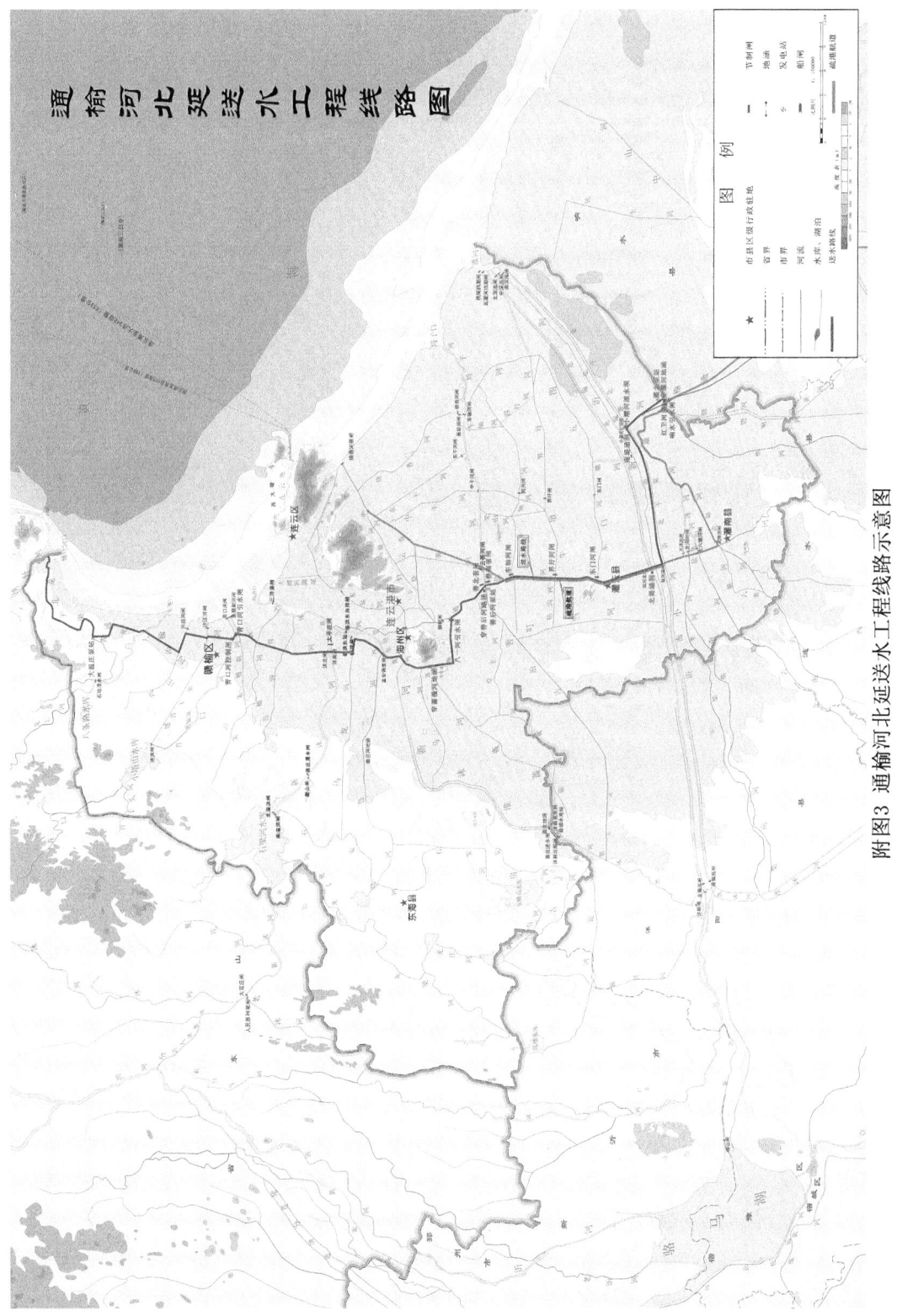

附图3 通榆河北延送水工程线路示意图

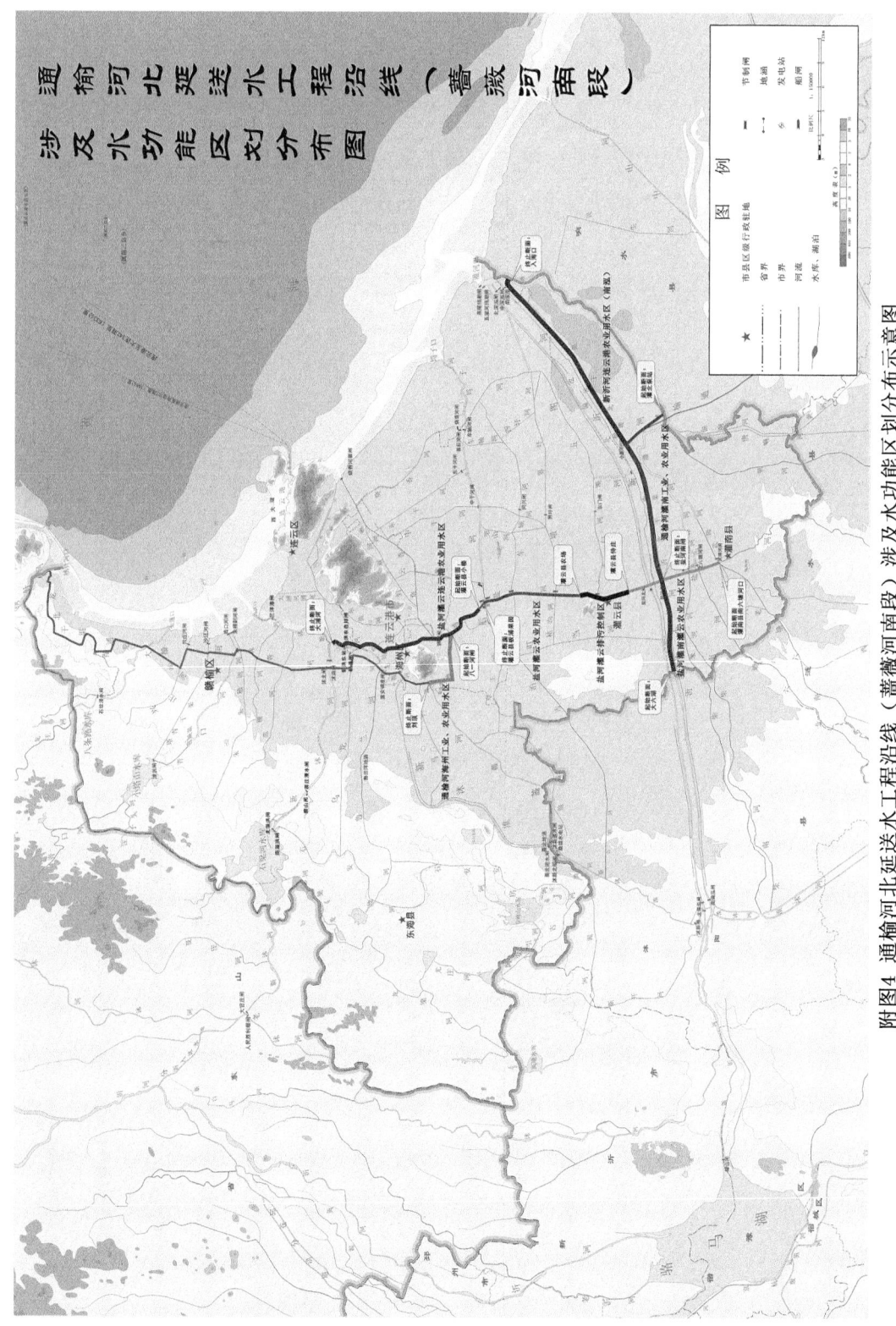

附图4 通榆河北延送水工程沿线（蔷薇河南段）涉及水功能区划分布示意图

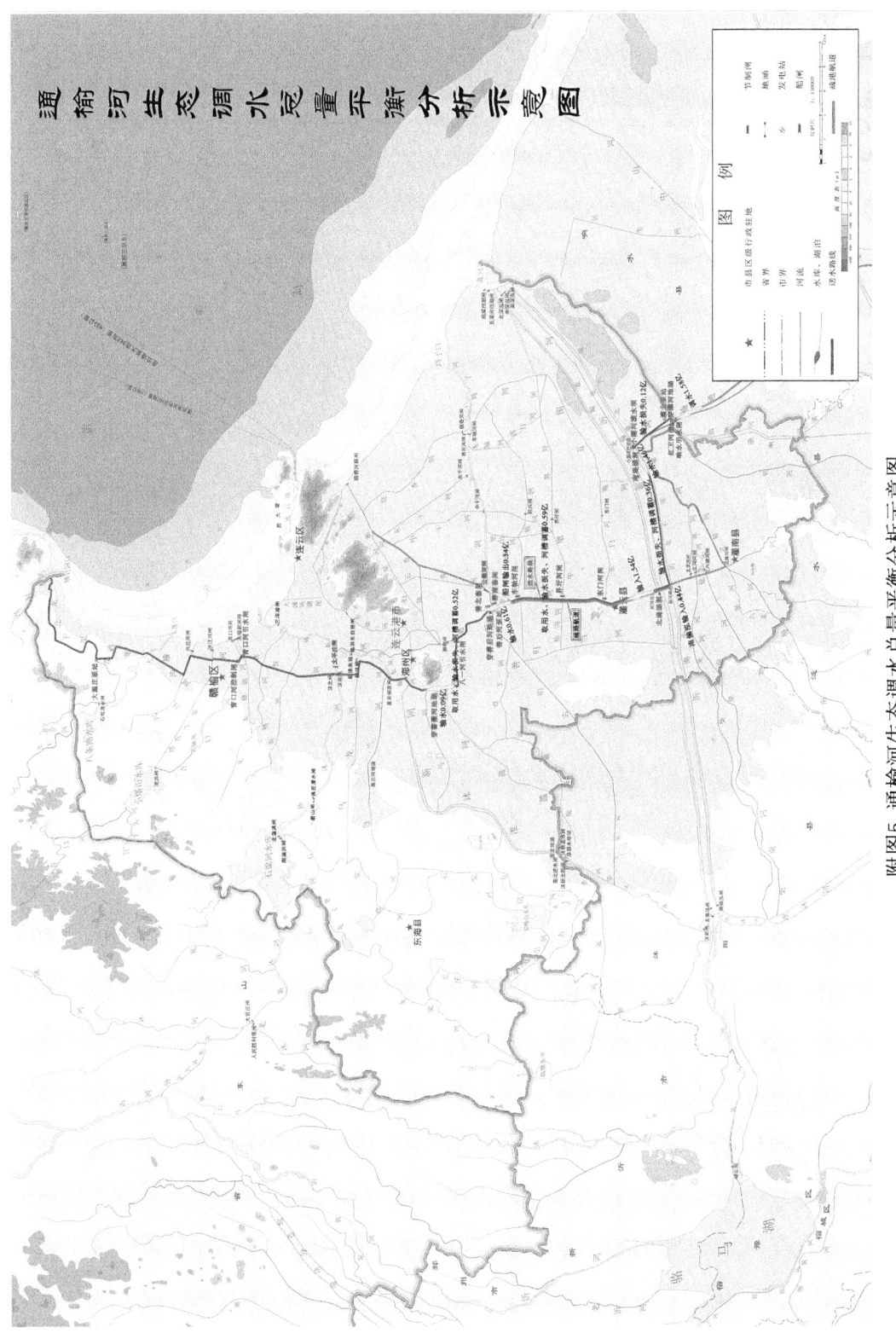

附图5 通榆河生态调水总量平衡分析示意图

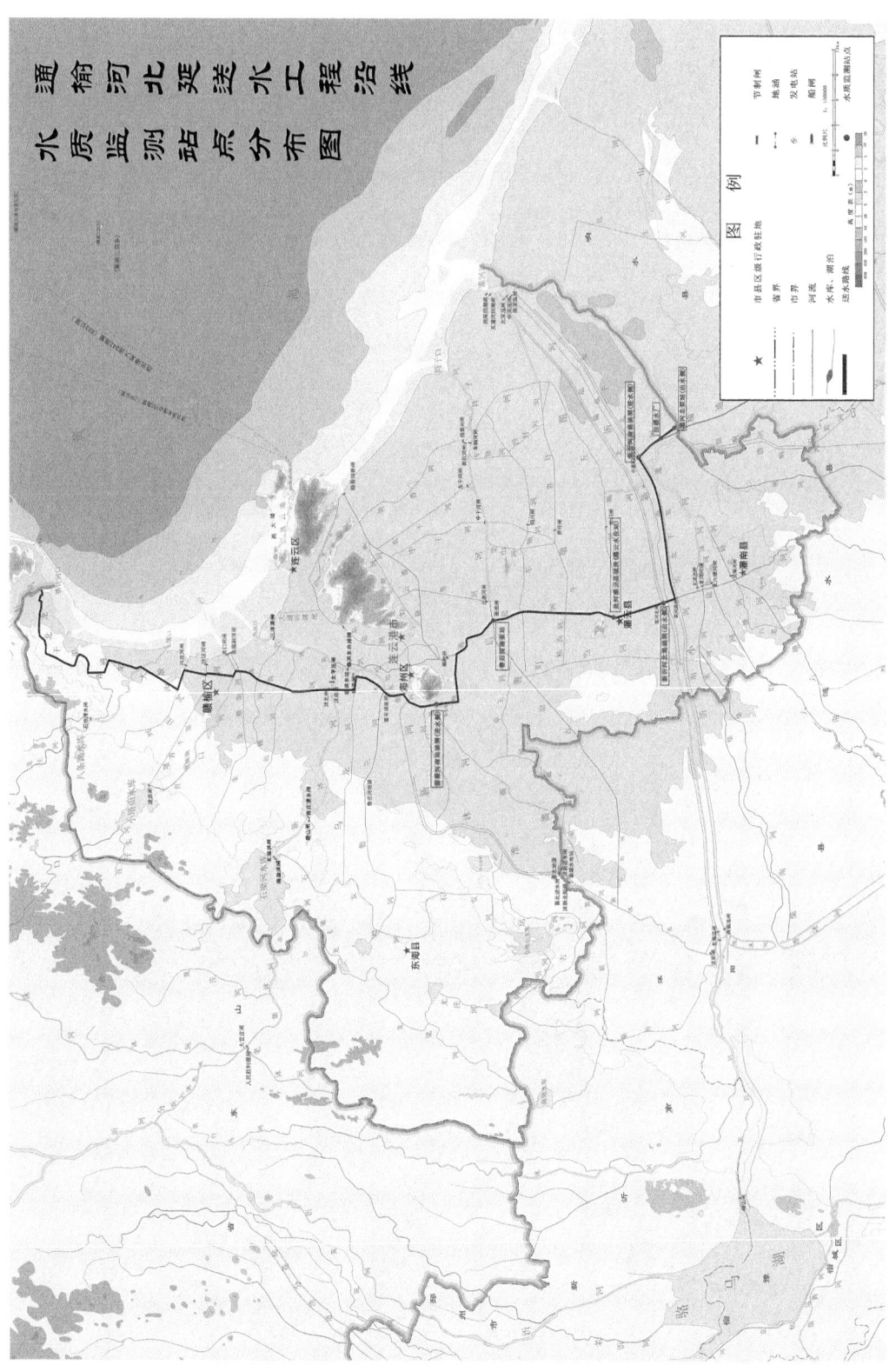

附图6 通榆河北延送水工程沿线水质监测断面布设示意图

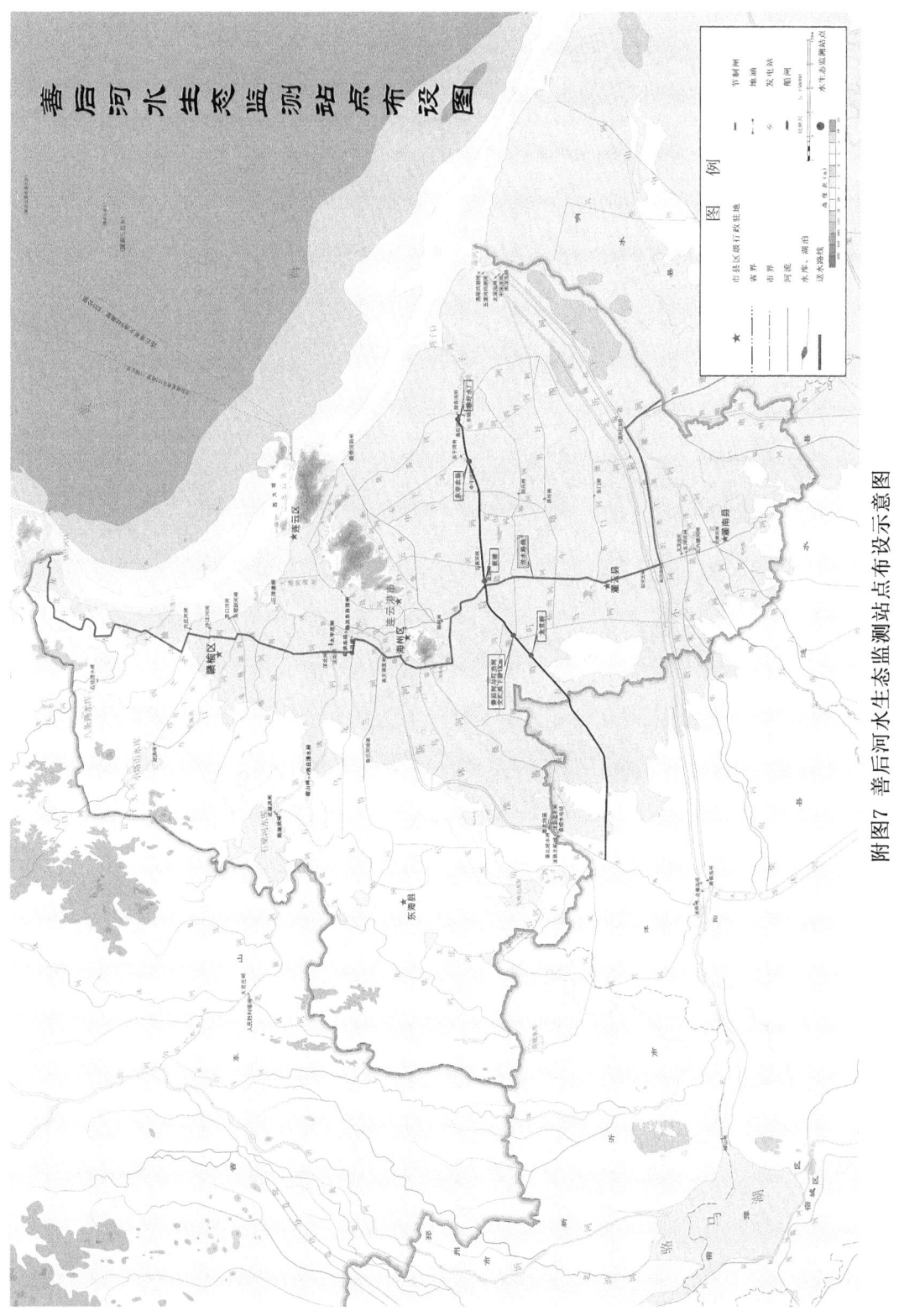

附图7　善后河水生态监测站点布设示意图

连云港市地下水站网分布图

附图 8　连云港市地下水监测井分布示意图

参 考 文 献

[1] 长江流域水环境监测中心.水环境监测规范:SL219—2013[S].北京:中国水利水电出版社,2014.

[2] 陈锡林.苏北供水计量关键技术[M].南京:河海大学出版社,2019.

[3] 淮河水利委员会水文局(信息中心),沂沭泗水利管理局水文局(信息中心).2014年南四湖生态应急调水计量与分析[M].徐州:中国矿业大学出版社,2016.

[4] 江苏省地方志编纂委员会.江苏江河湖泊志[M].南京:江苏凤凰教育出版社,2019.

[5] 连云港市水利志编纂委员会.连云港市水利志[M].北京:方志出版社,2000.

[6] 齐文启,孙宗光,边归国.环境监测新技术[M].北京:化学工业出版社,2003.

[7] 水利部黄河水利委员会水文局.水文测量规范:SL 58—2014[S].北京:中国水利水电出版社,2014.

[8] 水利部黄河水利委员会水文局.水文调查规范:SL 196—2015[S].北京:中国水利水电出版社,2015.

[9] 水利部综合事业局.水库渔业资源调查规范:SL 167—2014[S].北京:中国水利水电出版社,2014.

[10] 杨金艳,王雪松,沈顺中,等.环太湖出入河道污染物通量[M].南京:河海大学出版社,2019.

[11] 中国环境监测总站.地表水和污水监测技术规范:HJ/T 91—2002[S].北京:中国环境科学出版社,2003.